Studienwissen kompakt

Mit dem Springer-Lehrbuchprogramm „Studienwissen kompakt" werden kurze Lerneinheiten geschaffen, die als Einstieg in ein Fach bzw. in eine Teildisziplin konzipiert sind, einen ersten Überblick vermitteln und Orientierungswissen darstellen.

Weitere Bände dieser Reihe finden sie unter
http://www.springer.com/series/13388

Rainhart Lang
Nicole Baldauf

Interkulturelles Management

Rainhart Lang
Chemnitz, Deutschland

Nicole Baldauf
Chemnitz, Deutschland

ISBN 978-3-658-11234-9	ISBN 978-3-658-11235-6 (eBook)
DOI 10.1007/978-3-658-11235-6

Die Deutsche Nationalbibliothek verzeichnet diese Publikation in der Deutschen
Nationalbibliografie; detaillierte bibliografische Daten sind im Internet über
http://dnb.d-nb.de abrufbar.

Springer Gabler
© Springer Fachmedien Wiesbaden 2016
Das Werk einschließlich aller seiner Teile ist urheberrechtlich geschützt. Jede Verwertung, die nicht ausdrücklich vom Urheberrechtsgesetz zugelassen ist, bedarf der vorherigen Zustimmung des Verlags. Das gilt insbesondere für Vervielfältigungen, Bearbeitungen, Übersetzungen, Mikroverfilmungen und die Einspeicherung und Verarbeitung in elektronischen Systemen.
Die Wiedergabe von Gebrauchsnamen, Handelsnamen, Warenbezeichnungen usw. in diesem Werk berechtigt auch ohne besondere Kennzeichnung nicht zu der Annahme, dass solche Namen im Sinne der Warenzeichen- und Markenschutz-Gesetzgebung als frei zu betrachten wären und daher von jedermann benutzt werden dürften.
Der Verlag, die Autoren und die Herausgeber gehen davon aus, dass die Angaben und Informationen in diesem Werk zum Zeitpunkt der Veröffentlichung vollständig und korrekt sind. Weder der Verlag noch die Autoren oder die Herausgeber übernehmen, ausdrücklich oder implizit, Gewähr für den Inhalt des Werkes, etwaige Fehler oder Äußerungen.

Gedruckt auf säurefreiem und chlorfrei gebleichtem Papier

Springer Gabler ist Teil von Springer Nature
Die eingetragene Gesellschaft ist Springer Fachmedien Wiesbaden GmbH

Vorwort

- **Wie kam es zum Buch?**

Diese Frage erfordert zumindest zwei Antworten. Zum einen wurde bereits mit der Einführung des Bachelorstudienganges Wirtschaftswissenschaften an der Technischen Universität Chemnitz vor knapp 10 Jahren das Fach Interkulturelles Management eingeführt, welches das mit der Fakultätsgründung 1993 etablierte Fach *Grundlagen der interkulturellen Kommunikation und Kooperation* abgelöst hat. In den zurückliegenden Jahren haben wir so umfassende Erfahrungen mit der Vermittlung von Themenfeldern des Interkulturellen Managements sammeln können und zugleich die Erfahrung gemacht, dass es kaum Lehrbücher für Bachelor-Studenten gibt, in denen die uns wichtigen Konzepte und Ansätze des Interkulturellen Managements hinreichend dargestellt werden. So entstand die Idee des Buches. Zum anderen leben wir in turbulenten Zeiten. Die Auswirkungen der Globalisierung zeigen sich in vielfältiger Weise, in zunehmender interkultureller Kooperation von Menschen und Organisationen im In- und Ausland bis hin zur Notwendigkeit der Integration von Flüchtlingen in Deutschland und Europa. Defizite im interkulturellen Wissen und in interkultureller Kompetenz werden dabei oft beklagt, was die Notwendigkeit ihrer systematischen Vermittlung verdeutlicht. Unser Lehrbuch kann hier helfen.

- **Für wen schreiben wir?**

Unsere primäre Zielgruppe sind Studierende in Bachelorstudiengängen der Wirtschafts- und Sozialwissenschaften. Offenheit gegenüber einer Zusammenarbeit in interkulturellen Teams sowie interkultureller Kompetenz gehören zu den von Arbeitgebern erwarteten Einstellungen und Fähigkeiten von Absolventen. Die neue Generation globaler Akteure muss in der Lage sein, Konflikte durch Verhandlung mit Personen unterschiedlicher nationaler Kulturen, Firmenidentitäten und Geschäftszielen zu bewältigen. Nicht nur von Wirtschaftsstudierenden, sondern auch von zukünftigen Managern wird zunehmend verlangt, sich interkulturelle Kompetenzen anzueignen und diese auszubauen. Insofern kann das Buch auch Studierenden anderer Studiengänge sowie Mitarbeitern in Unternehmen empfohlen werden, die sich einen ersten systematischen Überblick zum Interkulturellen Management verschaffen wollen.

- **Wie kann das Buch dazu beitragen?**

Das Buch dient dazu, den Leser für Phänomene der Kultur und des Interkulturellen in ihren verschiedenen Erscheinungsformen, insbesondere in Bereichen der Wirtschaft und des Managements, zu sensibilisieren sowie Wissen über die zentralen Konzepte des Interkulturellen Managements zu vermitteln. Im Ergebnis sollen die Leser in der Lage sein, kulturelle Besonderheiten in konkreten interkulturellen Begegnungssituationen zu identifizieren, einzuordnen und adäquate Handlungsstrategien zu entwickeln, die ein kompetentes Agieren in solchen Situationen ermöglichen.

▪ Was erwartet den Leser?

Das Buch umfasst die folgenden Kapitel:

Kapitel	Titel
1	Begriffliche Grundlagen: Vom Kulturellen zum Interkulturellen Management
2	Nationalkultur: Von der mentalen Programmierung des Menschen
3	Kultur und Führung im GLOBE-Projekt: Vom globalen und lokalen Handeln
4	Konzept der Kulturstandards: Von der Selbst- und Fremdreflexion
5	Alternative Erklärungsmodelle: Von der Prägung durch Institution
6	Ausgewählte Teilbereiche des Interkulturellen Managements: Von der Theorie zur Praxis

Zum besseren Verständnis grundlegender Phänomene wird in ▶ Kap. 1 auf zentrale Begriffe des Interkulturellen Managements wie Kultur und Interkulturalität eingegangen und bedeutende Aufgabenfelder aufgezeigt. In den nachfolgenden ▶ Kap. 2 und 3 werden ausgewählte Aspekte der wichtigsten kulturvergleichenden Studien zur Wirkung von Gesellschafts- und Nationalkultur auf verschiedene Aspekte in einer Organisation in Management und Führung näher gebracht. Dazu zählen der Kulturansatz und die empirischen Studien von Hofstede sowie das GLOBE-Projekt als die zum gegenwärtigen Zeitpunkt größte Studie in der kulturvergleichenden Managementforschung. Ein Überblick zum Konzept der Kulturstandards als bekanntester deutscher Studie im Interkulturellen Management findet sich in ▶ Kap. 4. ▶ Kap. 5 konzentriert sich auf Ansätze, die die zentralen Unterschiede aber auch Ähnlichkeiten für Managementstrukturen und Managementhandeln in Organisationen durch das Institutionengefüge eines Landes erklären. Schließlich werden im ▶ Kap. 6 beispielhaft interkulturelle Aspekte des Personalmanagements sowie des Marketings als Teilbereiche des Interkulturellen Managements vorgestellt. In der nachfolgenden Abbildung sind die Zusammenhänge der im Lehrbuch behandelten inhaltlichen Themen strukturiert dargestellt. Die Mind Map kann helfen, Bezüge zwischen den Themen zu erkennen. Ein abschließendes Glossar fasst die wichtigsten Begriffe zusammen.

Vorwort

- **Wie kann ich mit dem Buch lernen?**

Das Buch folgt in didaktischer Hinsicht dem in der Buchreihe Studienwissen kompakt etablierten Muster. Sie finden neben dem Glossar und entsprechenden Querverweisen im Buch am Ende jedes Kapitels entsprechende Wissensfragen sowie vernetzende Fragen und Aufgaben, die bei uns sowohl kapitelübergreifend sind, als auch zu einer weiterführenden Reflexion des Stoffes anregen sollen. Zusätzlich haben wir in jedem Kapitel Fragen zu einer durchgehenden, themenübergreifenden Fallstudie einbezogen, mit deren Hilfe der Leser sein Wissen am Beispiel einer deutsch-chinesischen interkulturellen Kooperation und ihren Problemen überprüfen kann.

- **Danksagungen**

Die Autoren danken im Besonderen Pia Tracksdorf und Andreas Lissner für ihre tatkräftige und kreative Unterstützung bei der Umsetzung der Ideen, z. B. hinsichtlich der Abbildungen und der Fallstudie im Lehrbuch sowie der Mitwirkung am Text zum ▶ Abschn. 6.2 Interkulturelles Marketing. Ein großer Dank gilt auch Sarah Riedel, die sich nach Vollendung das Werk im Detail zu Gemüte führte und uns auf Ungereimtheiten aufmerksam machte. Außerdem danken wir Ulrike Lörcher vom Springer Gabler Verlag, die stets erreichbar war und so manche seltsame Frage unsererseits beantwortet hat. Und zu guter Letzt haben auch unsere Familien ein Lob für ihre Geduld verdient, denn ein Lehrbuch zu verfassen ist ein mühsamer und langer Weg.

Rainhart Lang und Nicole Baldauf

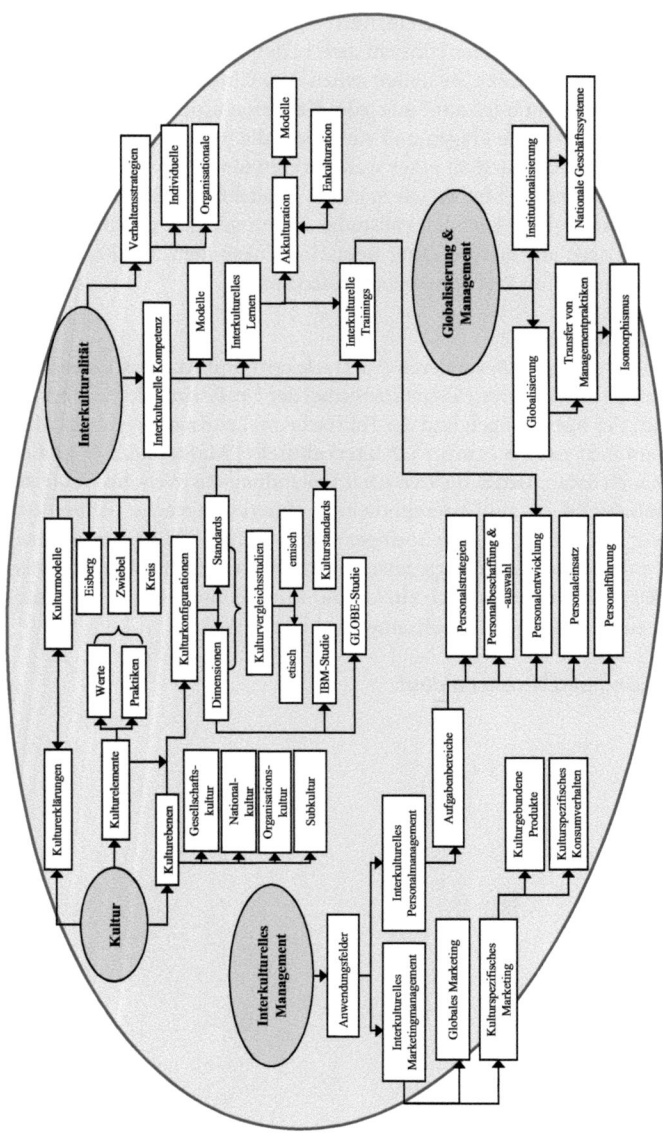

Abb. 0.1 Themengebiete des Buches und ihre Vernetzung

Autoreninformation

Prof. Dr. Rainhart Lang

Rainhart Lang studierte in den 1970er-Jahren Wirtschaftswissenschaften und Arbeitswissenschaften in Leipzig und promovierte 1980 an der dortigen Universität. In der Gießerei-Industrie sammelte er Anfang der 1980er-Jahre Arbeits- und Führungserfahrungen und war nach Rückkehr an die Universität als Assistent und Dozent im Bereich Leitung und Organisation sowie Arbeitswissenschaften, Betriebssoziologie und betriebliche Sozialpolitik tätig, wo er sich auch 1986 habilitierte. Seit 1992 ist er an der Technischen Universität Chemnitz Professor für Organisation und Arbeitswissenschaften. Neben der Lehre im Bereich internationales und interkulturelles Management, Führung und Organisation interessieren ihn in der Forschung unter anderem gesellschaftliche und organisatorische Transformationsprozesse, Organisationskultur, Managementprofessionen, der Transfer von Managementpraktiken über Organisations- und Landesgrenzen sowie Führung im nationalen und interkulturellen Kontext. Als langjähriger Herausgeber des Journals for East European Management Studies (JEEMS) galt sein besonderes Augenmerk dabei Kultur, Management und Führung in den Transformationsländern Mittel- und Osteuropas. Er arbeitet seit 2000 am interkulturellen GLOBE-Projekt mit und ist als Gutachter für mehrere nationale und internationale Zeitschriften tätig.

M. A. Nicole Baldauf

Nicole Baldauf studierte an der Technischen Universität Chemnitz im Hauptfach Berufs- und Wirtschaftspädagogik sowie Sozial- und Wirtschaftsgeographie und Stadt- und Regionalsoziologie im Nebenfach. Das Thema ihrer Magisterarbeit lautete: *Duale Berufsausbildung in Deutschland und den USA im kontrastiven Vergleich*. Für die Recherchen reiste sie wiederholt in die Vereinigten Staaten und absolvierte mehrere Arbeitseinsätze in Suppenküchen und Arbeitsvermittlungscentern. Nach ihrem Abschluss 2008 verschlug es Nicole Baldauf für mehrere Monate nach Neuseeland, wo sie die Kultur des Landes erkundete. Zurück in Deutschland arbeitete sie für einen Bildungsträger und war verantwortlich für Projekte in den Bereichen Arbeitsvermittlung und Bewerbungstraining. Seit 2009 ist sie in der Arbeitsgruppe für soziale und interkulturelle Kompetenzen an der Technischen Universität Chemnitz tätig. Dort erarbeitet und prüft sie Lehrkonzepte für die Veranstaltungen Interkulturelles Management und Moderation/Präsentation/Rhetorik. Ihre Lehr- und Forschungsinteressen liegen außerdem in der Qualifizierung studentischer Tutoren sowie Konzepten zu Work-Life Balance in kommunalen Kindertageseinrichtungen.

Unter besonderer Mitwirkung von

M. Sc. Pia Tracksdorf

Pia Tracksdorf studierte an der Technischen Universität Chemnitz den Bachelor im Fach Wirtschaftswissenschaften und den Masterstudiengang Management & Organisation Studies. Während des Studiums arbeitete sie bereits als Tutorin im Fach Interkulturelles Management und beschäftigte sich insbesondere mit der Zielkultur Italien im Vergleich zu Deutschland. 2014 trat sie nach Beendigung des Masterstudiums eine Vertretungsstelle für Frau Baldauf in der Arbeitsgruppe für soziale und interkulturelle Kompetenzen an. Seit Dezember 2015 arbeitet Pia Tracksdorf am Lehrstuhl für Organisation und Arbeitswissenschaft und befasst sich in ihrer Forschung u.a. mit interkulturellen Führungsbildern sowie Partizipation in temporären Organisationen und machtschwachen Positionen.

B. Sc. Andreas Lissner

Andreas Lissner studierte Wirtschaftswissenschaften mit Vertiefung in General Management an der Technischen Universität Chemnitz. Aufgrund seines Interesses im Gebiet der Organisations- und Führungsforschung sowie personalwirtschaftlichen Themen schloss sich ein Studium im konsekutiven Masterprogramm Management & Organisation Studies an der gleichen Universität an. Gegenwärtig schreibt er an seiner Masterarbeit im Themenfeld der Konstruktion von Führung durch Medien.

Inhaltsverzeichnis

1	**Begriffliche Grundlagen:**	
	Vom Kulturellen zum Interkulturellen Management............1	
	Rainhart Lang und Nicole Baldauf	
1.1	**Kultur**..........3	
1.1.1	Vielfältige Erklärungsansätze und gemeinsame Merkmale von Kultur.......3	
1.1.2	Elemente, Modelle, Dimensionen, Konfigurationen und Ebenen von Kultur..6	
1.1.3	Bedeutung der Kultur für das Management............12	
1.2	**Interkulturalität**............16	
1.2.1	Das Interkulturelle............16	
1.2.2	Verhaltensmuster interkulturellen Handelns............17	
1.3	**Interkulturelle Kompetenz**............19	
1.3.1	Erklärungsansätze und Modelle............19	
1.3.2	Interkulturelles Lernen............20	
1.4	**Interkulturelles Management**............27	
1.4.1	Begriff, zentrale Themenfelder und Strategien............27	
1.4.2	Einflussfaktoren und Anforderungen an das Interkulturelle Management im Zeitalter der Globalisierung............30	
1.5	**Fallstudie:**	
	Meier und Wang – Erlebnisse der interkulturellen Zusammenarbeit....33	
1.6	**Lern-Kontrolle**............36	
2	**Nationalkultur:**	
	Von der mentalen Programmierung des Menschen............39	
	Rainhart Lang und Nicole Baldauf	
2.1	**Kulturkonzept nach Geert Hofstede**............40	
2.1.1	Kulturdefinition............40	
2.1.2	Ebenen von Kultur............43	
2.1.3	Dimensionen von Nationalkultur............46	
2.2	**Empirische Studien**............46	
2.2.1	Überblick zu den Nationalkulturstudien............46	
2.2.2	Hauptergebnisse............49	
2.2.3	Anwendungsfelder............52	
2.2.4	Kritische Würdigung............56	
2.3	**Lern-Kontrolle**............57

3 Kultur und Führung im GLOBE-Projekt: Vom globalen und lokalen Handeln 61
Rainhart Lang und Nicole Baldauf
- 3.1 Theoretisch-konzeptionelle Grundlagen des GLOBE-Projektes 63
- 3.1.1 Überblick zum Projekt 63
- 3.1.2 Theoretischer Hintergrund: Kultur und Führung 64
- 3.2 **Hauptergebnisse der Studien** 69
- 3.3 **Anwendungsfelder und kritische Würdigung von GLOBE** 77
- 3.3.1 Anwendungsfelder 77
- 3.3.2 Kritische Würdigung 77
- 3.4 **Lern-Kontrolle** 79

4 Das Konzept der Kulturstandards: Von der Selbst- und Fremdreflexion 81
Rainhart Lang und Nicole Baldauf
- 4.1 Theoretisch-konzeptioneller Hintergrund 82
- 4.1.1 Theoretischer Hintergrund 82
- 4.1.2 Merkmale von Kulturstandards 84
- 4.1.3 Generierung von Kulturstandards 86
- 4.2 **Hauptergebnisse** 88
- 4.2.1 Deutsche Kulturstandards 88
- 4.2.2 Zentrale Kulturstandards ausgewählter Länder 94
- 4.3 **Anwendungsfelder und kritische Würdigung** 100
- 4.3.1 Anwendungsfelder 100
- 4.3.2 Kritische Würdigung 101
- 4.4 **Lern-Kontrolle** 103

5 Alternative Erklärungsmodelle: Von der Prägung durch Institutionen 105
Rainhart Lang und Nicole Baldauf
- 5.1 Ansatz der Nationalen Geschäftssysteme: Managementunterschiede durch unterschiedliche nationale Institutionsmuster 107
- 5.1.1 Theoretische Grundlagen 107
- 5.1.2 Zentrale Befunde zu nationalen Geschäftssystemen 112
- 5.1.3 Anwendungsfelder 114
- 5.1.4 Zentrale Kritikpunkte 116

Inhaltsverzeichnis

5.2	Institutionensoziologischer Ansatz: Ähnlichkeiten durch Nachahmung und Institutionentransfer	117
5.2.1	Theoretische Grundlagen	118
5.2.2	Empirische Befunde zum Transfer von Managementpraktiken	122
5.2.3	Zentrale Kritikpunkte	124
5.3	**Lern-Kontrolle**	124
6	**Ausgewählte Teilbereiche des Interkulturellen Managements: Von der Theorie zur Praxis**	**127**
	Rainhart Lang und Nicole Baldauf	
	unter Mitwirkung von Pia Tracksdorf und Andreas Lissner	
6.1	**Interkulturelles Personalmanagement**	129
6.1.1	Begriff, Ziele, Funktionen, Aufgabenfelder: Vom monokulturellen zum interkulturellen Personalmanagement	129
6.1.2	Ausgewählte Aufgabenfelder des interkulturellen Personalmanagements	131
6.1.3	Perspektiven und Grenzen	149
6.2	**Interkulturelles Marketingmanagement**	151
6.2.1	Bedeutung des interkulturellen Marketingmanagements	151
6.2.2	Theoretische Grundlagen des interkulturellen Marketingmanagements	152
6.2.3	Einfluss länderspezifischer Differenzierungsmerkmale auf den Marketing-Mix	156
6.2.4	Kritische Würdigung der Anwendung von vergleichenden Kulturstudien im interkulturellen Marketing	161
6.3	**Lern-Kontrolle**	162
	Serviceteil	165
	Tipps fürs Studium und fürs Lernen	166
	Glossar	171
	Literatur	177

Begriffliche Grundlagen: Vom Kulturellen zum Interkulturellen Management

Rainhart Lang und Nicole Baldauf

1.1	**Kultur – 3**	
1.1.1	Vielfältige Erklärungsansätze und gemeinsame Merkmale von Kultur – 3	
1.1.2	Elemente, Modelle, Dimensionen, Konfigurationen und Ebenen von Kultur – 6	
1.1.3	Bedeutung der Kultur für das Management – 12	
1.2	**Interkulturalität – 16**	
1.2.1	Das Interkulturelle – 16	
1.2.2	Verhaltensmuster interkulturellen Handelns – 17	
1.3	**Interkulturelle Kompetenz – 19**	
1.3.1	Erklärungsansätze und Modelle – 19	
1.3.2	Interkulturelles Lernen – 20	
1.4	**Interkulturelles Management – 27**	
1.4.1	Begriff, zentrale Themenfelder und Strategien – 27	
1.4.2	Einflussfaktoren und Anforderungen an das Interkulturelle Management im Zeitalter der Globalisierung – 30	
1.5	**Fallstudie: Meier und Wang – Erlebnisse der interkulturellen Zusammenarbeit – 33**	
1.6	**Lern-Kontrolle – 36**	

Lern-Agenda

Ein Verständnis des Interkulturellen Managements setzt zunächst eine Verständigung über die wichtigsten Begriffe voraus. Das nachfolgende Kapitel erläutert daher näher, was unter Kultur und Interkulturalität zu verstehen ist, wie Kultur erworben und angeeignet wird, welche Erklärungsmodelle es zum Umgang verschiedener Kulturen miteinander gibt, welche Konflikte ggf. daraus erwachsen, was unter Interkulturellem Management verstanden wird und welche zentralen Wirkungsbereiche und Aufgaben es hat, insbesondere unter den veränderten Rahmenbedingungen der Globalisierung.
Im Einzelnen geht es im ersten Abschnitt darum, die Vielfalt der unterschiedlichen Vorstellungen von Kultur aufzuzeigen und zugleich die zentralen Merkmale herauszuarbeiten. Es werden die wesentlichen Elemente und Ebenen von Kultur dargestellt, erläutert wie Kultur in einem Prozess der Enkulturation erworben wird sowie die Auswirkungen von Kultur auf verschiedene Aspekte des Managements kurz beleuchtet.
Im zweiten Abschnitt erfahren Sie, was unter dem Begriff der Interkulturalität verstanden wird, welche Probleme sich aus solchen interkulturellen Überschneidungssituationen ergeben und welche typischen Muster des interkulturellen Verhaltens auftreten können.
Der dritte Abschnitt fokussiert die interkulturelle Kompetenz. Sie erfahren, was interkulturelle Kompetenz ist, welche Merkmale sie aufweist, wie sie in einem Prozess des interkulturellen Lernens erworben werden kann und welche Rolle Akkulturationsprozesse beim Hineinwachsen in eine Fremdkultur spielen.
Im vierten Abschnitt wird schließlich das Interkulturelle Management als spezielle Ausprägung des Managements gekennzeichnet und vom internationalen Management abgegrenzt. Zentrale Einflussfaktoren wie die Globalisierung werden in ihren managementrelevanten Wirkungen und Anforderungen erörtert und wichtige Themenfelder und Teilbereiche des Interkulturellen Managements benannt.
Das Kapitel insgesamt verfolgt das Ziel, Sie für die grundlegenden Phänomene der Kultur und des Interkulturellen in seinen verschiedenen Erscheinungsformen zu sensibilisieren und Sie mit den zentralen Begriffen für das Verständnis der nachfolgenden Kapitel auszustatten.

Begriffliche Grundlagen: Vom Kulturellen zum Interkulturellen Management

Kultur – Merkmale, Elemente, Dimensionen, Ebenen, Enkulturation, Bezug zum Management	▶ Abschn. 1.1
Das Interkulturelle, Interkulturalität, interkulturelles Handeln	▶ Abschn. 1.2
Interkulturelle Kompetenz, Interkulturelles Lernen, Akkulturation	▶ Abschn. 1.3
Interkulturelles Management, Themenfelder und Teilbereiche, Globalisierung, Anforderungen an das Management	▶ Abschn. 1.4
Fallstudie Meier und Wang	▶ Abschn. 1.5

1.1 Kultur

1.1.1 Vielfältige Erklärungsansätze und gemeinsame Merkmale von Kultur

Der zentrale Ausgangspunkt für das Verständnis des **Interkulturellen Managements** ist die **Kultur**.

> **Merke!**
>
> **Kultur** kann allgemein als ein universelles Orientierungsmuster einer bestimmten Gruppe von Menschen angesehen werden, das Gegenständen und Handlungen Sinn und Bedeutung zuweist und damit soziales Handeln ermöglicht. Die Gruppe bezieht sich in ihren alltäglichen Handlungen explizit wie implizit, bewusst und unbewusst auf diese Orientierungen. Kulturen bestehen aus **Grundannahmen**, Weltbildern, **Werten**, **Normen** oder kognitiven Bezugsrahmen, aber auch aus **Artefakten**, **Symbolen** und ihren Interpretationen, die in der jeweiligen sozialen Gruppe historisch tradiert und in einem kollektiven Lernprozess entstanden sind. Sie werden durch Individuen in einem Sozialisationsprozess erlernt und angeeignet und nehmen Einfluss auf Denken, Fühlen und Handeln der Gruppenmitglieder.

Der Kulturbegriff kann grundsätzlich auf alle sozialen Gruppen verschiedener Größe, Funktion und Struktur angewandt werden. Typische soziale Gruppen sind die Gesellschaft oder Nation, die Organisation oder funktionale Gruppen in Organisationen, aber auch Berufsgruppen oder geschlechtsspezifische Kulturen.

Dabei gibt es bei den zentralen Autoren zum Teil sehr unterschiedliche Vorstellungen des Kulturbegriffes, wie die Zusammenstellung ◘ Tab. 1.1 zeigen soll.

Die Ursachen für die Unterschiede liegen u. a. in der wissenschaftstheoretischen Position der Autoren, aber auch in der Zugehörigkeit zu verschiedenen Wissenschaftsdisziplinen wie Kulturwissenschaften, Anthropologie, Soziologie oder Psychologie. Je nach wissenschaftstheoretischer Position und Disziplin gibt es Auffassungen, die Kultur als etwas Gegebenes ansehen, das den Menschen als externe Macht gegenübersteht. Andere Auffassungen betrachten die alltägliche menschliche Praxis als Kern von Kultur und sie betonen die subjektive Konstruktion von Kultur durch individuelles und kollektives Handeln. Weitere Unterschiede zeigen sich etwa im Umfang und dem Fokus einbezogener **Kulturelemente**, z. B. hinsichtlich verschiedenartiger Werte, Weltbilder und Kommunikationsprozesse. Zudem gibt es Abstufungen der den Kulturen zugewiesenen Wirkungen und Funktionen, z. B. als Normierungsinstanz für soziales

Tab. 1.1 Ausgewählte Definitionen von Kultur

Kluckhohn	Sammlung von Annahmen, Werten, Verhaltensweisen, Gewohnheiten und Einstellungen, die Menschen einer Gesellschaft von einer anderen unterscheiden
Geertz	Mittel, durch die Menschen ihr Wissen über Einstellungen zum Leben kommunizieren, aufrechterhalten und weiterentwickeln
Hofstede	Kollektive Programmierung des Bewusstseins, durch die sich Mitglieder einer Gruppe von Menschen von einer anderen unterscheidet
Schein	Muster grundlegender Annahmen, die eine bestimmte Gruppe von Menschen im Ergebnis gemeinsamer Erfahrungen bei der Lösung von Problemen der Anpassung an ihre externe Umwelt und der internen Integration entwickelt hat
Thomas	Universelles, für die Gesellschaft, Organisation und Gruppe sehr typisches Orientierungssystem, das aus spezifischen Symbolen gebildet und in der jeweiligen Gesellschaft tradiert wird und das Wahrnehmen, Denken und Handeln aller ihrer Mitglieder beeinflusst
Trompenaars & Hampden-Turner	Art und Weise, wie eine Gruppe Probleme löst oder Dilemmata schlichtet
House et al.	Geteilte Motive, Werte, Annahmen, Identitäten und Interpretationen oder Bedeutungen von wichtigen Ereignissen, die auf gemeinsamen Erfahrungen von Gruppenmitgliedern beruhen und über Generationen weitergegeben werden

Quelle: Zusammengestellt nach Steers et al. (2012, S. 50) und ergänzt, eigene Übersetzung.

Verhalten, als Mittel zur Problemlösung oder als Kommunikationsmittel. Ebenso sind Unterschiede in Bezug auf die adressierten sozialen Gruppen zu nennen, wie z. B. Gesellschaft, Organisation oder Gruppe.

Einig sind sich die meisten Auffassungen dahingehend, dass Kultur …

- in einem geschichtlichen Entwicklungsprozess entstanden ist und sich in einem solchen Prozess ständig weiterentwickelt;
- ein überindividuelles, kollektives Phänomen ist;
- von den Mitgliedern einer Gruppe geteilt wird, wenn auch ggf. nicht von allen und in gleichem Ausmaß;

1.1 · Kultur

- von den Mitgliedern einer Gruppe im Rahmen von Sozialisationsprozessen erlernt wird und
- die Einstellungen und Verhaltensweisen der Gruppenmitglieder beeinflusst (Steers et al. 2012, 50 f.).

Die verschiedenen Definitionen verdeutlichen, dass Kultur einerseits über bestimmte, charakteristische Kulturelemente beschrieben werden kann, die die Bestandteile der Kultur aus der Sicht des jeweiligen Ansatzes kennzeichnen. Die modellhafte Verknüpfung dieser Elemente führt zu spezifischen **Kulturmodellen**.

Wie bereits angedeutet, erfüllen Kulturen auch vielfältige Funktionen für das menschliche Zusammenleben in Gemeinschaften. Solche Funktionen bzw. Leistungen von Kultur sind:

- Kulturen ermöglichen bzw. helfen bei der Orientierung, insbesondere in mehrdeutigen Situationen oder komplexen Umwelten (Orientierungsfunktion);
- Kulturen normieren das Denken und Verhalten (Normierungsfunktion);
- Kulturen stabilisieren soziale Beziehungen und Gemeinschaften (Stabilisierungsfunktion);
- Kulturen weisen Handlungen Sinn zu und stiften Identität (Sinnstiftungs- und Identitätsfunktion);
- Kulturen ermöglichen, erleichtern und fördern Kommunikation und Handeln (Kommunikations- und Handlungsfunktion);
- Kulturen unterstützen Problemlösungsprozesse, indem sie aus dem kulturellen Erfahrungsschatz geeignete Problemlösungen bereitstellen (Problemlösungsfunktion);
- Kulturen ermöglichen und unterstützen Sozialisations- und Lernprozesse (Lernfunktion) und
- Kulturen liefern Maßstäbe zur Bewertung von Sachverhalten, Verhaltensweisen und Ergebnissen des Handelns (Bewertungsfunktion).

In engem Zusammenhang mit der Normierungs- und vor allem der Lernfunktion von Kulturen ist der Begriff der **Enkulturation** zu sehen. Er bezeichnet den Sozialisationsprozess bzw. das unbewusste Hineinwachsen in die eigenkulturelle Umwelt, die durch die Aneignung kultureller Werte, Normen und Verhaltensweisen im Prozess der Persönlichkeitsentwicklung erfolgt. Dabei spielen Sozialisationsinstanzen wie Familie, Schule, Arbeitsplatz aber auch die Medien eine wichtige Rolle.

Aufgrund der großen Abstraktheit des Kulturbegriffes ist es außerdem sinnvoll, Kultur hinsichtlich der grundlegenden Lebens- und Problembereiche in verschiedene **Kulturdimensionen** und **Kulturebenen** zu unterscheiden, wodurch eine differenzierte Beschreibung und Analyse von Kulturen möglich ist.

> **Auf den Punkt gebracht:** Kultur ist ein universelles Orientierungsmuster einer bestimmten Gruppe von Menschen, das Gegenständen und Handlungen Sinn und Bedeutung zuweist und damit soziales Handeln ermöglicht. Kultur entsteht auf der Grundlage gemeinsamer Erfahrungen und wirkt sich auf das Denken, Fühlen und Handeln der Gruppenmitglieder aus. Eine Kultur kann durch Kulturelemente, Kulturdimensionen und Kulturebenen näher bestimmt werden.

1.1.2 Elemente, Modelle, Dimensionen, Konfigurationen und Ebenen von Kultur

Kulturelemente sind alle Bestandteile einer Kultur. In Abhängigkeit vom jeweiligen theoretischen Ansatz gehören dazu vor allem:
- Grundannahmen, Weltbilder oder andere grundlegende Orientierungsmuster;
- Werte und Normen;
- Artefakte und **kulturelle Praktiken**;
- Symbole und
- Helden.

Grundannahmen bezeichnen unbewusste und nicht direkt sichtbare Einstellungen von Mitgliedern eines Kulturraumes, die zur Interpretation von grundlegenden Problemen und Fragestellungen des menschlichen Daseins dienen und bei Mitgliedern einer spezifischen Gruppe von Menschen bei einer identischen Situation zu gleichen oder ähnlichen Reaktionen führen. Sie werden als Grundlage für Werte und Normen angesehen. Grundannahmen können auch als Weltbilder, d. h. spezifische Sichtweisen der jeweiligen Kultur auf Umwelt und die Rahmenbedingungen des Handelns, die sozialen Beziehungen, die eigene Tätigkeit usw., betrachtet werden.

Beispiel für Grundannahmen
Als Beispiel können hier Annahmen zur Gleichheit oder Ungleichheit von Menschen angesehen werden: *Alle Menschen sind gleich.* vs. *Menschen sind unterschiedlich.*

Werte spiegeln allgemeine Annahmen und insbesondere Präferenzen zur gewünschten Entwicklung des Zusammenlebens zwischen Menschen einer Kultur wider. Sie legen fest, welche Umstände als erstrebenswert gelten und in welcher Weise Gegenstände, Situationen und bestimmte Verhaltensweisen oder Ergebnisse des Handelns zu bewerten sind.

Beispiel für Werte
Ein Beispiel für solche Präferenzordnungen ist die Wichtigkeit arbeitsbezogener Werte wie Gehalt, Beziehung zum Vorgesetzten, Interesse an der Tätigkeit oder kollegiale Beziehun-

1.1 · Kultur

gen. Auch der Vorrang von traditionellen Werten wie Pflicht, Disziplin, Gehorsam gegenüber Werten der Selbstentfaltung und -verwirklichung kann genannt werden.

Normen bezeichnen von Menschen geschaffene Bewertungsmuster, die sich von kulturellen Werten ableiten. Sie erklären Handlungsentscheidungen von Mitgliedern einer Kultur, da Normen verhaltensorientierte Regeln darstellen, die bei der Unterscheidung zwischen sozial akzeptiertem, erstrebenswertem und sozial nicht akzeptiertem und zu vermeidendem Verhalten in Interaktionssituationen genutzt werden.

Beispiel für Normen
Beispiele sind etwa gültige Normen der Gruppe zur Bevorzugung von Menge oder Qualität bei der Leistungsbewertung und die Beachtung von Leistung, Seniorität oder sozialer Beziehungen als Kriterien der Beförderung von Mitarbeitern.

Artefakte sind alle von Menschen einer Kultur geschaffene, sichtbare und hörbare Produkte. Dazu zählen u. a. Architektur, Technologien, Strukturen, Prozesse und Instrumente, Sprache, Geschichten, Rituale oder Zeremonien. In ihnen materialisieren sich Grundannahmen, Werte und Normen einer Kultur, ohne dass diese Zusammenhänge in jedem Fall sichtbar werden.

Beispiel für Artefakte
Hierarchische Werte und Normen zeigen sich oft in Gebäuden, die die Macht der Erbauer und Herrscher verdeutlichen sollen. Außerdem äußern sie sich innerhalb von Organisationen in stark hierarchisierten Strukturen, in Prozessregeln, in denen die Kontrolle der Mitarbeiter gegenüber dem Vertrauen besonders betont wird sowie in der Raumausstattung und der Anordnung von Sitzplätzen, z. B. an Beratungstischen mit besonderem Platz für den Chef.

Praktiken bezeichnen Handlungsmuster, in denen sich die in der jeweiligen Kultur geteilten Grundannahmen, Werte und Normen manifestieren. Unbeschadet unterschiedlicher Auffassungen zum konkreten Umfang und Inhalt von Praktiken zeigen sie sich insbesondere in der Art und Weise des Umgangs mit Werten, Normen und vor allem auch mit Artefakten. Im Gegensatz zu den Werten liefern sie jedoch Informationen über den Ist-Stand bzw. die gegenwärtige Wahrnehmung der jeweiligen Kultur.

Beispiel für Praktiken
Zu den kulturellen Praktiken gehört der Umgang mit hierarchischen Strukturen, etwa durch strikte Befolgung, z. B. Rede-Reihenfolge nach Sitzordnung oder hierarchischer Stellung der Mitarbeiter, aber auch durch die Etablierung informeller Praktiken neben dem formellen Dienstweg.

Symbole stellen ein eigenständiges Kulturelement von zentraler Bedeutung dar. Sie verknüpfen Artefakte und Praktiken, d. h. Objekte und Verhaltensweisen einer Kultur, mit den Grundannahmen, Werten und Normen. Somit weisen sie den Artefakten und Praktiken eine kulturspezifische Bedeutung zu. Kulturen sind aus dieser Perspektive Deutungsgemeinschaften, wobei angenommen wird, dass innerhalb einer Kultur alle Mitglieder über einen ähnlichen Vorrat an Deutungen verfügen und sie Artefakte und Praktiken überwiegend gleich oder ähnlich bewerten.

Beispiel für Symbole
Die Architektur, Kunst, Mode, Logos, spezielle Strukturlösungen, Verhaltensweisen, aber auch bestimmte Personen können als kulturelle Symbole dienen, wenn ihnen durch die Mitglieder der jeweiligen Kultur eine bestimmte Bedeutung zugewiesen wird, sie also als Ausdruck bestimmter Werte und Normen gelten.

Zu den Kulturelementen werden im Weiteren oft auch *Helden* gezählt. Dabei handelt es sich um personifizierte Repräsentanten einer jeweiligen Kultur, d. h. um Personen, die als Verkörperung der zentralen Werte der Kultur gelten. Dabei sind es oft wichtige Persönlichkeiten aus der Geschichte des Landes oder der Organisation, aber auch Idole aus der Kultur und den Medien, die als Helden angesehen werden.

Beispiel für Helden
Zwei Beispiele für die USA sind Abraham Lincoln und John Wayne, die beide, wenn auch in unterschiedlichem Maße, für wichtige Werte wie den Glauben an die eigenen Ideale, Durchsetzungsstärke und Individualismus stehen.

Die verschiedenen Kulturelemente können im Einzelnen betrachtet und analysiert werden. Charakteristisch für eine Kultur ist es jedoch, dass sie zusammenhängen, sich untereinander wechselseitig bedingen und ein mehr oder weniger kohärentes Ganzes, eine *Gestalt* bilden. Viele Kulturforscher haben versucht, solche *Modelle* der Kulturelemente und ihrer Beziehungen in Form von theoretisch-konzeptionellen Schaubildern darzustellen. Bekannte Kulturmodelle sind das Zwiebelmodell von Hofstede (▶ Kap. 2), das Schichten-Modell von Trompenaars und Hampdon-Turner sowie das Modell der Kulturebenen von Schein, von denen ◘ Abb. 1.1 zwei typische Beispiele zeigt. Es wird sichtbar, dass die Modelle jeweils zwischen einem impliziten, unbewussten Kulturkern bzw. einer unteren Kulturebene der Grundannahmen und anderen, stärker sichtbaren und der Beobachtung und Erfassung zugänglichen Schichten bzw. Ebenen der Kultur ausgehen, die sich jedoch aufeinander beziehen. Die Werte und Normen vermitteln dabei zwischen den Grundannahmen und Artefakten, helfen bei der Interpretation des sichtbaren Teils der Kultur, in dem sie Normen und Standards bereitstellen. Eine Kultur wird demzufolge als eine insgesamt kohärente Gestalt von Merkmalen angesehen, was ihre Stabilität und ihre Persistenz gegenüber Änderungsprozessen erklärt.

1.1 · Kultur

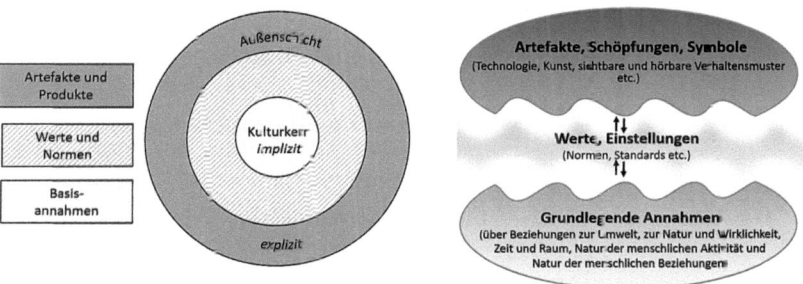

● **Abb. 1.1** Schichten- und Ebenenmodell von Kultur (Quelle: Eigene Darstellung)

> Auf den Punkt gebracht: Die verschiedenen Kulturelemente, Grundannahmen, Weltbilder oder andere grundlegende Orientierungsmuster, Werte und Normen, Artefakte und Praktiken, Symbole oder Helden sind miteinander verbunden und müssen daher immer im Zusammenhang analysiert werden. So sind eine korrekte Interpretation und das Verständnis der jeweiligen Kultur im Kontext der Kulturmodelle möglich.

Während die *Kulturelemente* eine Kultur hinsichtlich der Bestandteile beschreiben, stellen *Kulturdimensionen* grundlegende und zugleich abgrenzbare Aspekte bzw. Problembereiche von Kulturen dar. Diese sind übergreifend und für alle Kulturen bedeutsam, wobei ein gewisser Fokus auf s. g. Großkulturen wie **Gesellschafts-** bzw. **Nationalkulturen** liegt. Sie ermöglichen eine differenziertere Beschreibung von Kulturen und stellen zugleich Kriterien für eine Ermittlung und Messung von Kulturen in Abhängigkeit des jeweiligen theoretischen Konzepts bereit. Diese Vorgehensweise ist bei aller Problematik (Vgl. spätere Kritik an einzelnen Dimensionskonzepten ▶ Kap. 2, 3 und 4) eine wichtige Voraussetzung für das Interkulturelle Management. Die Tabelle ● Tab. 1.2 gibt einen Überblick zu einigen für das kulturvergleichende Management zentralen Kulturdimensionen verschiedener Autoren.

Es wird deutlich, dass die Kulturkonzepte durchaus ähnliche Dimensionen in den Blick nehmen, was zum Teil damit zu tun hat, dass sich die Autoren oft auf bereits vorliegende Dimensionsmodelle beziehen. Steers et al. (2012, S. 418) haben im Ergebnis eines Vergleiches fünf gemeinsame Problemfelder von Kulturen herausgearbeitet, die in der Mehrzahl der Kulturkonzepte Berücksichtigung finden:

— die Verteilung von Macht und Autorität in der Gesellschaft;
— die Zentralität von Individuen oder Gruppen als Basis sozialer Beziehungen;
— die Beziehungen der Menschen zur Umwelt;

Tab. 1.2 Kulturdimensionen ausgewählter theoretischer Ansätze

Autoren	Kulturdimensionen
Kluckhohn/Strodtbeck	Beziehung zur Natur, Beziehung zwischen Menschen, menschliche Aktivität, Beziehung zur Zeit, Natur des Menschen
Hofstede	Machtdistanz, Unsicherheitsvermeidung, Individualismus vs. Kollektivismus, Maskulinität vs. Femininität, Kurzzeit- vs. Langzeitorientierung, Genussorientierung vs. Zurückhaltung
Hall	Starker vs. schwacher Kontext, territoriales vs. kommunales Raumkonzept, monochrones vs. polychrones Zeitkonzept
Trompenaars	Universalismus vs. Partikularismus, Individualismus vs. Kollektivismus, spezifische vs. diffuse Rollen, neutrales vs. affektives Verhalten, Leistung vs. Status, Zeitorientierung (Vergangenheit/Gegenwart vs. Zukunft), Umweltbeziehung (Beherrschung vs. Harmonie)
Thomas*	Schwacher vs. starker Kontext im Kommunikationsstil, starke vs. schwache Hierarchie- bzw. Autoritätsorientierung, Personenorientierung vs. Sachorientierung, Orientierung am Individuum vs. Gruppenorientierung, monochrones vs. polychrones Zeitverständnis, Regelorientierung vs. Regelrelativismus
Schwartz	Konservatismus vs. Autonomie, Hierarchie vs. Gleichheit, Beherrschung/Kontrolle vs. Harmonie
House et al. (GLOBE)	Machtdistanz, Unsicherheitsvermeidung, Humanorientierung, Institutioneller Kollektivismus, Gruppenkollektivismus, Selbstdurchsetzung, Geschlechtergleichheit, Zukunftsorientierung, Leistungsorientierung

*Im Konzept von Thomas werden jeweils für bi-kulturelle Situationen Kulturstandards ermittelt. Die am häufigsten auftretenden Dimensionen der Standards sind hier in ihren Dimensionen aufgeführt.
Quelle: Zusammengestellt nach Steers et al. (2012, S. 411 ff.) und ergänzt.

- die Muster der Zeitnutzung in Arbeit und Freizeit sowie
- die Mechanismen zur personalen und sozialen Kontrolle und Reduzierung der Unsicherheit.

Beim Vergleich der verschiedenen Dimensionskonzepte ist jedoch zu beachten, dass selbst bei gleicher Benennung der Dimensionen zum Teil sehr unterschiedliche Di-

1.1 · Kultur

mensionsdefinitionen und insbesondere unterschiedliche Konzepte der Ermittlung oder Messung zugrunde gelegt werden (Vgl. nachfolgende Kapitel).

Während die einzelnen Kulturdimensionen jeweils nur bestimmte Problembereiche von Kulturen beschreiben, stellen **kulturelle Konfigurationen** spezifische Kulturmuster dar, die über die entsprechende Ausprägung der Kulturdimensionen und ihrer Kombination ein ganzheitliches Bild der jeweiligen Kultur liefern.

> **Auf den Punkt gebracht:** Die Kulturdimensionen bezeichnen zentrale, abgrenzbare Problembereiche von Kulturen. Sie erlauben eine differenzierte Beschreibung und Analyse einer Kultur und lassen sich zu kulturellen Konfigurationen zusammenfassen. Zentrale Dimensionen beziehen sich auf die Verteilung von Macht den Fokus auf Individuen oder Gruppen, die Beziehungen zur Natur und Zeitvorstellungen sowie den Umgang mit Unsicherheit.

Der Begriff der Kulturebenen wird im Rahmen der Kulturkonzepte in zweierlei Hinsicht verwendet. Zum einen verweist er in Ebenen-Modellen von Kulturen auf bestimmte Gruppen von Kulturelementen, die eher an der Oberfläche der Kultur sichtbar sind und auf solche, die als Tiefenstrukturen von Kultur aufgefasst werden können. Sichtbar ist z. B. die Ebene der Artefakte und die Ebene der Grundannahmen gehört zu den Tiefenstrukturen von Kultur. Zum anderen wird er mit Bezug auf verschiedene soziale Gruppen unterschiedlicher Größe im Sinne der Reichweite der jeweiligen Kultur verwendet.

Wichtige Ebenen aus der Perspektive eines Interkulturellen Managements sind danach u. a.:

- Land/Gesellschaft: Nationalkultur und Gesellschaftskultur, z. B. Deutschland, USA;
- Region: Regionalkultur, z. B. Sachsen;
- Profession: Professionskultur, z. B. Mediziner, Rechtsanwälte, Unternehmensberater, Personalexperten;
- Organisation: **Organisationskultur**, z. B. einer Universität, eines Unternehmens, eines Krankenhauses allgemein oder einer konkreten Organisation, z. B. Volkswagen AG;
- Management: Managementkultur, z. B. die professionelle und soziale Gruppe der Manager eines Landes;
- Funktionale Abteilungen: Abteilungskulturen, z. B. Kultur der Produktionsabteilung, der Forschung und Entwicklung oder des Rechnungswesen in einer Firma;
- Arbeitsgruppe: Gruppenkultur, z. B. Kultur der jeweiligen Arbeitsgruppe.

Spezifische Teilkulturen von relevanten sozialen Untergruppen in einer bestimmten Kultur erhalten darüber hinaus oft die Bezeichnung als **Subkultur**. Beispiele dafür sind regionale Kulturen im Rahmen einer Gesellschaftskultur und Abteilungskulturen im Rahmen einer Organisationskultur. Sie zeichnen sich durch eine gewisse Eigenständigkeit aus, d. h. durch spezifische, von der übergeordneten Kultur abweichende oder diese modifizierende Grundannahmen, Werte, Normen, Artefakte oder Symbole. Darüber hinaus, weisen sie in der Regel auch deutliche Bezüge zur übergeordneten Kultur aus, wie spezifische, historisch gewachsene Annahmen, Werte und Strukturen.

1.1.3 Bedeutung der Kultur für das Management

Unter Management wird im Allgemeinen die Steuerung, Lenkung, Leitung und Entwicklung erwerbswirtschaftlicher Unternehmen verstanden. Dabei schließt der Begriff alle Funktionen, Aufgaben und Tätigkeiten, z. B. planen, entscheiden, organisieren, kontrollieren, wie auch die dafür zuständigen Personen oder Rollen, z. B. Manager, Geschäftsführer, Abteilungsleiter, und die Organe, z. B. Vorstand, Aufsichtsrat, ein. Inzwischen haben sich die Verwendung des Begriffes Management sowie die entsprechenden Denkweisen und Praktiken auf andere Organisationstypen ausgedehnt. So ist z. B. in Bezug auf öffentliche Organisationen die Rede vom Non-Profit Management oder Public Management, bei Krankenhäusern vom Krankenhausmanagement und bei großen Sportvereinen vom Vereinsmanagement.

> **Merke!**
>
> Der Begriff **Management** steht heute für die Funktionen, Aufgaben, Personen bzw. Rollen und Organe, die der Steuerung, Lenkung, Leitung und Entwicklung von Organisationen dienen.

Die Beschäftigung mit der Kultur und ihrem Einfluss auf Managementkonzepte, Managementstrukturen oder Verhaltensweisen im Management ist in den 1960er und 1970er-Jahren entstanden. Zuvor war der dominierende Ansatz zur Erklärung von Unterschieden im Management in verschiedenen Ländern durch die s. g. *Culture free thesis* gekennzeichnet. Das bedeutet, dass Unterschiede vor allem durch den Einfluss von Faktoren wie Industrialisierungsgrad oder Modernisierungsgrad und das Gesellschaftssystem eines Landes oder durch die Eigentumsstrukturen erklärt wurden.

Beispiel: Einflussfaktoren auf das Management
Mit Blick auf die wirtschaftliche und soziale Entwicklung kann z. B. der Einfluss des Bruttosozialproduktes als Wohlstandsfaktor auf Managementkonzepte und -strukturen betrachtet werden. Bezüglich der Eigentumsformen wurde innerhalb kapitalistischer Gesellschaften der Einfluss der Eigentumsverhältnisse (privatwirtschaftlich, genossenschaftlich oder staatlich) als Erklärung für Unterschiede im Management herangezogen. Durch die Dominanz

1.1 · Kultur

unterschiedlicher Eigentumsformen zwischen Kapitalismus und Sozialismus gab es verschiedene Vorstellungen und Konzepte zur Steuerung wirtschaftlicher Einheiten, wobei der Begriff des Managements oft exklusiv für die Leitung von privatwirtschaftlichen Unternehmen im Kapitalismus Verwendung fand. Sozialistische Betriebe wurden nach dieser Vorstellung staatlich gelenkt und geleitet.

Überlegungen zu (inter-)kulturellen Einflussfaktoren im Management finden sich bereits bei Kluckhohn und Strodtbeck (1961). Später haben z B. Haire et al. (1966) sowie Laurent (1978, 1983) wichtige empirische oder konzeptionelle Beiträge geliefert. Eine zentrale Rolle bei der Betrachtung des Einflusses der Nationalkultur auf Managementkonzepte, -strukturen und -praktiken kommt der 1980 unter dem Titel *Cultural's consequences – International Differences in Work-Related Values* erschienenen Arbeit von Geert Hofstede zu (▶ Kap. 2). In den 1980er-Jahren beginnt zugleich eine intensive Beschäftigung mit Organisationskulturen, die unbeschadet von nationalkulturellen Einflüssen als eine eigenständige Kulturebene angesehen werden.

> **Auf den Punkt gebracht:** Nachdem das Management von Organisationen lange als kulturunabhängiges oder kulturfreies Phänomen sowie als Ausdruck moderner Steuerung von privatwirtschaftlichen Unternehmen in Industriegesellschaften angesehen wurde, hat sich seit etwa 1980 eine Sichtweise durchgesetzt, die auf einen starken Einfluss der jeweiligen Kultur auf das Management verweist. Für das Management von Unternehmen sind sowohl die National- bzw. Gesellschaftskultur als auch die jeweilige Organisationskultur von Bedeutung.

Kulturelle Ähnlichkeiten und kulturelle Unterschiede im Management zwischen Ländern oder Organisationen zeigen sich dabei besonders in unterschiedlichen Werten und Normen, in Organisations- und Managementstrukturen, Managemententscheidungen oder beim Führungs- und Mitarbeiterverhalten. Einen Überblick dazu gibt die ◘ Abb. 1.2.

Werte und Ethik bilden den Rahmen für das unternehmerische Handeln und seine Bewertung. Kulturelle Unterschiede werden hier besonders deutlich, indem bestimmte Handlungen in einzelnen Kulturen als gut und angemessen, in anderen als schlecht und ungeeignet angesehen werden. Solche Leitwerte finden ihren formalen Ausdruck in Unternehmensphilosophien, Leitbildern oder Kodizes, in den ein wünschenswertes oder gefordertes Verhalten beschrieben wird. Sie zeigen sich zugleich in den tatsächlich praktizierten Handlungen und Verhaltensweisen und den zugrunde liegenden Werten und Motiven. Kulturelle Unterschiede im *Managementdenken* sind besonders in den unterschiedlichen Sichtweisen auf die Umwelt oder einer unterschiedlichen Prioritätensetzung bei Managementstrategien oder *Managemententscheidungen* erkennbar. Das zeigt sich etwa im Umgang mit Zeit oder Unsicherheit, z. B. in der Bedeutung langfristiger Ziele und der Risikoneigung. Auch

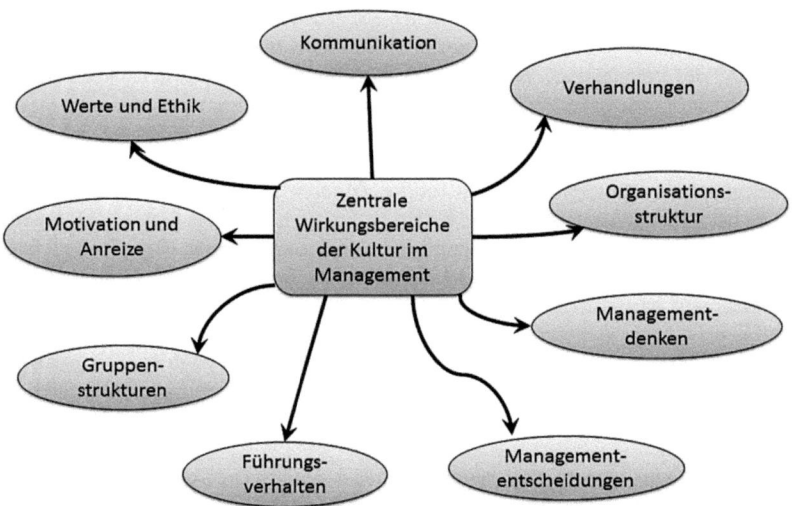

◘ Abb. 1.2 Zentrale Wirkungsbereiche der Kultur im Management (Quelle: Eigene Darstellung)

die kulturübergreifenden Unterschiede in der Beachtung der verschiedenen Interessengruppen einer Organisation wie Eigentümer, Lieferanten, Kunden, Mitarbeiter usw., spielen hier eine Rolle. In den Präferenzen für bestimmte *Organisations- und Managementstrukturen* können ebenfalls deutliche Einflüsse kultureller Faktoren erkannt werden, etwa in Form hierarchischer Strukturen mit großer Machtkonzentration bzw. flacher Strukturen mit einer starken Dezentralisierung der Verantwortung. Kulturelle Unterschiede in der *Kommunikation* zeigen sich dagegen insbesondere in geringer oder starker Bedeutung des Handlungskontextes und einem eher indirekten oder eher direkten Kommunikationsstil. Dies wird in der Folge auch in kulturspezifischen *Verhandlungsstilen* des Managements sichtbar. Unterschiedliche kulturelle Werte finden ihren Ausdruck weiterhin in Differenzen in der *Motivstruktur* von Mitarbeitern und Führungskräften, der Wirkung von *Anreizen* und der Bedeutung von *Gruppen* und spezifischen *Gruppenstrukturen*. Außerdem äußert sich eine Kultur in der Präferenz für sowie der Akzeptanz von Führungspersonen und *Führungsverhalten*.

Beispiel: Ausgewählte kulturelle Wirkungen im Management
Managementdenken
Managementrelevante Unterschiede im Denken wurden insbesondere zwischen dem westlichen, europäisch-amerikanischen Denken und dem östlichen, asiatischen Denken gefun-

1.1 · Kultur

den. Das westliche Denken ist einer analytisch orientiert und auf die Beherrschung und Kontrolle der Umwelt und von Prozessen gerichtet. Damit wird das unabhängige Individuum und seine Freiheit und Gleichheit betont. Das östliche Denken hingegen ist eher dualistisch oder holistisch sowie auf Harmonie und Anpassung an Umwelt und die Bezugsgruppen ausgerichtet. Das Individuum sieht sich hier als Teil der Gruppe und akzeptiert Hierarchie und Kontrolle. Konsequenzen für das Management zeigen sich dann in unterschiedlichen Präferenzen im Managementhandeln oder in Managementsystemen, z. B. bei individualistischen oder gruppenorientierten Entlohnungssystemen oder der unterschiedlichen Akzeptanz von verschiedenen Kontrollformen im Arbeitsprozess.

Managemententscheidungen
Auch die etablierten Modelle von Managemententscheidungen weisen starke kulturelle Unterschiede auf. In den angelsächsischen Ländern sind eine ausgeprägte Managementverantwortung und eine Tendenz zu zentralisierten Entscheidungsprozessen vorhanden. Bei japanischen Unternehmen sind Mechanismen eines konsultativen Entscheidungsablaufes institutionalisiert. Vergleichbar dazu finden sich in Deutschland, den Niederlanden und Skandinavischen Ländern Muster oder Elemente kollektiver Entscheidungsprozesse. Weiterhin schlagen sich auch kulturell unterschiedliche Zeitperspektiven und Differenzen bei der Risikoneigung in den Managemententscheidungen nieder.

Organisationsstruktur
In Abhängigkeit von der Organisationsgröße gibt es z. B. in deutschen Unternehmen einen starken Fokus auf eine strukturelle Steuerung der Organisation durch formale, oft noch funktionale Strukturen mit klaren Hierarchien und Regeln, einem starken Einfluss von verschiedenen Interessengruppen und partizipativen Entscheidungsgremien sowie einer Besetzung und Ausübung von Führungspositionen basierend auf fachlicher Expertise und Qualifikation. In asiatischen Unternehmen spielen patriarchalische Familiennetzwerke eine starke Rolle und durchdringen die hierarchischen Strukturen in jeweils spezifischer Weise. In angelsächsischen Firmen gibt es zwar klare Macht- und Kontrollstrukturen ausgehend vom Geschäftsführer und Managementteam von der Spitze des Unternehmens, jedoch auch flexiblere organisatorische Strukturen und eine stärkere Steuerung über Personen.

Kommunikation
Unterschiede zeigen sich vor allem zwischen Kulturen mit unterschiedlichen Kommunikationsstilen. Sie wirken sich sowohl in der Personalführung als auch in Managementverhandlungen aus. Während z. B. in Deutschland, Skandinavien oder den USA eine direkte, offene Kommunikation dominiert, bei der nonverbale Signale eine geringe oder keine Rolle spielen, wird in den Ländern Asiens oder des mittleren Ostens, wo der Kontext eine starke Rolle spielt, die Kommunikation oft indirekt, subtil und mit hohem Anteil an nonverbalen Botschaften ausgeübt.

Verhandlungen

Erfolgreiche Verhandlungen zwischen Managern setzen ein bestimmtes Maß an Vertrauen in den Partner voraus. Die Frage, ob Menschen grundsätzlich zu trauen ist, variiert über verschiedene Länder sehr stark: Während in den skandinavischen Ländern oder auch in China ca. zwei Drittel der Menschen diese Auffassung teilen, sind es in den angelsächsischen Ländern knapp die Hälfte, in Deutschland, der Schweiz und Japan ca. 40 % und in den lateinamerikanischen Ländern und in Ländern Osteuropas nur 10–20 %.
Quellen: Steers et al. (2012, S. 85 ff.); House et al. (2014)

Da diese Aspekte nahezu alle Teilbereiches des Interkulturellen Managements betreffen, zeigen sich kulturelle Wirkungen neben dem strategischen Management, dem Personalmanagement und dem Diversity Management, insbesondere auch im Marketingmanagement, Organisationsmanagement, Innovations- und Projektmanagement, Wissensmanagement sowie Konflikt- und Kooperationsmanagement (▶ Abschn. 1.4).

1.2 Interkulturalität

1.2.1 Das Interkulturelle

Ein weiterer zentraler Begriff ist **Interkulturalität**. Darunter wird der Bereich verstanden, in dem sich Kulturen verschiedener Individuen oder sozialer Gruppen überschneiden. Das bedeutet, dass der Ausgangspunkt für Interkulturalität eine Begegnung zwischen Personen verschiedener Kulturen, also unterschiedlicher Werte- und Normensysteme etc. darstellt. Im Kontext dieser Überschneidung und eines notwendigen Zusammenlebens entstehen Werte und Normen, die diese Kooperation oder soziale Beziehung zwischen den betroffenen Personen und Personengruppen regulieren.

Interkulturalität entsteht dann, wenn das Fremde für das Eigene bedeutsam wird und es zu wechselseitigen Beziehungen kommt. Solche kulturellen Überschneidungssituationen können auch als ein Zwischenraum der Uneindeutigkeit, Vagheit, Neuartigkeit oder als ein Raum für Fettnäpfchen bezeichnet werden (Thomas et al. 2003a, S. 46).

In interkulturellen Überschneidungssituationen wirken neben kulturellen auch situativ-strukturelle und individuell-persönliche Faktoren (Schroll-Machl 2007, S. 31 f.):
- Bedingungen des Kontakts (Dauer, Intensität, Freiwilligkeit);
- Zugehörigkeit zu Subgruppen innerhalb der jeweiligen Kultur (Berufsgruppe, Organisationskultur, Bildungsstand etc.);
- Zielvorstellungen der Beteiligten;
- Machtverhältnisse und -strukturen;

1.2 · Interkulturalität

- Status der beteiligten Gruppen und Individuen;
- Tätigkeitsfeld und evtl. Wettbewerb zwischen ihnen;
- gegenwärtige Interessen und
- soziales Klima, in welchem Begegnung stattfindet (Unternehmenskultur des Konzerns).

Treffen Personen mit unterschiedlichen Werte- und Normensystemen aufeinander, können daraus interkulturelle Probleme entstehen und die Beziehung scheitern. Gründe, die eine kritische Begegnungssituation bedingen können, hängen u.a. mit sprachlichen Differenzen, eigenen Denk- und Verhaltensweisen, fehlender kultureller Sensibilität oder Wahrnehmungs- und Interpretationsfehlern und Vorurteilen zusammen. Im nachfolgenden Kasten findet sich eine detaillierte Zusammenstellung.

Beispiel: Einflussfaktoren für interkulturelle Probleme
Mögliche Einflussfaktoren für interkulturelle Probleme sind:
- einer fremden Person bestimmte Merkmale zuschreiben;
- Vorurteile gegenüber Fremdartigem;
- sprachliche Differenzen, auch in Hinsicht auf Körpersprache sowie nonverbale und paraverbale Signale;
- unterschiedlich erfahrene Sozialisation und Wertevermittlung durch soziales Umfeld;
- Gebundenheit an eigenkulturelle Normen, d.h. jeder verhält sich so wie er es gewohnt ist, es kennt und wie es erwartet wird;
- fehlendes Bewusstsein über das eigene bzw. fremde Wertesystem;
- mangelndes Verständnis für interkulturelles Verhalten und möglicherweise daraus folgender Anpassungsunfähigkeit;
- eigene, kulturspezifische Denk- und Verhaltensgewohnheiten werden als einzig richtig gesehen und als Bewertungsgrundlage vorausgesetzt (**Ethnozentrismus**) und
- Interpretation von Verhaltensunterschieden als Fehlverhalten des jeweiligen Partners oder Fehlurteile gegenüber dem Fremden (Thomas et al. 2003a, S. 49 ff.).

1.2.2 Verhaltensmuster interkulturellen Handelns

Das Aufeinandertreffen zweier Kulturen bzw. von Personen als Träger der Kulturen und die Entstehung einer kulturellen Überschneidungssituation führt aufgrund der Unterschiede häufig zu Konflikten und mündet in unterschiedlichen Lösungsstrategien, wie beide Kulturen (Selbst- und Fremdkultur) integriert werden und letztlich den Bereich der Interkulturalität bilden. Generell lassen sich vier Typen der Verhaltensregulation in interkulturellen Konflikten unterscheiden, die Thomas (2003a, S. 47 f.) für die individuelle Ebene wie folgt beschreibt:

- **Dominanzkonzept**
Gegenüber dem Kooperationspartner wird das eigene, als überlegen erachtete Normen- und Wertegefüge durchgesetzt. Das interaktive Verhalten ist überwiegend von der dominanten Kultur bestimmt und auf den Partner wird Anpassungsdruck ausgeübt.

- **Assimilationskonzept**
Eine Seite hält sich in der interkulturellen Situation zurück und passt sich freiwillig den fremdkulturellen Gegebenheiten an. Fremdkulturelle Werte und Normen werden in das eigene Handeln integriert.

- **Divergenzkonzept**
Von den Interaktionspartnern werden die Werte und Normen der Eigen- und Fremdkultur als wertvoll und effektiv angesehen. Es wird der Versuch unternommen diese zu kombinieren und Kompromisse einzugehen. Es findet jedoch keine Verschmelzung beider Kulturen zu einer neuen statt.

- **Synthesekonzept**
Bedeutende Elemente aus beiden Kulturen werden miteinander verbunden und es bildet sich für beide Seiten eine verbindliche und einheitliche dritte Kultur heraus, in welcher beide Partner gleichberechtigt interagieren.

Das Modell der Verhaltungsregulation in interkulturellen Konfliktsituationen stellt zunächst auf die Beziehung zwischen individuellen Akteuren ab. Ähnliche Muster lassen sich jedoch auch bei kollektiven Akteuren, also verschiedenen Gruppen von Menschen, identifizieren. So benennen Schroll-Machl und Novy folgende kollektive **Interkulturalitätsstrategien** der beteiligten Akteursgruppen: Dominanz, Vermischung, Vermeidung, Anpassung sowie Innovation (Thomas et al. 2003a, S. 435 f.).

Auch für Organisationen wurden entsprechende Strategien vorgeschlagen, die deutliche Bezüge zu den aufgeführten Typen der Verhaltensregulationen aufweisen und zugleich vor allem im internationalen Personalmanagement (▶ Abschn. 1.4 und ▶ Kap. 6) Verbreitung gefunden haben. So werden eine ethnozentrische Grundstrategie (→ Dominanz/Anpassung), eine polyzentrische Grundstrategie (→ Divergenz/Vermeidung), eine regio- bzw. geozentrische Grundstrategie (→ Vermischung) oder eine synergetische Grundstrategie (→ Innovation) vorgeschlagen (im Detail in ▶ Abschn. 1.4 und ▶ Kap. 6). Die jeweiligen Kollektiv- bzw. Organisationsstrategien sind immer mit Konsequenzen für das individuelle, strategische Verhalten verbunden.

1.3 Interkulturelle Kompetenz

1.3.1 Erklärungsansätze und Modelle

Im vorhergehenden Kapitel haben Sie etwas über Interkulturalität erfahren und wie sich Menschen in kulturellen Überschneidungssituationen verhalten und welche Einflussfaktoren auf dieses Verhalten und auf die kritischen Umstände wirken. Dieser Abschnitt widmet sich der Fähigkeit, interkulturelle Begegnungssituationen zielführend zu bewältigen.

> **Merke!**
>
> **Interkulturelle Kompetenz** kann als die Fähigkeit verstanden werden, mit Menschen *aus anderen Kulturen situationsadäquat und zielführend zu kommunizieren*.
> Eine interkulturell kompetente Person ist in der Lage ...
> - kulturgebundene Wert- und Orientierungssysteme wahrzunehmen;
> - fremde Denk- und Verhaltensweisen zu verstehen;
> - das eigene Verhaltensrepertoire zu erweitern und
> - die Selbst- und Fremdwahrnehmung zu schärfen
>
> und dadurch den interkulturellen Handlungsprozess in einer Weise zu gestalten, dass Missverständnisse vermieden oder aufgeklärt, Lösungen gefunden und von den beteiligten Personen akzeptiert werden (Herbrand 2002, S. 48; Beelmann und Jonas 2009, S. 471).

Auf der Managementebene internationaler Unternehmen setzte sich früh die Erkenntnis durch, dass es sich positiv auf den wirtschaftlichen Erfolg auswirkt, die Gepflogenheiten der entsprechenden Kultur der Käufer oder Geschäftspartner zu kennen. Die Fähigkeit in interkulturellen Kontexten zu interagieren wird u. a. bei Gastaufenthalten im Ausland erforderlich, z. B. bei Schüler- und Studentenaustauschprogrammen oder Arbeitseinsätzen in einer Fremdkultur. Doch auch in der eigenkulturellen Umgebung entstehen Kontakte zu Menschen aus fremden Kulturen, z. B. im Studium oder am Arbeitsplatz des global handelnden Unternehmens.

Es existieren unterschiedliche Vorstellungen darüber, welche Persönlichkeitseigenschaften und sonstige Fähigkeiten ein interkulturell kompetenter Mensch mitbringen sollte. Sogenannte Listenmodelle interkultureller Kompetenz beschreiben detailliert spezifische, zieldienliche Voraussetzungen oder Merkmale, um im interkulturellen Kontext bestehen zu können und stellen weitere Erklärungen für die Schlüsselqualifikation *interkulturelle Kompetenz* dar. So hat Gardner Eigenschaften eines universellen Kommunikators (*universal communicator*) beschrieben. Dieser ist rechtschaffen und

beständig in seiner Persönlichkeit sowie in allen Situationen kommunikativ (Gardner in Emrich 2011,S. 29). Emrich nennt Teilkompetenzen einer interkulturell kompetenten Person wie die Fähigkeit, sich jeder Situation schnell anzupassen. Außerdem verhält sie sich gegenüber fremdkulturellen Werten respektvoll (Emrich 2011,S. 82). Nach Thomas besteht ein zentraler Aspekt im Profil einer interkulturell kompetenten Person darin, dass diese physisch und psychisch belastbar sowie fähig ist, unter Stress kontrolliert und überlegt zu handeln (Emrich 2011,S. 22). Folgende Vorstellungen von interkulturellen Persönlichkeitseigenschaften sind den Listenmodellen gemeinsam:
- Eine interkulturell kompetente Person ist besonders intuitiv und einfühlsam.
- Sie ist sich der eigenen Kultur und ihrer Person selbst bewusst.
- Sie ist neugierig und aufgeschlossen gegenüber Menschen aus anderen Kulturen.
- Zudem ist sie in der Lage das mehrdeutige Verhalten des fremdkulturellen Partners aus verschiedenen Blickwinkeln einzuschätzen und tolerant bzw. gelassen damit umzugehen.

Während Listenmodelle vor allem Eigenschaften und Fähigkeiten eines Menschen benennen, wird in der neueren Literatur zunehmend auf die Notwendigkeit der Umsetzung dieser Kompetenzen im alltäglichen Handeln verwiesen. Wer sich darauf versteht, gilt als interkulturell *handlungskompetent*.

> **Merke!**
>
> „**Interkulturelle Handlungskompetenz** zeigt sich in der Fähigkeit, kulturelle Bedingungen und Einflussfaktoren in der Wahrnehmung, im Urteilen, im Denken, in den Emotionen und im Handeln bei sich selbst und bei fremden Personen zu erfassen, zu würdigen, zu respektieren und produktiv zu nutzen" (Thomas 2011, S. 15).

Was zum Aufbau und der Entwicklung dieser im Fokus stehenden Schlüsselqualifikation geleistet werden sollte, wird nachfolgend dargelegt.

1.3.2 Interkulturelles Lernen

Interkulturelles Lernen findet zum einen in interkulturellen Trainingsprogrammen statt, welche eine bewusst herbeigeführte und organisierte Form interkulturellen Lernens darstellt. Zum anderen stellt sich interkulturelles Lernen ein, sobald eine Person allmählich durch den Prozess der **Akkulturation** in eine neue kulturelle und soziale Umwelt hineinwächst (Thomas et al. 2003a, S. 126).

1.3 · Interkulturelle Kompetenz

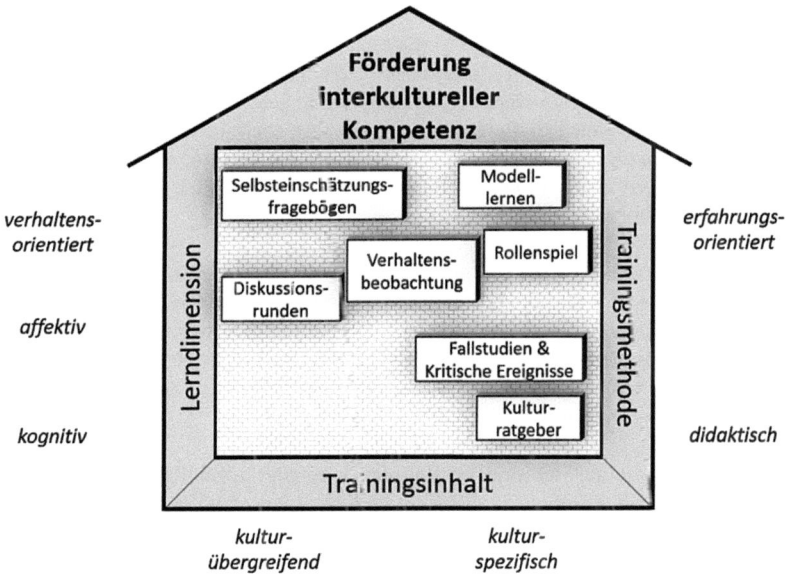

◘ Abb. 1.3 Methodenmix interkulturellen Lernens (Quelle: Eigene Darstellung in Anlehnung an Gudykunst et al. 1996, S. 61 ff.)

- **Interkulturelle Trainingsmaßnahmen**

◘ Abb. 1.3 zeigt, in Anlehnung an das gängige Klassifikationsschema nach Gudykunst, wie interkulturelle Kompetenzen mithilfe von Trainingsprogrammen und den entsprechenden Methoden und Inhalten entwickelt werden können.

Den Ausgangspunkt für den Einsatz von Methoden des interkulturellen Lernens, bildet das Verständnis von interkultureller Kompetenz als Zusammenspiel verschiedener Komponenten, des interkulturellen Wissens (kognitive Ebene), der interkulturellen Sensibilität (affektive Ebene) sowie der interkulturellen Handlungskompetenz (verhaltensorientierte Ebene).

Es wird zwischen didaktischen und erfahrungsbasierten Methoden unterschieden. Didaktische Methoden konzentrieren sich hauptsächlich auf kognitive Lernziele und Lehrmethoden der Wissens- und Informationsvermittlung. Im Kontrast dazu werden affektive und verhaltensbezogene Lernziele durch erfahrungsbasierte Methoden vermittelt und beziehen die Teilnehmer aktiv mit ein. Effektive Trainingsprogramme setzen oft eine Kombination beider Methoden ein (Fowler und Blohm 2004, S. 37 ff.). Eine weitere Einteilung fokussiert die Inhalte. Kulturspezifische Methoden sind wichtig, wenn der Kontext auf eine Kultur beschränkt ist. Indessen sind kulturübergreifende Methoden von Bedeutung für die Vorbereitung auf Einsätze im Ausland, um sich der kulturellen Unterschiede bewusst zu werden. Mit kulturspezifischen didaktischen Methoden ist es möglich, komplexe Probleme und Lösungsstrategien bezüglich einer bestimmten Kultur schnell zu erfassen. Wissensbasierte Methoden spielen in diesem Fall ebenso eine wichtige Rolle. Die neuesten populärwissenschaftlichen Berichte über interkulturelle Trainings berufen sich oft auf diese Lehrmethode und betonen deren Vorteile im Vergleich zur mündlichen Vermittlung (Teßmer 2009, o. S.).

> Auf den Punkt gebracht: Die Komponenten der interkulturellen Kompetenz setzen sich wie folgt zusammen: Interkulturelles Wissen (kognitive Ebene) + Interkulturelle Sensibilität (affektive Ebene) + Interkulturelle Handlungskompetenz (verhaltensorientierte Ebene). Bei der Entwicklung interkultureller Kompetenzen ist nicht nur eine der Komponenten von Bedeutung, sondern die Kombination dieser drei Bereiche (Stellamanns 2007, S. 22).

Nachfolgend wird eine Methode im Rahmen von interkulturellen Trainingsprogrammen eingehender vorgestellt, welche auch für das Konzept der **Kulturstandards** (► Kap. 4) eine große Bedeutung hat.

Beispiel: Methoden von interkulturellen Trainingsprogrammen
Kulturassimilator und kritische Ereignisse
Ein klassisches Beispiel für kulturspezifische didaktische Methoden ist der Kulturassimilator. Es ist das am häufigsten genutzte Prinzip in interkulturellen Trainings und eignet sich auch für das Selbststudium (► Abschn. 4.1.1). Die Methode ist international anerkannt und hat sich für Orientierungstrainings zur Vorbereitung von Managern und anderen Personen, die ins Ausland gehen, bewährt. Der Kulturassimilator wurde Anfang der 1960er-Jahre in den USA entwickelt und für die Vorbereitung von Geschäftsleuten auf den Auslandseinsatz angewandt. Die Methode basiert auf der Interpretation kritischer Ereignisse (*critical incidents*) und hervorgerufener Missverständnisse zwischen Menschen mit unterschiedlichem kulturellem Hintergrund (Bertallo et al. 2004, S. 27). Die vorgegebenen Antworten, die die Situation am besten erklären, werden beurteilt. Zu den Antwortmöglichkeiten werden kuluradäquate Erklärungen gegeben, d. h. warum die Antwort zutrifft und warum nicht (Beelmann und Jonas 2009, S. 476).
Ein Kulturassimilator besteht dann aus einem Set von ca. 20 bis 30 solcher kritischer Fallbeispiele mit aufsteigendem Schwierigkeitsgrad. Basis für einen Assimilator stellt die Attributionstheorie dar. Sie besagt, dass Verhalten nicht nur wahrgenommen, sondern auch interpretiert wird. Das bedeutet, dass reale und beobachtete Verhaltensweisen in der im Fokus stehenden Kultur nicht identisch sein müssen und zu Fehlinterpretationen führen können, da das eigene kulturelle System tendenziell als normal, das fremde hingegen als abweichend beurteilt wird. Auf kognitiver Ebene vermittelt die Methode des Kulturassimi-

1.3 · Interkulturelle Kompetenz

lators Wissen über Kulturunterschiede und hat zum Ziel, für die eigenkulturelle Prägung zu sensibilisieren. Außerdem ermöglicht sie, eine andere Kultur aus typischen Situationen heraus kennenzulernen und daraus Verhaltensweisen der Kulturangehörigen abzuleiten. Sie soll ebenso dazu befähigen, Ursachen für das Verhalten des fremdkulturellen Partners zu interpretieren (Yoosefi und Thomas 2003, S. 10f.).

- **Akkulturation**

Ein längerer Aufenthalt in einer fremdkulturellen Umgebung ist Voraussetzung für einen Akkulturationsprozess. Dabei laufen ungeplante und oftmals unbewusste interkulturelle Lern- und Anpassungsprozesse ab. Wenn der Aufenthalt aus freien Stücken erfolgt, z. B. als Reisender oder wenn Personen in der Fremdkultur nicht sesshaft werden, wie es auf Manager oder Austauschstudenten zutrifft, können diese Prozesse als Bereicherung für das eigene Werte- und Normensystem erlebt werden. Akkulturation kann jedoch auch als Belastung empfunden werden, wenn der Aufenthalt in der Fremdkultur unfreiwillig ist, wie z. B. bei zeitlich unbefristeten Aufenthalten heimatvertriebener Flüchtlinge (Thomas et al. 2003a, S. 127).

> **Merke!**
>
> Im Gegensatz zum Verhalten in allgemeinen interkulturellen Begegnungssituationen wird unter **Akkulturation** das allmähliche Hineinwachsen eines Individuums, das bereits einen Teil seines **Enkulturation**sprozesses (Sozialisation in die Eigenkultur) erfahren hat, in eine neue kulturelle und soziale Umwelt bzw. Fremdkultur verstanden.

Die Art der Akkulturation hängt vom kulturellen Selbst- und Fremdbild einer Person ab. Es finden unterschiedliche Akkulturationen statt, je nachdem, welche Wertschätzung der Eigen- und Fremdkultur entgegengebracht wird. Die vier möglichen Arten der Akkulturation sind in ◘ Tab. 1.3 dargestellt.

Bei der Akkulturationsform der *Integration* werden Eigen- und Fremdkultur wertgeschätzt und der Versuch unternommen, kompatible Elemente aus beiden Kulturen zu verknüpfen, d. h. Elemente aus der Fremdkultur in die eigenen Verhaltensweisen zu integrieren. Diese Form interkulturellen Lernens lässt sich s. g. Weltenbummlern nachsagen, welche gern und oft reisen sowie offen sind für fremde Kulturen und gefällige Elemente in ihr eigenkulturelles Handeln integrieren.

Bei einer *Assimilation* wird die neue kulturelle Umgebung hoch geachtet und das eigenkulturelle Werte- und Normensystem abgelehnt. Verhaltensweisen, Normen und Werte der Fremdkultur werden übernommen. Diese Form der Akkulturation vollzieht sich häufig bei Auswanderern, die freiwillig ihren gewohnten eigenkulturellen Raum verlassen und in einer anderen Kultur ein neues Leben aufbauen.

Tab. 1.3 Arten der Akkulturation

Herstellen positiver interkultureller Beziehungen	Erhalt der eigenen kulturellen Identität	
	Trifft zu	Trifft nicht zu
Trifft zu	Integration	Assimilation
Trifft nicht zu	Separation	Marginalisierung

Quelle: Eigene Darstellung in Anlehnung an Thomas et al. (2003a, S. 127 f.)

Bei einer *Separation* wird die Eigenkultur wertgeschätzt und die Merkmale der Fremdkultur werden abgelehnt. Dies zeigt sich z. B. in dem Verhalten, bekannte Orte aus der Heimat in der Fremdkultur aufzusuchen, wie z. B. McDonalds oder den deutschen Bäcker. Weiterhin zeigt es sich darin, dass die Person sich mit seinesgleichen zusammenfindet und sich von den Kulturangehörigen der Fremdkultur separiert.

Eine extreme Form der Akkulturation ist die *Marginalisierung*, bei welcher Merkmale der Eigen- und Fremdkultur abgelehnt werden und eine totale Abschottung stattfindet. Dieser Prozess geht oft mit Angst, Verunsicherung und Identitätsverlust einher und kann infolge eines **Kulturschocks** ausgelöst werden (Thomas et al. 2003a, S. 127 f.). Diese Form lässt sich bei Flüchtlingen bzw. Heimatvertriebenen beobachten, welche unfreiwillig bzw. bedingt durch äußere Umstände in eine andere Kultur hineinwachsen müssen. Sie sind einerseits unglücklich mit den Lebensbedingungen in der Eigenkultur, werden andererseits in der Fremdkultur oftmals nicht integriert oder gar abgelehnt und können sich nur schwer an die neue Kultur gewöhnen.

Es gibt mehrere Modelle, die den Prozess der Akkulturation darstellen. Als Beispiel wird das gängige Phasenmodell eines prototypischen Akkulturationsprozesses nach Thomas vorgestellt (◘ Abb. 1.4).

Die Vorbereitungsphase des Auslandsaufenthaltes ist zunächst verbunden mit einer *Entschlussfreude* und kurz vor dem Start mit ersten *Ausreisebefürchtungen* („Hoffentlich verpasse ich meinen Flug nicht! Wie wird das dort werden?"). Im Zielland angekommen, tritt eine *Anfangsbegeisterung* ein („Das Wetter ist schön. Die Menschen sind freundlich."), die dann in eine *psychologische Eingewöhnungsphase* mündet, in welcher die Neuartigkeit zunächst positiv empfunden wird und der Blick zunehmend auf kulturelle Unterschiede fällt. In dieser Phase ist der *Grad der Akkulturationsbelastung* erhöht, weil die Unterschiede zur Eigenkultur negativ wahrgenommen werden („Hier gibt es ja gar kein deutsches Brot! Mit dem Linksverkehr hier komme ich gar nicht zurecht."). Diese negativen Empfindungen gipfeln in einen *Kulturschock,* verbunden mit Irritation und Konfusion beim Erleben von Fremdartigkeit in einer anderen Kultur.

1.3 · Interkulturelle Kompetenz

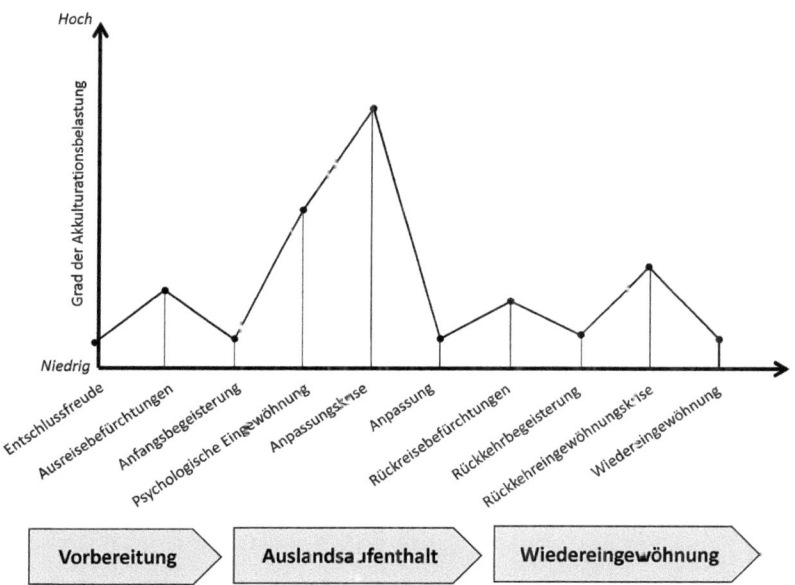

Abb. 1.4 Prototypischer Akkulturationsprozess (Quelle: Eigene Darstellung in Anlehnung an Thomas et al. 2003a, S. 129)

> **Merke!**
>
> **Kulturschock** ist die Sammelbezeichnung für alle negativ empfundenen psychischen Phänomene, die sich bei Reisenden beim Übertritt in eine andere Kultur einstellen.

In der Phase der *Anpassung* erfolgt eine Wertschätzung der Fremdkultur und negative Aspekte der Eigenkultur geraten stärker ins Blickfeld („Das ist viel besser als bei mir Zuhause!"). Wenn der Termin der Abreise naht, drängen erste *Rückreisebefürchtungen* in den Vordergrund („Ich möchte gern hierbleiben. Was wird mich erwarten?"). Diese Empfindungen weichen anschließend der *Rückkehrbegeisterung* („Ich freue mich auf meine Familie!"). Zurück in der Heimatkultur stellt sich ein *Reintegrationsschock* ein („Ich möchte wieder zurück! Ich fühle mich hier nicht mehr Zuhause."), denn in der Fremdkultur haben Akkulturationsprozesse stattgefunden, die eine gewisse Entfremdung von der Eigenkultur zur Folge haben.

Welche Faktoren den Verlauf und das Ergebnis des Akkulturationsprozesses beeinflussen, ist in **Tab. 1.4** zusammengefasst.

Tab. 1.4 Einflussfaktoren auf den Akkulturationsprozess

	Einflussfaktoren	
Grad der Akkulturationsbelastung	Symptome des Schocks	Intensität des Schocks
Kulturschock	Pull-Faktoren: Heimweh, Statusverlust Push-Faktoren: Anstrengung, Hilflosigkeit, Rollenkonfusion, Divergenzwahrnehmung	Kulturelle Distanz Distanz der Aufgabe Soziale Unterstützung Dauer und zeitliche Klarheit Freiwilligkeit
Reintegrationsschock	Veränderung der Wertorientierung und Lebenseinstellung Entfremdung von Familie und Freunden Verlust von beruflichen und privaten Kompetenzbereichen	Auslandserfahrung Persönlichkeitsfaktoren Kontakt zur Heimatkultur Vorbereitung auf Rückkehr Pläne für die Zukunft Kulturelle Distanz des besuchten Landes Dauer des Auslandsaufenthaltes

Quelle: Eigene Darstellung in Anlehnung an Thomas et al. (2003a, S. 130 ff.)

Es gibt mehrere Faktoren, die einen Kulturschock begünstigen. Die Pull-Faktoren bewirken eine Hinwendung zur Heimatkultur, aufgrund von Heimweh und dem Verlust des gewohnten Status. Die Push-Faktoren hingegen führen zur Abwendung der Fremdkultur durch das Gefühl von Hilflosigkeit in der Fremde oder der starken Wahrnehmung der Andersartigkeit. Die Intensität eines Kulturschocks hängt in erster Linie von der kulturellen Distanz zur Heimatkultur ab. Je weniger Gemeinsamkeiten zwischen der Eigen- und Fremdkultur bestehen, desto stärker wird der Schock empfunden. Weitere Einflussfaktoren auf die Intensität des Kulturschocks bestehen in der Freiwilligkeit oder der Klarheit über die Dauer des Auslandsaufenthaltes und dem Grad an Unterstützung in der Fremdkultur. Zurück in der Heimatkultur kann die Wiedereingewöhnung als belastend empfunden werden, was sich in einer Veränderung der Lebenseinstellung oder der Entfremdung von Familie und Freunden widerspiegelt. Wie stark die Rückkehrkrise empfunden wird, hängt u. a. davon ab, wie lange der Auslandseinsatz dauerte. Bei einem längeren Aufenthalt von z. B. mehreren Jahren kann die Intensität des Reintegrationsschocks sogar stärker als die des Kulturschocks sein. Auch der Aspekt wie oft der Kontakt zur Heimatkultur erfolgte, beeinflusst die Empfindungen bei der Rückkehr. Je regelmäßig der Austausch mit den Angehörigen war, desto milder fällt der Reintegrationsschock aus.

1.4 Interkulturelles Management

1.4.1 Begriff, zentrale Themenfelder und Strategien

Nachdem bisher die Begriffe Kultur, Interkulturalität und Management eingeführt wurden, soll in diesem Kapitel das Interkulturelle Management näher bestimmt werden. Der Begriff beschreibt die kulturellen Besonderheiten des Phänomens Management bzw. Unternehmensführung in unterschiedlichen kulturellen Kontexten (▶ Abschn. 1.1) und interkulturellen Kontaktsituationen (▶ Abschn. 1.2).

> **Merke!**
>
> **Interkulturelles Management** zeigt sich in kulturell bedingten Besonderheiten bei Managementkonzepten, Strukturen, Instrumenten und in den Verhaltensweisen von Managern, die als kulturspezifische Problemlösungen für generelle Managementprobleme gesehen werden können. Darüber hinaus schließt der Begriff alle das Management von interkulturellen Kooperationen und die dort genutzten Strategien, Handlungen und Lösungen zur Handhabung von Kulturunterschieden und Kulturkonflikten ein. Im Unterschied dazu wird mit dem Begriff des **internationalen Managements** die Steuerung aller grenzüberschreitenden Aktivitäten von Unternehmen im In- und Ausland unter Beachtung von sowie Anpassung an andere sozio-kulturelle, rechtlich-politische und ökonomische Rahmenbedingungen verstanden. Diese äußern sich durch Internationalisierungsformen, Strategien der Internationalisierung, internationale Strukturen und Steuerungsinstrumente, wie z. B. Planungs- und Anreizsysteme, Personalentwicklung und Personalführung.

Typische Auswirkungen von Kultur auf das Management von Organisationen sind Werte und Ethik, Managementdenken und Managemententscheidungen, Organisations- und Gruppenstrukturen, Kommunikation, Verhandlungen, Personalführung sowie Motivation und Anreize (▶ Abschn. 1.1). Sie zeigen vor allem die kulturspezifischen Unterschiede im Management auf und lassen folgende zentrale Teilbereiche des Interkulturellen Managements feststellen, die einen besonderen Bedarf der Berücksichtigung interkultureller Beziehungen aufweisen:

- **interkulturelles Marketing;**
- **interkulturelles Personalmanagement;**
- Management multinationaler Firmen und
- interkulturelle Verhandlung und Gestaltung der Kooperation mit Tochterfirmen im Ausland.

Das interkulturelle Marketing umfasst dabei die Analyse, Planung, Koordination und Kontrolle aller auf die kulturellen Bedingungen und Einflussfaktoren in den aktuellen und den potentiellen internationalen Märkten bzw. des Weltmarktes ausgerichteten Unternehmensaktivitäten (► Abschn. 6.2). Das interkulturelle Personalmanagement beinhaltet neben den kulturspezifischen Besonderheiten des Personalmanagements in verschiedenen Ländern alle Aktivitäten des Personalmanagements zur Vorbereitung, zum Einsatz und zur Steuerung von Mitarbeitern in anderen kulturellen Kontexten (► Abschn. 6.1).

Das Management multinationaler Organisationen ist grundsätzlich durch hohe Interkulturalität gekennzeichnet und stellt damit einen Prototyp des Interkulturellen Managements dar. Auch internationale Verhandlungen und die Kooperation von Unternehmen mit ihren Tochterfirmen im Ausland können als typische Felder interkultureller Begegnung und Zusammenarbeit verstanden und damit als Teilbereiche des Interkulturellen Managements angesehen werden.

Neben diesen zentralen Themenfeldern lassen sich in nahezu allen Teilaspekten des Managements kulturelle Einflüsse oder interkulturelle Begegnungssituationen identifizieren, sodass auch das Beschaffungsmanagement, das Projektmanagement, das Kooperationsmanagement oder Wissensmanagement aus interkultureller Perspektive betrachtet werden können.

Im Rahmen internationaler Aktivitäten von Unternehmen gibt es verschiedene Handlungsstrategien, die die interkulturelle Situation bestimmen. Dabei hat die Grundstrategie des Unternehmens Auswirkungen auf die Interkulturalitätsstrategie der Mitarbeiter (► Abschn. 1.2). Nachfolgend werden die Grundstrategien auf den internationalen Unternehmenskontext bezogen.

Ethnozentrische Strategie: In der Anfangsphase der Internationalisierung eines Unternehmens wird häufig eine ethnozentrische Strategie verfolgt, bei welcher das Stammunternehmen die Auslandsgesellschaft hinsichtlich der Strategien und Managementkonzepte dominiert. Die Beziehung zwischen dem Stammunternehmen zur Auslandsgesellschaft, welches in dem Fall wenig Autonomie besitzt, ist einseitig. Die Führungskräfte werden vom Stammunternehmen gestellt. Diese Grundstrategie birgt großes Konfliktpotential zwischen beiden Teilen des Unternehmens, da kulturelle Unterschiede kaum berücksichtigt werden. In dieser kulturellen Überschneidungssituation handelt der international tätige Mitarbeiter des Stammunternehmens nach der Interkulturalitätsstrategie der Dominanz, d. h. seine Kultur dominiert die Kultur des fremdkulturellen Kollegen. Die Verhaltensstandards der dominanten Kultur werden für beide Seiten als verbindlich bestimmt und der Mitarbeiter der Auslandsgesellschaft passt sich diesen Standards an (Thomas et al. 2003a, S. 436 ff).

Polyzentrische Strategie: Diese Strategie findet häufig Anwendung, wenn die Standorte von Stammunternehmen und der Auslandsgesellschaft weit voneinander entfernt liegen, was Koordinierungsprobleme nach sich ziehen kann. Strategien und Managementkonzepte werden am jeweiligen Standort entwickelt und den dortigen Bedingun-

1.4 · Interkulturelles Management

gen angepasst. Daher können diese in Stammunternehmen und Auslandsgesellschaft variieren. Die Auslandsgesellschaft ist weitgehend autonom. Führungspositionen werden durch Einheimische besetzt. Kulturelle Unterschiede werden berücksichtigt, Synergieeffekte gehen jedoch häufig verloren. Die Interkulturalitätsstrategie der Mitarbeiter von Stamm- und Auslandsunternehmen entspricht einer gegenseitigen Anpassung (Thomas et al. 2003a, S. 443).

Geozentrische Strategie: Bei diesem Vorgehen werden die kulturellen Unterschiede und Übereinstimmungen berücksichtigt und die Strategien und Managementkonzepte des Stammunternehmens und der Auslandsgesellschaft vermischt. Die Umsetzung erfolgt im Auslandsunternehmen. Führungspositionen werden nicht nach Nationalität sondern nach Kompetenzen besetzt. In der Zusammenarbeit der Mitarbeiter werden die Verhaltensstandards beider Kulturen vermischt, indem Übereinstimmungen gefunden und als Handlungsraum definiert werden oder es erfolgt die Einigung auf eine Arbeitsteilung, bei welcher jeder Mitarbeiter sich gemäß seiner Stärken einbringt (Thomas et al. 2003a, S. 436, 443 f.).

Regiozentrische Strategie: Die regiozentrische Grundstrategie ähnelt der geozentrischen, jedoch ist die Einflussnahme durch die Auslandsgesellschaft geringer. Sie wird bei geographischer Nähe von Stamm- und Auslandsunternehmen angewandt. Strategien werden regional in der Auslandsgesellschaft entwickelt und das Stammunternehmen kann diese oder Teile davon übernehmen. Die Führungskräfte stammen meist vom jeweiligen Standort. Die Interkulturalitätsstrategie der Mitarbeiter aus Stamm- und Auslandsgesellschaft entspricht einer Vermischung der Kulturstandards (Thomas et al. 2003a, S. 444).

Synergetische Strategie: Die synergetische Grundstrategie ist eine Weiterführung der geozentrischen Strategie. Bei dieser werden kulturelle Unterschiede berücksichtigt und als Ressourcen für die Entwicklung neuer Konzepte genutzt. Die Umsetzung der Synergie aus Strategien und Managementkonzepte beider Kulturen erfolgt im Auslandsunternehmen. Dieses Vorgehen der kooperierenden Unternehmen kann bei den Mitarbeitern eine innovative Interkulturalitätsstrategie nach sich ziehen, bei welcher sich beide Seiten ihre eigene und fremde Kultur bewusst machen, Übereinstimmungen und Unterschiede herausarbeiten und daraus neue Verhaltensalternativen schaffen (Thomas et al. 2003a, S. 436 f., 443 f.).

> **Auf den Punkt gebracht:** Während im Konzept des internationalen Managements Aussagen zu grenzüberschreitenden Aktivitäten von Unternehmen getroffen werden, die kulturübergreifend sind, konzentriert sich das Interkulturelle Management auf kulturspezifische Problemlösungsstrategien. Das Interkulturelle Management liefert hierbei Theorien, die in der Praxis in Teilbereichen Anwendung finden wie dem interkulturellen Personalmanagement, interkulturellen Marketing und dem Management von multinationalen Konzernen.

1.4.2 Einflussfaktoren und Anforderungen an das Interkulturelle Management im Zeitalter der Globalisierung

In ▶ Abschn. 1.1 wurde bereits auf das zunehmende Interesse an kulturellen Unterschieden im Management und die Herausbildung des Interkulturellen Managements in den 1970er und beginnenden 1980er-Jahren verwiesen. Als zentraler Einflussfaktor kann hier die zunehmende Internationalisierung von Wirtschaft und Gesellschaft genannt werden. Während aber internationale Kooperationen und Einflüsse in dieser Zeit kaum bestimmend für Wirtschaft, Unternehmen und Manager waren, hat sich dies spätestens mit Beginn der 1990er-Jahre grundlegend geändert. Sowohl die Entwicklungsprozesse auf den Weltmärkten als auch neue Kommunikationstechnologien und Kommunikationsmedien, wie das Internet, haben die Internationalisierungsprozesse radikal beschleunigt und zeigen weitreichende gesellschaftliche Wirkungen.

> **Merke!**
>
> **Globalisierung** kennzeichnet alle Prozesse, in deren Folge Nationalstaaten an Einfluss verlieren und ihre Souveränität durch transnationale Akteure, globale Orientierungen, Identitäten und Netzwerke unterlaufen und querverbunden werden. Dabei ist eine zunehmende raum-zeitliche Ausdehnung und Dichte wechselseitiger regional-globaler Beziehungsnetzwerke und ihrer Repräsentation in den Massenmedien charakteristisch. Die Globalisierung weist in diesem Kontext eine ökonomische, ökologische, arbeitsorganisatorische, kulturelle und zivil-gesellschaftliche Dimension auf.

Globalisierungsforscher gehen in Bezug auf die historische Entwicklung der Weltwirtschaft allerdings davon aus, dass bereits seit dem Jahr 1400 verschiedene Globalisierungstendenzen festzustellen sind (◨ Tab. 1.5).

Als wichtige Aspekte der Globalisierung sind zu nennen (Beck 1991, S. 31 f.):

- das alltägliche Leben und Handeln, das über national-staatliche Grenzen hinweg in dichten Netzwerken mit hoher wechselseitiger Abhängigkeit und Verpflichtungen erfolgt;
- die Selbstwahrnehmung dieser Transnationalität in den Massenmedien, im Konsum, in der Touristik;
- die Ortlosigkeit von Gemeinschaft, Arbeit und Kapital;
- das globale ökologische Gefahrenbewusstsein;
- die globale Kulturindustrie;
- die Zahl und Macht transnationaler Akteure, Institutionen, Verträge sowie
- das Ausmaß ökonomischer Konzentration, aber auch neue grenz-übergreifende Weltmarktkonkurrenz.

Tab. 1.5 Historische Phasen der Globalisierung

Phase	Zeitraum	Bezeichnung	Charakteristische Trends
1	1400–1900	Globalisierung der Länder	Entstehung des Welthandels und der Kolonien, imperialistische Arbeitsteilung
2	1900–2000	Globalisierung der Unternehmen	Entstehung und Entwicklung multinationaler Unternehmen, internationale und globale Orientierung Unternehmen und Organisationen
3	ab 2000	Globalisierung der Individuen	Individuen orientieren sich an globalen Entwicklungstendenzen, produzieren und nutzen globale Produkte und Medien

Quelle: Zusammengestellt und ergänzt nach Steers et al. (2012, S. 4)

Die Globalisierung kann somit auch als Abschied von der *Gesellschaft* als gut abgegrenztem System mit einer spezifischen politischen, ökonomischen sozialen und kulturellen Gestalt angesehen werden. Eine globalisierte Welt stellt ein System dar, das sich in ständiger Bewegung befindet, das nicht durch Zeit und Raum beschränkt ist und immer wieder neu konstruiert und rekonstruiert wird.

Daraus ergeben sich weitreichende und widersprüchliche Folgen für Kulturen, Organisationen, Management und Individuen. Auf der Ebene der Kulturen lassen sich Tendenzen *kultureller Annäherung* im Sinne einer globalen Kultur, wie auch Trends zu *kultureller Divergenz*, durch Betonung nationaler Besonderheiten erkennen. Der Entwicklung globaler Kulturstandards stehen die Rückbesinnung und Stärkung nationaler, regionaler und lokaler kultureller Werte und Traditionen gegenüber. Zugleich steht einer größeren *kulturellen Pluralität* in der Weltwirtschaft durch eine wachsende Zahl von Produzenten und Konsumenten auch eine zunehmende *kulturelle Pluralisierung* innerhalb der Gesellschaften und Organisationen, z. B. in Form einer wachsenden Bedeutung multinationaler Bevölkerungsschichten und multinationaler Belegschaften gegenüber. Die Globalisierung schließt jedoch auch ein, dass bestimmte transnationale Organisationen, z. B. multinationale Großkonzerne oder Organisationen wie die Weltbank, aufgrund ihrer Machtpositionen einen starken Einfluss auf Inhalt, Formen und Richtung der weiteren Entwicklung nehmen und andere Akteure an den Rand der Entwicklung geraten. Gerade das Dilemma zwischen *Inklusion und Exklusion* von Ländern, Organisationen oder Individuen stellt ein zentrales Problem der Globalisierung dar. Für Organisationen ist weiterhin charakteristisch, dass sie in einem Umfeld agieren, das durch *kontinuierlichen Wandel und starke Verflechtung* auch über lokale und nationale Grenzen hinweg gekennzeichnet ist. Bi-kulturelle internationale Kontakte werden durch zunehmend *multikulturelle Beziehungen* abgelöst. Der globale Handlungskontext für das Management und globale Manager wird insgesamt durch folgende Merkmale geprägt (Lane et al. 2004; Osland et al. 2009):

- *Komplexität und Vielfalt* im Sinne einer Vielzahl von unterschiedlichen Faktoren, Trends, Herausforderungen und Beziehungen zu wichtigen Umweltbereichen und Akteuren mit ihren jeweiligen Einflüssen und Grenzen, die beim Handeln zu berücksichtigen sind;
- *Interdependenz* innerhalb und außerhalb der Organisation, zu und zwischen verschiedenen Partnern sowie dem sozio-kulturellen, politischen, ökonomischen und dem Umweltsystem;
- *Mehrdeutigkeit* im Sinne eines Mangels an eindeutigen Informationen, Irrtümern bei der Einschätzung von Ursachen und Wirkungen, Doppeldeutigkeiten und Schwierigkeiten sowie bei der Interpretation von Hinweisen und Signalen, um sinnvolle Ziele und geeignete Handlungen abzuleiten;
- *Fluss und ständiger Wandel* in Gestalt von sich schnell ändernden Systemen, Werteverschiebungen, entstehenden neuen Mustern organisatorischer Strukturen und des Organisationsverhaltens;
- *vielfältige kulturelle Unterschiede* im Sinne von Werten, Einstellungen, Erwartungen, Sprachen und Perspektiven.

Der Prozess der Globalisierung prägt damit die Rahmenbedingungen des Interkulturellen Managements sehr nachhaltig und stellt besondere Anforderungen an Auswahl, Entwicklung und Einsatz von Führungskräften und Experten im globalen Umfeld sowie an die Führung multikultureller Belegschaften und Kooperationen. Die zunehmende Bedeutung des Diversity- und Ethik-Managements für Organisationen spiegelt diese Anforderungen sehr deutlich wider. Für global tätige Manager leitet Mendenhall (2013, S. 494) die folgenden Qualifikationen ab, die er im Vergleich zu ausschließlich im Inland tätigen Managern bestimmt:

- Bedarf an breiterem Wissen, das funktionale und nationale Grenzen übersteigt;
- Erfordernis an breitere und häufigere grenzüberschreitende Aktivitäten sowohl bezüglich der Organisation als auch des Heimatlandes;
- Druck, die Interessen einer größeren Zahl verschiedener Kooperationspartner und Interessengruppen zu beachten;
- besondere Anforderungen an die Fähigkeit, bei verschiedenen kulturellen Rahmenbedingungen mit den Mehrdeutigkeiten, Konflikten und Spannungen innerhalb und außerhalb der Tätigkeit und ethischen Dilemmata umzugehen und kulturell diverse Belegschaften zu integrieren;
- gesteigerte Anforderungen an die Fähigkeiten zum Umgang mit Wandel und Wettbewerb sowie die kognitive Komplexität und eine entsprechende Verhaltensflexibilität.

Die Anforderungen variieren dabei je nach Art der konkreten interkulturellen Managementaufgabe. Neben den für einen längeren Zeitraum in ein konkretes interkulturelles oder multikulturelles Umfeld entsandten Managers oder Experten (*expatriates, impatriates*) gibt es Personen, die ständig für kürzere Zeit in unterschiedliche Kulturen reisen (*frequent flyers*) und Manager, die unter Nutzung von Informations- und Kommunikationstechnologien multikulturelle Teams steuern (*virtual managers*). Die Zusammenstellung verdeutlicht die damit verbundenen Anforderungen an das interkulturelle Personalmanagement (▶ Abschn. 6.1) bei der Auswahl, dem Training und der Betreuung der Manager und Experten für diese interkulturellen Einsätze.

1.5 Fallstudie: Meier und Wang – Erlebnisse der interkulturellen Zusammenarbeit

Frau Meier (35 Jahre) koordiniert den europaweiten Vertrieb der Softwarelösungen, die ihre Firma „Logisolutions" entwickelt. Das international agierende Unternehmen bietet ein auf den Abnehmer zugeschnittenes modernes Logistikprogramm an. Da der Vertrieb innerhalb Europas sich von Deutschland aus gut steuern ließ, war es bisher nicht notwendig weitere Standorte aufzubauen. Die steigende Nachfrage in Europa bewegte den Geschäftsführer der Logisolutions GmbH jedoch dazu das Geschäft auch über die Grenzen Europas hinaus zu erweitern. China erwies sich dabei als vielversprechender Markt. Seit nun fünf Monaten existiert daher Logisolution-China in Chengdu, wo Mitarbeiter vor Ort neue Kunden gewinnen sowie die Softwarelösungen anpassen und verkaufen. In China kümmert sich *Herr Wang (56 Jahre)* um die Abwicklung der Geschäfte, denn für einen erfolgreichen Markteinstieg in der Volksrepublik China ist eine permanente Vertretung durch einen chinesischen Manager besonders wichtig

Frau Meier aus Deutschland soll als Vertriebsexpertin die Prozesse im chinesischen Tochterunternehmen überprüfen und eng mit Herrn Wang zusammenarbeiten, um den noch stockenden Verkauf in Gang zu bringen. Deshalb wurde sie von der Muttergesellschaft für einen 3-monatigen Auslandsaufenthalt nach China geschickt. Über die Möglichkeit freute sie sich sehr, da sie schon immer einmal nach China reisen wollte und die Chinesen in Deutschland bisher als sehr freundliches und höfliches Volk wahrnahm. Als Unterstützung begleitet ein Dolmetscher Frau Meier für die ersten vier Wochen, da sie die chinesische Sprache bis auf ein paar Höflichkeitsfloskeln nicht beherrscht. Bereits der erste Tag gestaltete sich für Frau Meier, die sonst so sicher im Umgang mit Geschäftspartnern ist, als kleiner Hürdenlauf. Das erste Aufeinandertreffen von Meier und Wang fand am Flughafen statt. Nach einer kurzen Begrüßung fing Frau Meier sofort an mittels des Dolmetschers über das Geschäft zu sprechen. Herr Wang, sichtlich irritiert, ging darauf nicht ein und wich auf ein anderes Thema – nämlich die Abendplanung, aus. Frau Meier empfand das Ausweichen als besorgniserregend – gab es in der Tochtergesellschaft vielleicht größere Startschwierigkeiten als bisher bekannt? Warum sonst sollte Herr Wang nicht auf ihre Fragen eingehen? Am Abend hatte Herr Wang ein gemeinsames Essen mit Frau Meier und allen chinesischen Mitarbeitern organisiert. Frau Meier hatte vorab gefragt, wie formell das treffen sei, Herr Wang meinte es geht nur um das Kennenlernen, sie solle sich keine Sorgen machen. So beschloss Frau Meier auch in einem eher legeren Outfit aufzutreten. Die chinesischen Kollegen wirkten jedoch sichtlich irritiert, als sie Frau Meier in Jeanshosen und Bluse sahen. Frau Meier begrüßte erst die Damen, die nahe am Eingang standen und anschließend Herrn Wang, der mit seinen 56 Jahren mit Abstand der Älteste an diesem Abend war. Herr Wang sagte nichts, an seinem Gesicht war aber abzulesen, dass ihn daran etwas störte. Später beim Essen wunderte sich Frau Meier, warum alle chinesischen Kollegen etwas übrig ließen, ihr schmeckte es sehr gut und deshalb freute sie sich über den ersten Nachschlag sehr. Als sie den zweiten Nachschlag ohne Aufforderung erhielt, wurde sie allerdings langsam stutzig und merkte, dass es in China vielleicht doch Sinn macht, nicht alles aufzuessen.

Die darauffolgenden Tage nutzte Frau Meier, um sich ein Bild von den Abläufen am chinesischen Standort zu machen. Dabei fiel ihr auf, dass bisher noch nicht alle deutschen Richtlinien umgesetzt wurden. Sie hatte versucht alles zu dokumentieren und wollte die Probleme in einem ausführlichen Gespräch mit Wang besprechen, als sie jedoch das Chaos in der Finanzbuchhaltung feststellte, riss ihr sprichwörtlich die Hutschnur. Sie beschwerte sich lautstark bei der verantwortlichen Mitarbeiterin über ihre fehlende Gründlichkeit und Ordnung bei der Buchführung. Dabei waren mehrere andere Kollegen und Herr Wang anwesend. Nach diesem Eklat ging Frau Meier ins Hotel zurück um sich abzuregen und dachte, dass sich die Situation bis zum nächsten Tag wieder abgekühlt haben würde. Am darauffolgenden Tag jedoch zeigte Herr Wang ihr die Kündigung der Mitarbeiterin, die sie am Tag zuvor so stark kritisiert hatte. Mit dieser Reaktion hätte Frau Meier niemals gerechnet. Weder Herr Wang noch die anderen Mitarbeiter kritisierten Frau Meier für ihr Verhalten, sie spürte jedoch deutlich, dass sich die Mitarbeiter in der nächsten Zeit stärker von ihr distanzierten und fast etwas ängstlich ihr gegenüber wirkten. Dieses Problem und die Tatsache, dass Frau Meier in China bisher keine engeren Kontakte knüpfen konnte und immer öfter ihr Zuhause vermisste, ließen sie über einen Abbruch des Auslandsaufenthaltes nachdenken. Sie entschied sich aber dazu die drei Monate durchzuhalten, um bei der Rückkehr von Erfolgen berichten zu können. Sie wollte wie gewohnt ihre Aufgaben sehr gut erledigen und wollte nach wie vor den Verkauf in der chinesischen Tochterfirma ankurbeln und die deutschen Standards vor Ort sofern noch nicht geschehen einführen.

Trotz der Startschwierigkeiten mit Frau Meier waren die chinesischen Mitarbeiter überzeugt von den organisatorischen Fähigkeiten und der Verkaufskompetenz der Deutschen und wollten, dass ihr Geschäft am Standort in China genauso erfolgreich läuft. Deshalb versuchten sie alles was Frau Meier ihnen auftrug auch umzusetzen. Eine der Änderungen betraf die Partizipation der Mitarbeiter. In Deutschland sind neben dem Chef noch mehrere andere Mitarbeiter dafür verantwortlich Außenter-

1.5 · Fallstudie: Meier und Wang

mine wahrzunehmen und neue Kunden zu akquirieren. In China hatte das bislang allein Herr Wang übernommen. Frau Meier schulte zu diesem Zwecke ausgewählte Mitarbeiter während ihres Aufenthaltes für die anstehenden Verkaufsgespräche. Des Weiteren zahlt die Muttergesellschaft Prämien für besonders gute Verkaufsleistungen, so werden einzelne Mitarbeiter für ihr Engagement belohnt. Frau Meier entschied, dass dies auch der richtige Anreiz für die chinesischen Mitarbeiter sei. Obwohl Herr Wang davon abriet, führte sie das Prämiensystem mit Unterstützung der deutschen Chefs in China ein. Nachdem Frau Meier die Veränderungen in China einleitete, erhoffte sie sich deren Umsetzung durch Wang und seine Mitarbeiter. Als Frau Meier zurück in Deutschland war, bekam sie jedoch schnell mit, dass die meisten ihrer Vorschläge von den chinesischen Mitarbeitern nicht nachhaltig in den Unternehmensalltag integriert wurden. Die Leistungsabfragen für das Prämiensystem wurden so ausgefüllt, dass alle Mitarbeiter scheinbar gleich hohe Verkaufszahlen erreichten und die Protokolle der Verkaufsgespräche wiesen darauf hin, dass die Mitarbeiter bestenfalls in Begleitung von Herrn Wang auftraten jedoch niemals allein Gespräche führten. Frau Meier durchschaute schnell, dass die chinesischen Mitarbeiter nur versuchten den Schein zu wahren, die Veränderungen jedoch vollkommen abgelehnten.

Nachdem die Interventionen vor Ort weniger erfolgreich waren, bestand weiterhin das Problem, dass die Verkaufszahlen in China gegenüber den deutschen Zahlen sehr schlecht waren. Herr Wang wurde deshalb damit beauftragt sich das Marketingkonzept näher anzuschauen und zu überprüfen, ob der bisher eher globale Ansatz für den chinesischen Markt erfolgsversprechend ist oder es hier Verbesserungspotenzial gibt. Allgemein genießt Logisolutions als Softwarehersteller den Vorteil, dass ihr Produkt länderübergreifend hohes Standardisierungspotential aufweist. Länderspezifische Gewohnheiten spielen bei der Nutzung des Logistikprogramms kaum eine Rolle. Das Marketing umfasst aber eine ganze Reihe von Differenzierungspotenzialen in Preis-, Produkt-, Kommunikations- und Distributionsgestaltung. Um mögliche Schwachstellen in der bisherigen Marketingstrategie zu identifizieren, führte Herr Wang eine Umfrage unter chinesischen Unternehmen die als potenzielle Konsumenten gelten durch. Die Ergebnisse zeigten, dass der Direktverkauf über Logisolutions viele Kunden abschreckte, da sie bereits bei anderen Firmen, denen sie vertrauten, kauften. Die Werbung bei Messen und über Broschüren wurde zwar wahrgenommen, sei aber viel zu schlicht und wenig ansprechend gestaltet gewesen. Auch die Werbeslogans würden zum Teil „eigenartige Botschaften enthalten", wie ein chinesischer Manager berichtete. Auf Grundlage der Ergebnisse erarbeiteten die deutschen Marketingexperten gemeinsam mit chinesischen Vertretern aus der Tochterfirma ein neues Marketingkonzept, welches letztlich zu einer Absatzsteigerung führte.

Nachdem der Chinaaufenthalt von Frau Meier einige Monate zurückliegt, zieht sie heute im Kreise einer Besprechung mit ihren Kollegen Bilanz: „Die Arbeit mit den Mitarbeitern in China ist ganz anders als mit den deutschen Mitarbeitern. Probleme treten fast immer unerwartet auf, die chinesischen Kollegen sprechen es nicht aus, wenn sie etwas stört. Dadurch brodeln Konflikte sehr lange, bis sie aufbrechen. Dann ist es fast unmöglich die Probleme mit reinen Sachargumenten zu lösen, als Vorgesetzte/r muss man sich dann wirklich auf die Mitarbeiter einlassen und versuchen auf der Beziehungsebene eine Lösung zu finden. Man muss sich quasi wie die Mutter/der Vater um die Mitarbeiter kümmern. Das ist für die Deutschen, insbesondere mich, nicht einfach gewesen. Manche Verhaltensweisen der Chinesen erschienen zu Beginn wirklich absurd für mich, bis ich verstand, welche Werte und Ansichten dahinter steckten und auch jetzt verstehe ich nach und nach erst, warum die Mitarbeiter in China manchmal so komisch auf mich reagiert haben. Hinzu kamen die Sprachschwierigkeiten, immer musste ich mir einen Dolmetscher zu Hilfe nehmen, mit Englisch konnte ich zwar das meiste deutlich machen, dennoch glaube ich, dass mich die Mitarbeiter nicht immer richtig verstanden haben. Mitarbeiter im Ausland zu führen, ist eben doch noch eine ganz andere Geschichte, als im eigenen Land Führungstätigkeiten zu übernehmen. Die richtige Vorbereitung ist für solch einen Einsatz wirklich wichtig, das hat mir etwas gefehlt."

1.6 Lern-Kontrolle

Kurz und bündig
Kultur ist ein universelles Orientierungsmuster einer bestimmten Gruppe von Menschen, das Gegenständen und Handlungen Sinn und Bedeutung zuweist und damit soziales Handeln ermöglicht. Kultur entsteht auf der Grundlage gemeinsamer Erfahrungen und wirkt sich auf das Denken, Fühlen und Handeln der Gruppenmitglieder aus. Eine Kultur kann durch Kulturelemente wie Grundannahmen, Werte, Normen, Artefakte, Helden, Praktiken und Symbole und ihre Anordnung in kulturelle Konfigurationen sowie durch verschiedene Kulturdimensionen näher bestimmt werden. Für das Interkulturelle Management sind darüber hinaus vor allem die Kulturebenen der National- bzw. Gesellschaftskultur sowie der Organisationskultur als spezifische Kulturmuster von besonderer Bedeutung.
Vor dem Hintergrund der Globalisierung nehmen die nationalen Grenzen sowie die Organisationsgrenzen überschreitenden Kooperationen deutlich zu. In solchen Situationen des Zusammentreffens verschiedener Kulturen entsteht neben Kulturkonflikten auch das Phänomen der Interkulturalität, d. h. eine sich aus der Zusammenarbeit ergebende eigene Kultur der interkulturellen Kooperation. Für die Bewältigung solcher interkultureller Situationen bedarf es bestimmter Denkweisen, Fähigkeiten, Fertigkeiten und Erfahrungen, die mit dem Begriff der interkulturellen Kompetenz illustrierbar sind. Interkulturelle Kompetenzen können sowohl individuell innerhalb der Organisation als auch in einem Prozess des interkulturellen Lernens erworben werden. Dieser ist sowohl unbewusst, zunehmend aber systematisch und durch **interkulturelles Training** gestaltbar. Das interkul-

1.6 · Lern-Kontrolle

turelle Training stellt ein wichtiges Anwendungsfeld des Interkulturellen Managements dar. Das Interkulturelle Management insgesamt betrachtet kulturelle Besonderheiten des Phänomens Management bzw. Unternehmensführung in unterschiedlichen kulturellen Kontexten und interkulturellen Kontaktsituationen. Es zeigt sich in kulturell bedingten Besonderheiten bei Managementkonzepten, Strukturen, Instrumenten und Verhaltensweisen der Manager als kulturspezifische Problemlösungen für typische Managementprobleme sowie in interkulturellen Kooperationen und schließt Strategien, Handlungen und Lösungen zur Handhabung von Kulturunterschieden und Kulturkonflikten ein. Anwendungsfelder sind z. B. das interkulturelle Personalmanagement und das interkulturelle Marketing.

❓ Let's check

1. Was verstehen Sie unter Kultur? Nennen Sie die zentralen Merkmale von Kulturen!
2. *Der Mensch ist per se ein multikulturelles Wesen* – Geben Sie Beispiele für diese These.
3. Wodurch unterscheiden sich Enkulturation und Akkulturation?
4. In welchen Feldern bzw. Bereichen zeigen sich kulturelle Unterschiede im Management? Geben Sie Beispiele für relevante Unterschiede.
5. Inwiefern trägt die Globalisierung sowohl zu einer kulturellen Konvergenz als auch zu einer kulturellen Divergenz bei?
6. Wodurch unterscheiden sich internationales und Interkulturelles Management?

❓ Vernetzende Aufgaben

1. Fallstudie: Welche Einflussfaktoren für Probleme interkultureller Zusammenarbeit zwischen Meier und Wang sind im Fallbeispiel zu erkennen und welche Grundstrategie verfolgt die deutsche Muttergesellschaft bei der Implementierung neuer Standards in China? Wo sehen Sie Vor- bzw. Nachteile dieser Strategie?
2. Gehen Sie in ein Online-Nachrichtenportal und rufen Sie die aktuellen nationalen und internationalen Nachrichten auf. Analysieren Sie die Berichte mit Blick auf Informationen über die verschiedene Kulturen bzw. Kulturebenen im Sinne von Gesellschaft- oder Nationalkulturen, Organisationskulturen, Berufskulturen etc., Kulturelemente und Kulturdimensionen! Stellen Sie das Ergebnis tabellarisch zusammen!
3. Studieren Sie nochmals die Funktionen von Kultur! Überdenken Sie Ihre eigenen Erfahrungen mit verschiedenen Kulturen und geben Sie Beispiele für die jeweiligen Funktionen! Sie können alternativ auch die o. g. Online-Nachrichten bezüglich der Kulturfunktionen betrachten, falls Sie dort ausreichende Informationen finden!

Lesen und Vertiefen

- Steers, R. M., Sanchez-Runde, C., & Nardon, L. (2010, 2012). *Management Across Cultures*. Cambridge u. a.: Cambridge University Press.

  In diesem Buch finden Sie vertiefende Informationen zu den unterschiedlichen Kulturkonzepten mit ihren jeweiligen Kulturdimensionen sowie zu den verschiedenen Wirkungsbereichen von Kultur im Management.

- Thomas, A., Kinast, E.-U., & Schroll-Machl, S. (Hrsg.). (2003a). *Handbuch Interkulturelle Kommunikation und Kooperation. Band 1: Grundlagen und Praxisfelder.* Göttingen: Vandenhoeck&Ruprecht.

  Die Handbücher zur interkulturellen Kommunikation und Kooperation sind empfehlenswert, um das angelesene Wissen über Kultur und Interkulturalität zu festigen.

Nationalkultur: Von der mentalen Programmierung des Menschen

Rainhart Lang und Nicole Baldauf

2.1 Kulturkonzept nach Geert Hofstede – 40
2.1.1 Kulturdefinition – 40
2.1.2 Ebenen von Kultur – 43
2.1.3 Dimensionen von Nationalkultur – 46

2.2 Empirische Studien – 46
2.2.1 Überblick zu den Nationalkulturstudien – 46
2.2.2 Hauptergebnisse – 49
2.2.3 Anwendungsfelder – 52
2.2.4 Kritische Würdigung – 56

2.3 Lern-Kontrolle – 57

Lern-Agenda

Nachdem Sie im vorhergehenden Kapitel die grundlegenden Begriffe aus dem Interkulturellen Management, wie z. B. Kultur und Interkulturelle Kompetenz, kennengelernt haben, soll dieses Kapitel dazu dienen, Ihnen die IBM-Studie von Geert Hofstede als erste umfassende kulturvergleichende Studie zur Wirkung der Nationalkultur auf die Organisation näher zu bringen. Die Bedeutung der Arbeit Hofstedes besteht darin, dass er mit dieser Studie ein zentrales Basiswerk für die quantitative, kulturvergleichende Managementforschung gelegt hat und als einer der ersten Forscher die Relevanz von Kultur für das Management auch empirisch umfassend nachweisen konnte. In ▶ Abschn. 2.1 wird auf das Kulturverständnis von Hofstede eingegangen. Es wird aufgezeigt, wie er Kultur definiert und einordnet. Außerdem wird sein Zwiebelmodell vorgestellt, in welchem er der Nationalkultur verschiedene Elemente zuweist. Überdies werden die im Rahmen seiner Forschung eruierten Kulturdimensionen erläutert.

▶ Abschn. 2.2 gibt zunächst einen Überblick zur IBM-Studie einschließlich des empirischen Vorgehens. Die Hauptergebnisse der Studie sowie daraus resultierende Anwendungsfelder bilden den zentralen Abschnitt des Kapitels, das mit einer kritischen Würdigung der Arbeit Hofstedes abschließt.

Die Lernziele dieses Kapitels bestehen darin, zunächst das Hofstede'sche Kulturkonzept zu verstehen. Das schließt das Kennenlernen der Aussagekraft und Grenzen quantitativer kulturvergleichender Forschung am Beispiel der IBM-Studie ein. Zudem soll der Leser nachvollziehen können, welche Wirkung Kultur in den verschiedenen gesellschaftlichen Bereichen hat. Schließlich soll Sie das Wissen zu den Studien Hofstedes dazu befähigen, kulturelle Besonderheiten in konkreten interkulturellen Begegnungssituationen zu identifizieren und einzuordnen.

Nationalkultur: Von der mentalen Programmierung des Menschen

Kulturkonzept: Definition und Ebenen von Kultur, Kulturmodell, Dimensionen von Nationalkultur	▶ Abschn. 2.1
Überblick zu empirischen Studien, Hauptergebnisse und Anwendungsfelder, Kritische Würdigung	▶ Abschn. 2.2

2.1 Kulturkonzept nach Geert Hofstede

2.1.1 Kulturdefinition

Beeinflusst durch seine Tätigkeit bei der International Business Machines Corporation (IBM) verwendet Hofstede zur Erklärung von **Kultur** eine Analogie zur Beschaffenheit

2.1 · Kulturkonzept nach Geert Hofstede

eines Computers. Nach Hofstede ist Kultur die „mentale Programmierung des Menschen" (Hofstede 1993, S. 18). Dabei bilden die in der frühen Kindheit erworbenen Denk-, Fühl- und Handlungsmuster die mentale Software, welche durch das soziale Umfeld, wie Familie, Nachbarschaft, Schule, den Arbeitsplatz oder den Partner sowie persönliche Erfahrungen beeinflusst wird (Hofstede 2011, S. 3).

Beispiel: Werdegang von Geert Hofstede

Der Niederländer Geert Hofstede, geboren 1928, ist ein international anerkannter Kulturwissenschaftler. Er hat zunächst an der Technischen Universität in Delft Maschinenbau studiert. Nebenberuflich studierte und promovierte er später in Sozialpsychologie an der Universität in Groeningen. Dann führte ihn sein Weg zum Wirtschaftsunternehmen IBM. Dort gründete und leitete er die Abteilung Personalforschung. Im Rahmen seiner Tätigkeit untersuchte Hofstede die Zusammenhänge zwischen nationaler Kultur und ihren Einfluss auf die Organisation. Seine viel beachtete **IBM-Studie**, publiziert 1980, machte ihn unter Managementforschern berühmt. Bis 1993 lehrte er Internationales Management und Organisationsanthropologie an der Universität Maastricht, Niederlande (Hofstede 2011, S. 520).

Hofstede unterscheidet *zwei Kulturdefinitionen* voneinander, Kultur eins und Kultur zwei (Hofstede 1993, S. 19). Kultur im engeren Sinne, Kultur eins, ist abgeleitet aus dem lateinischen Ursprung *cultura* und meint die von Menschen gestalteten Dinge, wie z. B. Ackerbau. Kultur zwei stammt aus der Sozialanthropologie. Diese Kultur im weiteren Sinne umfasst nicht nur das Bestellen des Bodens, sondern auch Denk-, Fühl- und Handlungsmuster sowie primitive Dinge des Lebens, wie z. B. essen. ◘ Tab. 2.1 fasst die beiden Kulturdefinitionsansätze zusammen.

Merke!

Aus Hofstedes Verständnis von **Kultur** ergibt sich nun folgende Definition: „Sie ist die kollektive Programmierung des Geistes, die die Mitglieder einer Gruppe oder Kategorie von Menschen von einer anderen unterscheidet." (Hofstede 2011, S. 4)

Die individuelle mentale Programmierung des Menschen entsteht aus der Kombination der drei Elemente *Menschliche Natur*, *Kultur* und *Persönlichkeit*.

Die ererbte Menschliche Natur entspricht dem was allen Menschen gleich ist. Damit sind jegliche physischen und psychischen Funktionsweisen (wie z. B. essen, trinken, schlafen, auf die Toilette gehen), Fähigkeiten und Handlungen (wie z. B. zu lieben, Freude, Angst oder Scham zu empfinden) gemeint. Die Manier wie ein Mensch (oder eine Gruppe von Menschen) isst oder auf Toilette geht, entspricht seiner Kultur.

Tab. 2.1 Mögliche Ausdifferenzierung des Kulturverständnisses

Mentale Software = Kultur

Kultur im engeren Sinne	Kultur im weiteren Sinne
– Bestellen des Bodens → Kultivieren; – Zivilisation; – Bildung, Kunst, Literatur	– Gedanken, Gefühle und Handlungsmuster; – Niedrige und gewöhnliche Dinge des Lebens, wie z. B. Grüßen, Essen, Zeigen von Gefühlen, Körperpflege (→ Kulturbeutel) etc.; – Kollektives Phänomen, wird mit Menschen aus gleichem Umfeld geteilt; – Erlernt und nicht ererbt; – Leitet sich aus sozialem Umfeld ab

Quelle: Eigene Darstellung in Anlehnung an Hofstede (1993, S. 18 ff., 2011, S. 4)

Beispiel: Kultur in anderen Ländern
In Thailand werden zum Essen keine Messer benutzt, da die traditionell thailändischen Speisen mundgerecht zubereitet werden. Es wird zu Tisch in einer Sitzposition auf Reisstrohmatten gegessen. Außerdem muss dabei darauf geachtet werden, dass die Fußsohle nicht auf eine andere Person gerichtet ist, da dieser Körperteil als unrein gilt (Krack 2009, S. 104 ff.). In Frankreich nimmt das Essen einen sehr hohen Stellenwert ein. In Deutschland undenkbar, nehmen sich Franzosen zwei Stunden Zeit zu Mittag zu essen. In diese Zeit dürfen keine Termine gelegt werden. Die Sitzordnung am Tisch gleicht einer Gesellschaftsordnung. Der Ehrengast, bevorzugt mit hohem gesellschaftlichem Grad, sitzt neben dem Hausherrn (Götze 1995, S. 150 f.).

Als weiteres Element der Einzigartigkeit in der mentalen Programmierung des Menschen sieht Hofstede die Persönlichkeit. Sie entwickelt sich durch ererbte Charaktereigenschaften in Kombination mit gesammelten Erfahrungen und dem Einfluss des sozialen Umfelds (Hofstede 2011, S. 5 f.).

> **Auf den Punkt gebracht:** Das Wertesystem eines Menschen ist von seiner Natur und seiner Persönlichkeit zu unterscheiden. Die Art und Weise wie und aus welchen Beweggründen heraus er handelt, entspricht seiner Kultur.

2.1 · Kulturkonzept nach Geert Hofstede

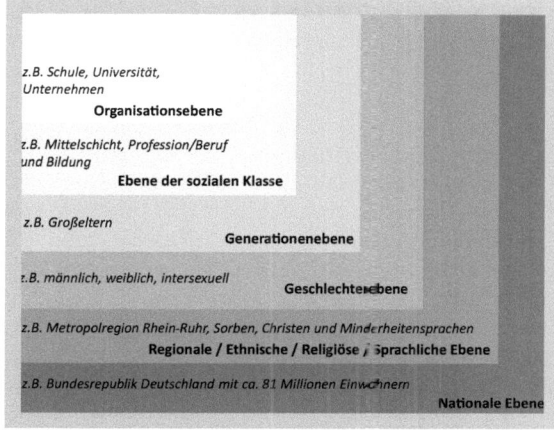

☐ Abb. 2.1 Kulturebenen (Quelle: Eigene Darstellung in Anlehnung an Hofstede 2011, S. 12 f.)

2.1.2 Ebenen von Kultur

Kultur herrscht in den verschiedenen Bereichen des Lebens vor. Jeder Mensch bewegt sich gleichzeitig oder im Laufe seines Lebens in mehreren Kulturen. Auf welchen Ebenen Kultur existiert, zeigt ☐ Abb. 2.1.

Welche **Kulturebenen** ein Mensch im Laufe seines Lebens kreuzt, verdeutlicht folgendes Beispiel:

Beispiel: Nationalkultur am Beispiel von Steve Jobs
Steve Jobs erblickte am 24. Februar 1955 als Sohn des Syriers Abdulfattah Jandali und der Amerikanerin Joanne Carole Schieble das Licht der Welt. Aufgrund erschwerter Lebensbedingungen gaben sie ihn direkt nach der Geburt zur Adoption frei und er wuchs bei seinen Adoptiveltern, den Amerikanern Paul Reinhold und Clara Jobs auf. Hineingeboren in ärmliche Verhältnisse, boten ihm seine Adoptiveltern ein gut bürgerliches Elternhaus im Silicon Valley. Dort lebte er in Nachbarschaft zu Ingenieuren von Hewlett-Packard und Intel. Nach seiner Schulausbildung begann Steve Jobs zu studieren, brach das Studium jedoch bereits nach dem ersten Semester wieder ab. Danach arbeitete er bei Atari und reiste im Rahmen dieser Arbeit nach Indien und Deutschland. In Indien fand er zum buddhistischen Glauben und begann sich vegetarisch zu ernähren. Mit 21 Jahren gründete Jobs gemeinsam mit Wozniak und Wayne die Apple Computer Company, die ihn im Alter von 25 Jahren durch den Börsengang zum Millionär machte. Im Alter von 23 Jahren bekam Jobs sein erstes Kind, eine Tochter, die er nicht wollte und

um die er sich zunächst bis auf die Zahlung der Alimente auch nicht kümmerte. Später heiratete er die Amerikanerin Laurene Powell und bekam mit ihr zusammen 3 Kinder (Isaacson 2011).

- **Nationale Kultur**

Hofstede legt seiner IBM-Studie den Begriff der **Nationalkultur** zugrunde, anders als die Forscher des **GLOBE-Projekts** (▶ Kap. 3). An dieser Stelle sind die Spezifika der Nationalkultur als eine Ebene von Kultur genauer zu betrachten. Ausgehend von seinem Verständnis von Kultur definiert Hofstede *nationale Kultur* als die „kollektive Programmierung des Geistes, die durch das Aufwachsen in einem bestimmten Land erworben wird" (Hofstede 2011, S. 518).

Eine Nation ist ein politisches Gefüge. Jeder Mensch gehört einer Nation bzw. einem Nationalstaat an, beurkundet durch den Personalausweis. Eine Nationalkultur kennzeichnet eine *dominante Landessprache*, wobei die Landessprache nicht gleich die Amtssprache sein muss. Die Schweiz hat z. B. vier offizielle Landessprachen: Deutsch, Französisch, Italienisch und Rätoromanisch. In diesem Beispiel entsprechen die Landessprachen auch den Amtssprachen. In Brasilien wiederum ist Portugiesisch die dominante Landessprache. Dort gibt es allerdings Gemeinden, in denen neben Portugiesisch auch Deutsch die zweite Amtssprache ist, obwohl Deutsch keine Landessprache ist.

Eine Nationalkultur hat außerdem *gemeinsame Massenmedien*, d. h. Fernsehen, Rundfunk, Zeitungen, Internet. Die Bedeutung bestimmter Medien in einem Land unterscheidet eine Nationalkultur von einer anderen. Für Deutsche ist das Fernsehen das meistgenutzte Medium, für die Chinesen das Internet.

Weiterhin ist eine Nationalkultur geprägt durch ein *nationales Bildungssystem* hinsichtlich der allgemeinen Schulpflicht sowie den (Aus-)Bildungsmöglichkeiten. In Deutschland besteht eine zehnjährige Vollzeitschulpflicht. An diese schließt sich die Berufsschulpflicht an, die nach dem Abschluss der Berufsausbildung oder dem Erwerb des Abiturs endet. Die Bildungspolitik ist häufig Bestandteil des jeweiligen *politischen Systems* einer Nationalkultur. In Namibia z. B. arbeitet die Regierung daran allen Kindern bis 16 Jahre eine Schulbildung zu ermöglichen. Dafür wurde u. a. landesweit der kostenlose Besuch der Grundschule umgesetzt.

Nationale Streitkräfte wie z. B. die Bundeswehr in Deutschland sind ebenso Kennzeichen einer Nationalkultur wie es ein *nationaler Markt* für landestypische Fertigkeiten oder Produkte und Leistungen ist (Hofstede 1993, S. 26).

Hofstede räumt ein, dass das Konzept einer gemeinsamen Kultur eher für Gesellschaften gilt als für Nationalstaaten. Aber bei der Untersuchung kultureller Unterschiede unter Verwendung der Nationenzugehörigkeit ist es einfacher, Daten für Staaten zu erhalten anstatt für homogene Gesellschaften. Die Ursache dafür ist, dass Nationen als politische Gebilde, Statistiken über ihre Bevölkerung zur Verfügung stellen (Hofstede 2011, S. 22 ff.).

2.1 · Kulturkonzept nach Geert Hofstede

▪ Kulturelemente und Kulturmodell

Eine Landeskultur lässt sich zunächst durch ihre spezifischen nationalen **Kulturelemente, Symbole**, Helden, Rituale und Werte, von einer anderen unterscheiden und beschreiben. Das s. g. Zwiebelmodell von Hofstede veranschaulicht die Manifestationen einer Kultur sehr passend.

Im Innern der Zwiebel, quasi dem Kern einer Kultur, befinden sich die *Werte*. Sie werden in der frühen Kindheit erworben und entsprechen denen als erstrebenswert beurteilten Eigenschaften. Werte sind für Kulturfremde nicht sichtbar, sie sind die am tiefsten gehenden Manifestationen einer Kultur. Die nächste Schale stellen *Rituale* dar. Rituale sind kollektive Tätigkeiten innerhalb einer Kultur, die als sozial notwendig gelten. Dies können Begrüßungsrituale sein oder religiöse und gesellschaftliche Bräuche. Auf die Rituale folgt die Schale der *Helden*. Helden sind Verhaltensvorbilder für die Angehörigen einer Kultur. Das können hoch angesehene Persönlichkeiten wie Politiker sein oder auch fiktive Vorbilder. Die oberflächlichste Schicht der Zwiebel steht für die *Symbole* einer Kultur. Dazu zählen Gesten, Kleidung, Statussymbole oder die Landesflagge. Symbole verschwinden oder verändern sich schneller als z. B. gesellschaftlich tradierte Rituale, daher werden sie der äußeren Schicht zugeordnet. Symbole, Helden und Rituale bilden zusammen die **kulturellen Praktiken**. Sie sind der Inbegriff für die Konventionen, Bräuche, Gewohnheiten, Traditionen, dem Sittenkodex oder den Gepflogenheiten einer Gruppe oder Kategorie von Menschen. Praktiken können von außen beobachtet werden, ihre Bedeutung ist für Kulturfremde jedoch nicht erklärlich (Hofstede 2011, S. 8 ff.).

Nach Hofstede stellen demnach **kulturelle Werte** und Praktiken die elementarsten Manifestationen einer Kultur dar, die eine Gruppe oder Kategorie von Menschen von einer anderen unterscheidet. ◘ Abb. 2.2 veranschaulicht, wie der Mensch seine kulturellen Werte und Praktiken auf verschiedenen Kulturebenen erwirbt.

In der frühen Kindheit wächst der Mensch in der Regel in einer Familie auf und erlernt durch Eltern, Geschwister oder Nachbarn, wie er sich zu verhalten hat und was als richtig oder falsch, gut oder böse gilt. Während der Zeit der Ausbildung werden sowohl Werte der beruflichen Kultur als auch Praktiken übernommen. Organisationspraktiken werden durch Sozialisation am Arbeitsplatz erlernt, wie z. B. das Abhalten von Meetings. Die **Organisationskultur**, welche durch die Werte der Angehörigen der Organisation geprägt wird, zeigt sich z. B. in der Art wie Besprechungen ablaufen. Der Erwerb der Grundwerte in der Kindheit ist am prägendsten. Daher geht Hofstede davon aus, dass sich die Sozialisation auf Organisationsebene größtenteils auf das Erlernen von kulturellen Praktiken beschränkt.

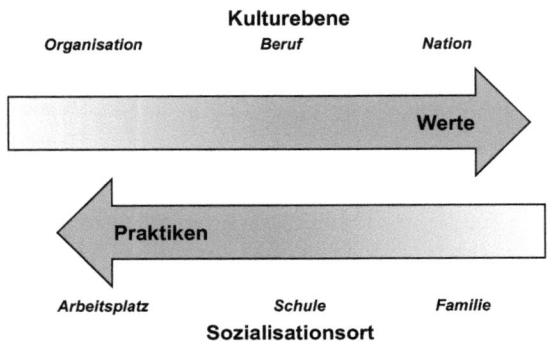

◘ Abb. 2.2 Sozialisationsinstanzen (Quelle: Eigene Darstellung in Anlehnung an Hofstede 1991, S. 206 f.)

2.1.3 Dimensionen von Nationalkultur

Kulturdimensionen stellen Grundproblembereiche von Kulturen dar, d. h. Themen, die für menschliche Gesellschaften grundlegend sind und sich im Vergleich zu anderen Kulturen messen lassen (Hofstede 2009, S. 29).

Einen Überblick zu den von Hofstede und Kollegen verwendeten Kulturdimensionen liefert ◘ Tab. 2.2. Hier sind die sechs Dimensionen in ihrer deutschen und englischen Bezeichnung aufgelistet. Die Tabelle stellt außerdem jeweils die Herkunft der Kulturdimension dar.

2.2 Empirische Studien

2.2.1 Überblick zu den Nationalkulturstudien

Die IBM-Studie ist eine der größten kulturvergleichenden Managementstudien. Neben der Basisstudie wurden mehrere weitere Erhebungen, Teil- und Wiederholungsstudien durchgeführt (◘ Abb. 2.3). Das Hauptanliegen Hofstedes bestand darin, mittels der Studie herauszufinden, wie Nationalkultur die Organisationskultur beeinflusst. Für dieses Vorhaben wurden zunächst 116.000 Fragebögen in über 50 Ländern und Regionen zur Befragung von IBM-Mitarbeitern in vergleichbaren beruflichen Positionen hinsichtlich ihrer Werte, Wertpräferenzen, **Normen** und Verhaltensstandards eingesetzt (Hofstede 2011, S. 51).

Tab. 2.2 Dimensionen von Nationalkultur

Kulturdimension	Definition
Machtdistanz (Power Distance, PDI)	Bezeichnet das Ausmaß der Erwartung und Akzeptanz von Machtunterschieden, sichtbar z. B. im Ausmaß der hierarchischen Strukturen, dem Grad der Einbeziehung der Mitarbeiter, der Bedeutung von Privilegien und Statussymbolen
Unsicherheitsvermeidung (Uncertainty Avoidance, UAI)	Bezeichnet das Ausmaß, in welchem Risiken und unsichere Situationen vermieden werden, sichtbar u. a. am Ausmaß und der Bedeutung von Regeln, dem Gad der Risikobereitschaft oder der Bedeutung des Sicherheitsbedürfnisses
Individualismus vs. Kollektivismus (Individualism/Collectivism, IDV)	Beschreibt den Grad, in dem das Individuum mit seinen Bedürfnissen oder das Kollektiv im Vordergrund steht, zeigt sich u. a. in Fokus auf individualistische bzw. Gruppenwerte, der Beziehung zwischen Arbeitgeber und -nehmer oder Bedeutung von Gruppen und -zugehörigkeit
Maskulinität vs. Femininität (Masculinity/Femininity, MAS)	Bezeichnet die Art und Weise des zwischenmenschlichen Umgangs und der Geschlechterrollen, wird u. a. deutlich in der Präferenz für Leistung und Karriere oder soziale Beziehungen und soziale Verantwortung als gesellschaftliche Werte sowie im Umgang mit Konflikten
Langzeit- vs. Kurzzeitorientierung (Long/Short Term Orientation, LTO)	Bezieht sich auf die Art und Weise der Zeitorientierung mit Fokus auf Zukunft, Gegenwart oder Vergangenheit, wird u. a. sichtbar im Stellenwert von Traditionen, der Langfristigkeit von Geschäftsprozessen und Geschäftsanbahnungen, der Tendenz zum Sparen
Genussorientierung vs. Zurückhaltung (Indulgence/Restraint, IND)	Bezeichnet die Einstellung zum Leben und die Art und Weise der Lebensführung in Bezug auf selbstgeschaffene gesellschaftliche Grenzen und wird sichtbar in der Bedeutung von Freizeit im Vergleich zur Arbeit, dem Konsum und dem Sparverhalten

Quelle: Hofstede(2009, S. 28, 38, 2011, S. 3 ff.)

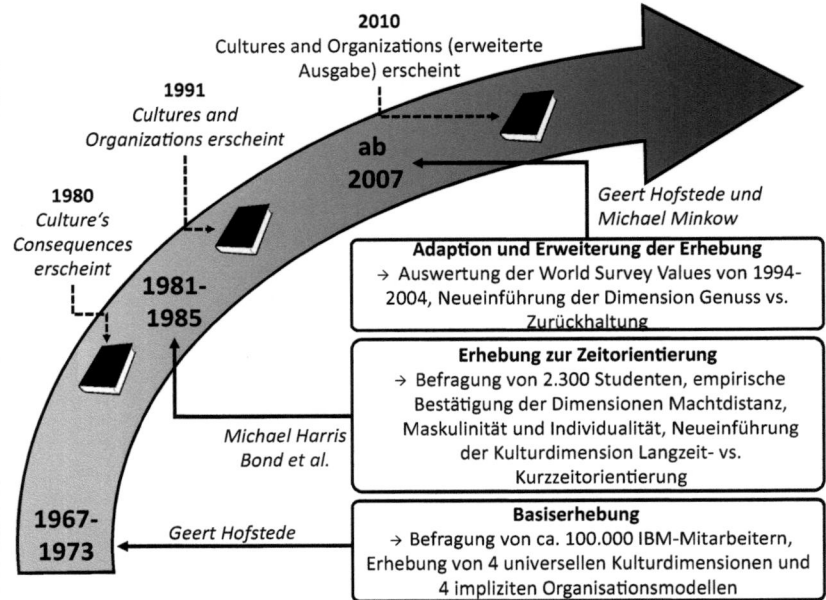

● Abb. 2.3 Zeitliche Entwicklung der Studien von Hofstede

In der der Erhebung von 1967 bis 1973 wurden die ersten vier Kulturdimensionen Machtdistanz, Unsicherheitsvermeidung, Individualismus vs. Kollektivismus und Maskulinität vs. Femininität ermittelt. Dabei bezieht sich Hofstede auf den Soziologen Inkeles und den Psychologen Levinson (Hofstede 2011, S. 51). Die Annahme, dass westlich formulierte Fragebögen das Untersuchungsergebnis verzerren würden, führte zu einer ergänzenden Erhebung, deren Ergebnisse erstmals 1987 publiziert wurden. Hierfür wurde von chinesischen Forschern ein neuer Fragebogen entwickelt. Die s. g. chinesische Wertestudie beruht auf 100 Studierenden, 50 Frauen und Männern aus 22 Ländern (Hofstede und Bond 1988). Dabei wurde die ergänzende Kulturdimension Langzeit- vs. Kurzzeitorientierung ermittelt und eruiert. Diese Kulturdimension trug ursprünglich die Bezeichnung Konfuzianische Dynamik und wurde nachträglich von Hofstede umbenannt. Zudem konnten die Dimensionen Machtdistanz, Individualismus vs. Kollektivismus und Maskulinität bestätigt werden. Dies traf auf die Kulturdimension Unsicherheitsvermeidung jedoch nicht zu. Zwischen 1990 und 2002 fanden unter Verwendung des IBM-Fragebogens weitere Studien bei anderen Personengruppen, wie z. B. bei Piloten, Bankangestellten, Konsumenten, Studierenden, Eliten etc., statt. Zudem wurden die Ergebnisse aus der ursprünglichen IBM-Studie auf 76 Länder erweitert (Hofstede 2011, S. 34). Im Jahr 2010 wurde die sechste Kulturdimension Genussorientierung vs. Zurückhaltung in der dritten Auflage von Hofstedes *Culture's and Organizations* erwähnt. Die Kulturdimension Genussorientierung vs. Zurückhaltung geht auf eine Auswertung des Datenmaterials der Welt-Wertestudie durch den Linguisten und Soziologen Michael Minkov zurück, der die Dimension nach Inglehart's Dimension *Subjektives Wohlbefinden* neu benannte. Das Ergebnis der Analyse brachte drei weitere Kulturdimensionen hervor, wobei zwei davon mit bereits bestehenden Kulturdimensionen korrelierten. Genussorientierung stellte sich vom empirischen Datenmaterial als neue und dementsprechend unabhängige Dimension heraus und wurde deshalb in den Kanon aufgenommen.

2.2.2 Hauptergebnisse

Im Rahmen der IBM-Studie sowie Nachfolgeprojekte unter Mitwirkung Hofstedes, wurden letztlich sechs Kulturdimensionen bestimmt, die mit ihrer Definition und ihrem Ursprung, sowie ausgewählten Merkmalen unter ▶ Abschn. 2.1.3 übersichtlich dargestellt sind. Welche Ausprägungen der Dimensionen für ausgewählte Nationalkulturen gefunden wurden, ist Gegenstand des folgenden Abschnitts.

- **Ergebnisse hinsichtlich Kulturdimensionen**

Die ◘ Abb. 2.4 zeigt einen Überblick zur Ausprägung der Dimensionen bei ausgewählten Ländern, wobei insbesondere die maximalen Werte für die jeweiligen Pole verdeutlicht werden.

Die Ergebnisse zeigen, dass in vielen entwickelten Ländern eine niedrigere Machtdistanz herrscht, während sie in Entwicklungsländern oder Schwellenländern deutlich höher ist. Aber auch zwischen den entwickelten Ländern zeigen sich deutliche kulturelle Unterschiede: Während Skandinavien und entwickelte Länder im angelsächsischen Sprachraum durch sehr geringe Machtunterschiede gekennzeichnet sind, finden sich in den romanischen Kulturen in Europa eher größere Machtunterschiede. Länder mit schwacher Machtdistanz tendieren nach Hofstede dazu, Ungleichheiten zu vermeiden. Das spiegelt sich in Familie, Schule und Beruf wider. Im Beruf wird dies z. B. in vergleichsweise geringeren Gehaltsunterschieden unter den Statusgruppen sowie in partizipativer oder demokratischer Entscheidungsfindung deutlich. Hohe Machtunterschiede sind dagegen mit einer starken Autoritätsgläubigkeit verbunden, bei denen Urteile der Eltern aber auch und insbesondere der Vorgesetzten in der Arbeitswelt, nicht angezweifelt oder hinterfragt werden.

Für Länder mit hoher Unsicherheitsvermeidung sind Regeln für das gesamte gesellschaftliche Leben wichtig und bindend, geben Ordnung und reduzieren Stress.

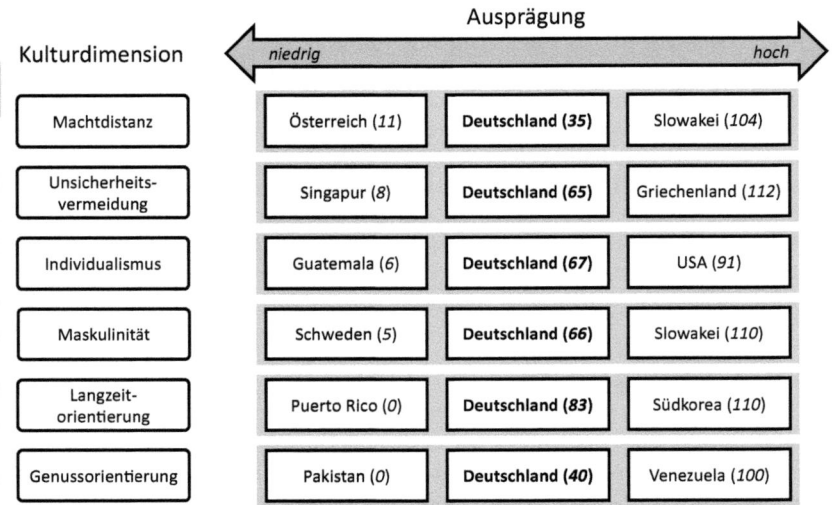

● Abb. 2.4 Ausprägungen der Kulturdimensionen für Beispielländer (Quelle: Eigene Darstellung)

Das zeigt sich vor allem in Kulturen mit ausgeprägter Religiosität wie katholischen Ländern, z. B. in Europa oder Lateinamerika, aber auch in durch den Islam oder Buddhismus geprägten Kulturen Asiens. Hohe Unsicherheitsvermeidung spiegelt sich auch in der Tendenz wider, vieles gesetzlich oder über feste Organisationsstrukturen zu regeln, wie es in Deutschland der Fall ist. Ein ausgeprägter Bürokratismus ist oftmals ein Indiz für hohe Unsicherheitsvermeidung.

Individualismus ist nach Hofstede charakteristisch für entwickelte Länder, während Entwicklungsländer, aber auch asiatische Länder insgesamt, zu den kollektivistischen Kulturen gehören. Statistisch zeigt sich eine enge Korrelation zwischen dem Bruttosozialprodukt pro Kopf der Bevölkerung und der Ausprägung des Individualismus. Eine Ausnahme bildet Japan. Während in individualistischen Kulturen der Einzelne, seine Selbstverwirklichung aber auch seine individuelle Verantwortlichkeit im Mittelpunkt steht, wie es sich z. B. auch im Rechtssystem deutlich niederschlägt, definiert sich die Rolle des Einzelnen in kollektivistischen Kulturen in seinem spezifischen Platz in und seinem Beitrag für die Gruppe. Das zeigt sich nach Hofstede etwa in Anreizsystemen am Arbeitsplatz, die auf die Gruppe und nicht das Individuum abzielen sowie im Senioritätsprinzip, welches den Gruppenältesten besondere Privilegien zuspricht. Ein Beispiel für solch ein Privilegium ist der respektvolle Umgang, ungeachtet der Fähigkeiten und Kompetenzen gegenüber den anderen Gruppenmitgliedern.

2.2 · Empirische Studien

Für die Dimension Maskulinität vs. Femininität konnten ebenso charakteristische Kulturunterschiede herausgearbeitet werden. Als feminine Kulturen, die eine hohe Toleranz, Kompromissbereitschaft und hohe Empathie gegenüber den Mitmenschen aufweisen, wurden vor allem die skandinavischen Länder, die Niederlande, aber auch einige romanische Länder wie Portugal und Spanien sowie einige Entwicklungsländer auf dem südamerikanischen Kontinent ermittelt. Zu den maskulinen Kulturen zählen Länder wie Japan, Österreich, Venezuela, Frankreich oder die USA. Für sie stellen u. a. Konkurrenzbereitschaft, Härte, Entschiedenheit und Selbstbewusstsein gesellschaftlich weitgehend akzeptierte Werte dar (Hofstede 2011, S. 51). Maskuline Kulturen sind daher auch oft durch internen Wettbewerb und durch eine hohe Konfliktorientierung gekennzeichnet (Maletzky 2015, S. 349).

Hinsichtlich der Zeitorientierung haben die Forscher, natürlich mit einigen Abweichungen, eine gewisse kontinentale Zuordnung festgestellt: Vor allem die asiatischen Kulturen, neben China auch Japan, Taiwan und Südkorea sowie slawische Länder u. a. Litauen, Russland und Slowakei wiesen hohe Werte, d. h. eine ausgeprägte Langzeitorientierung auf. Die europäischen Kulturen sind eher durch eine mittelfristige Zeitperspektive gekennzeichnet, während insbesondere im englischsprachigen Raum wie in den USA, Kanada und Australien, aber auch einigen afrikanischen und arabischen Ländern wie Ghana, Ägypten und Irak, ein an kurzen Zeiträumen orientiertes Muster gefunden wurde. Das zeigt sich z. B. in Organisationen im Vorhandensein von Langzeitplänen, oder umgekehrt, der Verbreitung von Systemen mit kurzfristiger Berichterstattung. Zweifellos führen auch gesellschaftliche Krisen zu einer stärkeren Kurzzeitorientierung, obwohl es bei der Dimension vor allem um eine grundlegende, in der Kultur angelegte und eher dauerhafte Orientierung geht.

Die letzte Dimension Genussorientierung vs. Zurückhaltung wurde erst im Jahr 2011 erhoben. Hier konnte ermittelt werden, dass Mitglieder unterschiedlicher Kulturen zwischen der Belohnung und Kontrolle von grundlegenden menschlichen Bedürfnissen unterscheiden, die sich auf die Art und Weise wie das Leben geführt wird beziehen. Zu den genussorientierten Kulturen zählen z. B. südamerikanische Länder wie Venezuela oder Puerto Rico, zu den zurückhaltenden Kulturen zählen die Balkanländer und einige asiatische Kulturen wie China und Indien. Genussorientierte Kulturen tendieren dazu, ihr Leben als selbstkontrolliert wahrzunehmen, sich eher an positive Emotionen zu erinnern und Freizeit einen hohen Stellenwert einzuräumen. Im Gegensatz dazu neigen zurückhaltende Kulturen dazu, ihr Leben als fremdbestimmt wahrzunehmen, sich weniger oft an positive Emotionen zu erinnern und Freizeit weniger Bedeutung beizumessen. Die Forscher fanden außerdem heraus, dass die Dimension leicht negativ mit der Dimension Langzeit- vs. Kurzzeitorientierung korreliert (Hofstede 2011, S. 15).

Für das Verständnis von Nationalkulturen können zwar einzelne wichtige Kulturdimensionen bedeutsam sein, aber eine Nationalkultur ist auch im Verständnis von Hofstede durch bestimmte Konfigurationen gekennzeichnet, die sich aus der Kombination mehrerer Dimensionen ergeben, idealtypisch durch ein Kulturprofil.

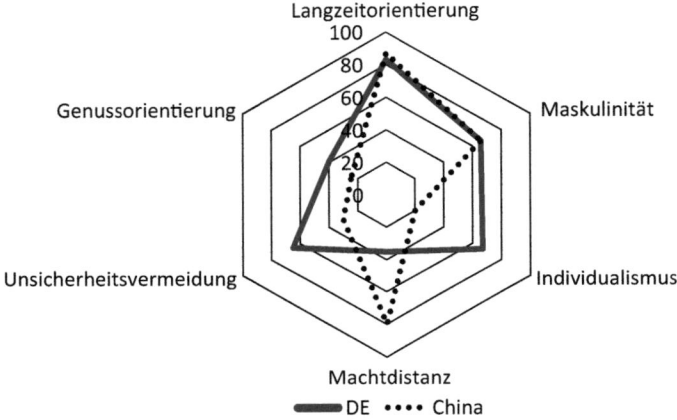

☐ **Abb. 2.5** Kulturelle Konfigurationen der deutschen und chinesischen Nationalkulturen (Quelle: PDI, UAI, IDV, MAS Hofstede 1991 (Daten aus Erhebungen Phase 1 und 2 1967–1970 & 1971–1973), LTO und IND Hofstede 2009 aus World Value Survey (Daten aus Erhebungen 1981–1984, 1990–1993, 1995–1997))

☐ Abb. 2.5 zeigt solche Profile für Deutschland und China im Vergleich. Anhand der Diskrepanzen zwischen den Kulturprofilen lassen sich mögliche Konflikte bei einer interkulturellen Zusammenarbeit identifizieren.

2.2.3 Anwendungsfelder

Wie bereits bei den Befunden angedeutet, geht Hofstede davon aus, dass sich die ermittelten Kulturdimensionen in vielen gesellschaftlichen Bereichen auswirken, in der Familie, in der Schule und am Arbeitsplatz. Neben den Besonderheiten im Verhalten von Angehörigen einer Kultur in diesen Lebensbereichen weist er jedoch auch auf die kulturspezifische Prägung von Strukturen, Managementsystemen oder Institutionen wie Recht oder Wissenschaft hin (Hofstede 1993). So macht er deutlich, dass z. B. der Buchführung als wichtiges Instrument des Managements von Unternehmen in den einzelnen Kulturen eine sehr unterschiedliche Bedeutung zugemessen wird und die jeweiligen Buchführungssysteme unterschiedliche Ausprägung erfahren haben. In Ländern mit hoher Unsicherheitsvermeidung stellt eine ausgeprägte Buchführung ein unsicherheitsvermeidendes Ritual dar und wird akribisch betrieben und überall verwendet oder gefordert. Zahlenmäßigen Informationen kommt auch in individualistischen Kulturen eine größere Bedeutung zu und in Gesellschaften mit großen Machtunterschieden wird die Buchhaltung vor allem zur Rechtfertigung von Top Management-Entscheidungen genutzt (Hofstede 2011, S. 332 ff.). Mit Blick auf die Organisations- und Managementwissenschaften konstatiert Hofstede, dass der Fokus der zentralen Gründer ebenfalls sehr gut die jeweilige Kultur widerspiegelt. Die Bürokratietheorie von Weber, Fayols Managementfunktionen mit Fokus auf die Autorität der Unternehmensleitung und die wissenschaftliche Betriebsführung von Taylor mit einer ausgeprägten ökonomischen Effizienzorientierung bilden aus seiner Sicht sehr gut die jeweils dahinter stehenden deutschen, französischen und amerikanischen Kulturen ab (Hofstede 2011, S. 322 ff.).

Besonders deutlich wird die Wirkung von Kulturen nach Hofstede mit Blick auf die Präferenz von bestimmten Organisationsstrukturen bzw. impliziten Organisationsmodellen.

- **Implizite Organisationsmodelle**

Hofstede geht davon aus, dass die im Laufe des Lebens erworbenen Werte auch die Denkweise über Organisationen beeinflussen. Das betrifft in erster Linie kulturelle Normen hinsichtlich der *Machtdistanz*, d. h. wer hat die Macht im Unternehmen Entscheidungen zu treffen sowie der *Unsicherheitsvermeidung*, d. h. welche Regeln sind zu befolgen, um das Unternehmensziel zu erreichen. Ein bestimmtes Muster des Organisationsverhaltens lässt sich somit durch Kulturdimensionen vorausbestimmen. Die von Hofstede als implizite Organisationsmodelle bezeichneten kulturellen Konfigurationen der Kulturdimensionen Machtdistanz und Unsicherheitsvermeidung können Aufschluss darüber geben, wie in einer Organisation Probleme gehandhabt werden (Hofstede 2011, S. 314 f.).

Die Modelle gehen auf den amerikanischen Dozenten Owen James Stevens zurück, der in den 1970er-Jahren an einer Business School in Frankreich arbeitete. Im Rahmen seiner Tätigkeit fiel ihm auf, dass die Nationalität der deutschen, französischen und englischen Studierenden die Art und Weise beeinflusste, wie sie Fallstudien lösten (Hofstede 2011, S. 315 ff.). Dabei kristallisierten sich die im folgenden Beispiel genannten Vorstellungen von Organisationen heraus.

Beispiel: Vorstellungen über die Funktionsweise von Organisationen

Die französischen Studenten vertraten die Meinung, dass der Unternehmenschef an der Spitze steht und die Entscheidungsgewalt trägt. Die ihm untergeordneten Ebenen erfüllen ihre jeweilige klar geregelte Funktion und erwarten, dass der Chef letztlich entscheidet. Stevens bezeichnete das implizierte Modell von Organisationen als das einer *Menschenpyramide*.

Das Idealbild der deutschen Studenten interpretierte er als das einer *gut geölten Maschine*, in welcher der Chef nur in außergewöhnlichen Fällen einschreitet und der Ablauf in der Organisation mittels allgemeiner Vorschriften geregelt ist.

Das Organisationsmodell der Engländer entspricht laut Stevens dem eines *Wochenmarktes*. Dort herrschen weder Hierarchie noch Vorschriften vor und Probleme werden aus der Situation heraus gelöst.

Aufgrund mangelnden Datenmaterials konnte Stevens keine Aussage über die Vorstellungen von Organisationen in afrikanischen oder asiatischen Nationalkulturen treffen. Er beratschlagte sich diesbezüglich mit Kollegen aus Indien und Indonesien und sie einigten sich, dass das Modell der *Familie* am ehesten der Idealvorstellung von Organisationen in diesen Ländern entspricht. Bei diesem Modell ist der Vater oder Großvater der allmächtige Chef und die Vorgänge und Regeln im Unternehmen unterliegen den Familienmitgliedern und nahestehenden Bekannten.

Etwa zur gleichen Zeit als Stevens die Organisationsmodelle identifizierte, wurde an der Universität von Aston, Birmingham, eine Studie zur *Struktur von Organisationen* durchgeführt. Die bedeutendste Schlussfolgerung aus dieser Untersuchung bestand in zwei Hauptdimensionen von Organisationsstrukturen, nämlich 1. *Konzentration von Autorität* und 2. *Strukturierung von Aktivitäten*. Hofstede erkannte einen Zusammenhang und zog die Verbindung zu den in der IBM-Studie ermittelten Kulturdimensionen Machtdistanz und Unsicherheitsvermeidung.

Hofstedes Überlegungen hinsichtlich der Vorstellungen von Organisationen wurden auch durch den Organisationstheoretiker Mintzberg beeinflusst. Hofstede stellte die Verbindung zwischen Strukturen, Kulturen und Nationalität her und plädiert dafür, dass die jeweiligen nationalkulturellen Werte über die impliziten Organisationsmodelle auch die Organisationsstruktur beeinflussen. Danach ist anzunehmen, dass Menschen mit einem gewissen nationalen Hintergrund eine bestimmte strukturelle Konfiguration vorziehen. Mintzberg stellte fünf Strukturtypen von Organisationen auf. Hofstede kombinierte sein Diagramm der Dimensionen Machtdistanz und Unsicherheitsvermeidung mit den fünf Organisationstypologien nach Mintzberg wie in ◘ Abb. 2.6 veranschaulicht ist.

2.2 · Empirische Studien

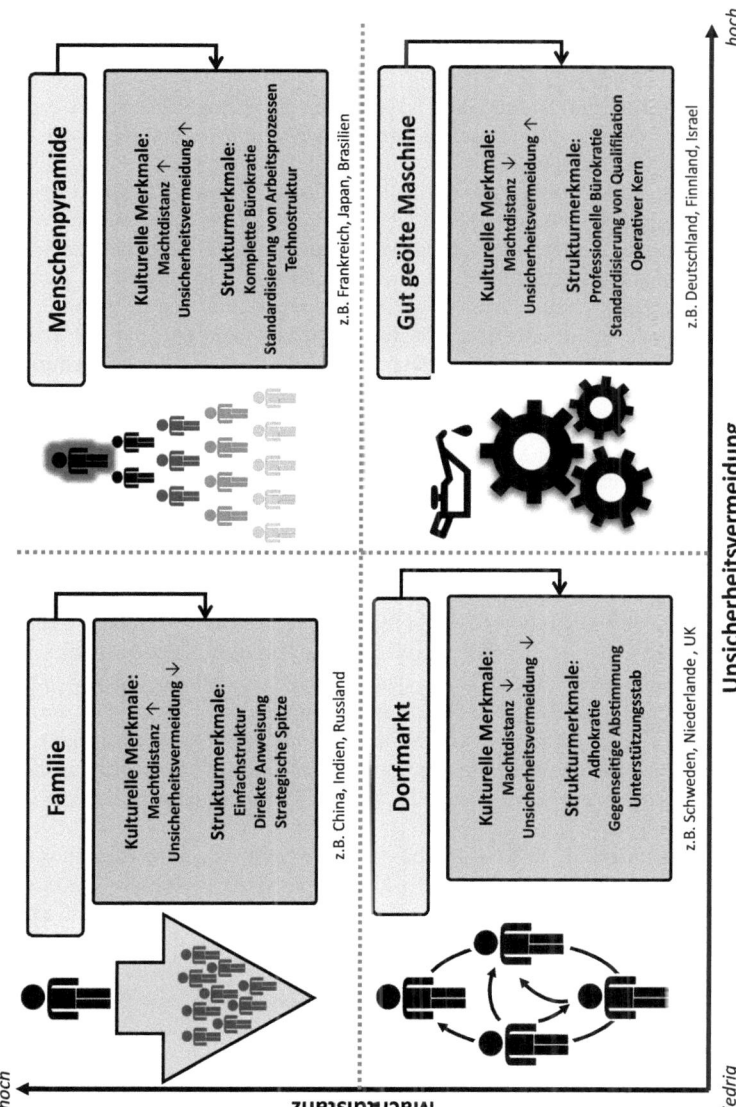

Abb. 2.6 Implizite Organisationsmodelle (Quelle: Eigene Darstellung in Anlehnung an Hofstede 2011, S. 317, 331.)

2.2.4 Kritische Würdigung

Die Kulturauffassung von Hofstede und insbesondere seine empirischen Studien sind vielfach kritisiert worden. Im Folgenden werden typische Kritikpunkte an der Forschung Hofstedes dargelegt.

Repräsentativität der Daten: Der Studie Hofstedes wird unterstellt, sie sei zu sehr auf das Unternehmen IBM fokussiert. Dadurch wird suggeriert, dass sich die Werte der Mitarbeiter auf die jeweilige Landesbevölkerung insgesamt übertragen lassen (Haller und Nägele 2013, S. 29). Es lässt jedoch offen, ob die Mitarbeiter in ihrer Denkweise nicht auch durch die jeweilige Unternehmenskultur beeinflusst sind. Zudem wurden nicht Mitarbeiter aller Abteilungen befragt, sondern jene von Marketing und Service. Hier wird kritisiert, dass die Kultur einer Marketing Abteilung in Deutschland z. B. nicht mit jener in China gleichzusetzen ist (Engelen und Tholen 2014, S. 46). Hofstede stellt dieses Vorgehen jedoch als Vorteil der IBM-Studie heraus und meint „da aufgrund des gleichen Wertesystems der Firmen- und Abteilungskultur die Unterschiede im Antwortverhalten (…) auf die unterschiedlichen Nationalitäten zurückzuführen seien" (eigene Übersetzung aus Hofstede 1991, S. 252). Der Aspekt der Fokussierung auf ein Unternehmen kann teilweise entkräftet werden, da zwischen 1990 und 2002 weitere Untersuchungen in Gesellschaftsgruppen außerhalb von IBM realisiert wurden. Dennoch ist die Übertragbarkeit der Erkenntnisse für bestimmte Personengruppen auf alle Mitglieder einer Kultur kritisch zu sehen. Hinsichtlich der Aktualität der Befunde wurde kritisiert, dass die in der ursprünglichen Hofstede-Studie erhobenen Daten heute natürlich als veraltet anzusehen sind (Engelen und Tholen 2014, S. 47), da sich auch Kulturen weiterentwickeln. Manchmal bedarf es lediglich einem politischen Umbruch oder einer Naturkatastrophe, um Angehörige einer Nationalkultur in ihren Werten zu erschüttern. Allerdings liegen inzwischen weitere Studien vor, die die Skalen von Hofstede genutzt und aktuellere Daten erhoben haben.

Ethnozentrismus des Forschers: Hofstede selbst bestätigt, dass seine Forschung ethnozentrisch geprägt ist, d. h. er betrachtet Kultur von außen (→ **etische** Vorgehensweise) und versucht sie nicht von innen (→ **emisch**) zu verstehen. Er wurde in seiner Arbeit von einem englischen Forscherteam unterstützt, welches die Fragebögen aufsetzte, dadurch sind diese an westlichen Werteskalen orientiert. Beispielsweise wurden im Fragebogen die Themen aufgenommen, die den Forschern relevant erschienen. Die spätere Untersuchung mit Michael Bond, bei welcher die Kulturdimension Konfuzianische Dynamik aufgedeckt wurde, zeigte diesen Effekt sehr deutlich (▶ Abschn. 2.1.3; Engelen und Tholen 2014, S. 47).

Kulturdimensionen: Ein weiterer Kritikpunkt an der Arbeit Hofstedes bezieht sich auf eine fehlende theoretische Fundierung mancher der Kulturdimensionen. Diese wurden z. T. aus der bestehenden Datenbasis hergeleitet (▶ Abschn. 2.1.3). Es ist anzunehmen, dass darüber hinaus weitere Dimensionen in Nationalkulturen existieren. Die zuletzt hinzugekommene Dimension Genussorientierung vs. Zurückhaltung demonstriert diesen Aspekt. Auch die Konstruktion einzelner Dimensionen, wie z. B. Maskulinität versus Femininität, wird als problematisch angesehen. Es wird kritisch angemerkt, dass Frauen damit bestimmte Werte zugeschrieben werden, die ein sehr einseitiges Frauenbild zeichnen, das selbst wiederum Ausdruck einer bestimmten (maskulinen) Kultur ist. Bei der Dimension Individualismus vs. Kollektivismus lässt Hofstede offen, welches Kollektiv gemeint ist, wie z. B. ein Land oder eine Kleingruppe wie die Familie. Auch der mit dem Fokus auf eine begrenzte Anzahl von Dimensionen verbundene Reduktionismus wird kritisiert, weil eine lebendige Kultur kaum mit den starren Kategorien widergespiegelt werden kann (Maletzky 2015, S. 350 f.).

Gleichsetzung von Kultur und Gesellschaft mit Nationalkultur: Hofstede setzt voraus, dass innerhalb eines Landes ein und dieselbe Kultur herrscht (Engelen und Tholen 2014, S. 46). Er behandelt eine Nation wie ein homogenes Gebilde von Individuen, welche alle ein Wertesystem teilen. Dabei lässt er unterschiedliche kulturelle Gruppierungen, wie z. B. ethnische oder regionale, außer Acht. Hofstede und Minkov versuchten diesen Vorwurf abzumildern und konnten „… bei einem Abgleich der neuesten World Values Survey Daten von 299 Regionen aus insgesamt 28 Ländern nachweisen, dass für den Großteil der Länder nationale Ländergrenzen sehr wohl als Grenzen für unterschiedliche (Regional-) Kulturen identifiziert werden können." (Minkov und Hofstede 2011).

Positiv anzumerken ist, dass die Studie Hofstedes ein klares Forschungsdesign aufweist und die Erhebung der Daten systematisch erfolgte. Zudem liegt der Erklärung nationaler Variationen eine schlüssige Theorie zugrunde. Weiterhin wurden im Rahmen der IBM-Studie durch Nachfolge-bzw. Wiederholungsprojekte Daten einer großen Anzahl von Ländern gesammelt. Insgesamt erlauben diese z. B. international tätigen Managern sich auf andere kulturelle Umstände vorzubereiten (Engelen und Tholen 2014, S. 43; Maletzy 2015, S. 350).

2.3 Lern-Kontrolle

Kurz und bündig

Hofstedes Arbeit zum Thema National- und Organisationskultur, speziell auch im Rahmen der von ihm durchgeführten kulturvergleichenden Studien, stellen einen wertvollen und z. T. heute noch aktiv verwendeten Bestandteil der Kulturforschung und den Aufgabenfeldern des interkulturellen Managements dar. Im Rahmen der IBM-Studie und deren Nachfolgeprojekten können Kulturen innerhalb von sechs Kulturdimensionen unterschieden werden, welche die Analyse von Grundproblembereichen des menschlichen (Zusammen-)Lebens auf unterschiedlich stark aggregierten Niveaus ermöglichen (z. B. im Rahmen der Familie, Schule und des Arbeitsplatzes). Zusätzlich zu diesen Aussagen stellen auch die Weiterentwicklungen des Modells und Zuarbeiten durch andere Wissenschaftler einen wichtigen Ausgangspunkt dar, um das vorhandene Aussagensystem sinnvoll zu erweitern. Ein Anwendungsfeld ist z. B. die Forschung hinsichtlich der Organisationskultur und ihrer Beeinflussung durch die Nationalkultur. Unter Zuhilfenahme von Typologien lassen sich z. B. prototypische organisationale Strukturen und Problemlösemechanismen für Länder eines Kulturraumes ableiten. Neben dem kulturvergleichenden Aspekt ist anzumerken, dass Hofstedes Arbeiten ein integriertes Kulturkonzept darstellen. Es liefert dadurch einen Zugang zum Phänomen Kultur an sich, unterschiedlichen Ebenen von Nationalkultur und den Elementen, aus denen sich Kultur zusammensetzt. Aus diesem Grund eignet es sich als Werkzeug für die Anwendung im **Interkulturellen Management** in Form von interkulturellen Seminaren, Coachings oder auch dem Selbststudium, um Ähnlichkeiten und Unterschiede von Kulturen zu erschließen.

? Let's check
1. Was versteht Hofstede unter Nationalkultur?
2. Interpretieren Sie ◘ Abb. 2.5 (Spinnennetzdiagramm Deutschland-China)! Welche Spannungen könnten zwischen diesen beiden Kulturen auftreten?
3. Überlegen Sie, welche Probleme am Arbeitsplatz aufgrund unterschiedlicher Ausprägung in den Kulturdimensionen entstehen können!
4. Diskutieren Sie die Aussagekraft und die Aussagegrenzen des Modells der Organisationen!
5. Analysieren Sie das Beispiel zu Steve Jobs mit Blick auf verschiedene Kulturebenen!

? Vernetzende Aufgaben:
1. Fallstudie: Welche kulturellen Besonderheiten Chinas werden im Fallbeispiel aufgezeigt? Versuchen Sie diese im Zwiebelmodell nach Hofstede zu verorten und erläutern Sie mit welchen Kulturdimensionen und deren Ausprägungen nach Hofstede sich bestimmte Verhaltensweisen erklären lassen.
2. Vergleichen Sie die Kulturdefinition und die Auffassung zu Kulturelementen mit anderen Ansätzen! Wo finden Sie Unterschiede? Dazu können Sie sich zunächst an ▶ Kap. 1 orientieren, aber auch die ▶ Kap. 3 und 4 näher studieren.
3. Erläutern Sie, welche Kulturdimensionen von Hofstede sich in der GLOBE-Studie wiederfinden und warum einige der Dimensionen im Zuge der GLOBE-Studie aufgesplittet wurden. Studieren Sie dazu ▶ Kap. 3!

ⓘ Lesen und Vertiefen
- Engelen, A., & Tholen, E. (2014). *Interkulturelles Management*. Stuttgart: Schäffer Poeschel.
  Engelen und Tholen fassen mit ihrem Buch die Inhalte gut zusammen und bieten einen ersten Überblick.

2.3 · Lern-Kontrolle

- Hofstede, G., & Hofstede, G.-J. (2011). *Lokales Denken, globales Handeln: Interkulturelle Zusammenarbeit und globales Management*. München: Beck/DTV.
  Diese Buchpublikation eignet sich besonders für ambitionierte Einsteiger.
- Hofstede, G. (1980, 2001). *Culture's Consequences – International Differences in Work Related Values*. Newbury Park, Thousand Oaks u. a.: Sage.
  Wer das Original von Hofstede lesen möchte, sollte zu diesen Buchauflagen greifen. Das gilt auch für weitere in der Literatur aufgeführte Quellen zwischen 1988 und 2011.

Kultur und Führung im GLOBE-Projekt: Vom globalen und lokalen Handeln

Rainhart Lang und Nicole Baldauf

3.1 Theoretisch-konzeptionelle Grundlagen des GLOBE-Projektes – 63
3.1.1 Überblick zum Projekt – 63
3.1.2 Theoretischer Hintergrund: Kultur und Führung – 64

3.2 Hauptergebnisse der Studien – 69

3.3 Anwendungsfelder und kritische Würdigung von GLOBE – 77
3.3.1 Anwendungsfelder – 77
3.3.2 Kritische Würdigung – 77

3.4 Lern-Kontrolle – 79

R. Lang, N. Baldauf, *Interkulturelles Management*, Studienwissen kompakt,
DOI 10.1007/978-3-658-11235-6_3, © Springer Fachmedien Wiesbaden 2016

Lern-Agenda

Nachdem Sie bereits im vorherigen Kapitel die IBM-Studie von Hofstede als erste umfassende kulturvergleichende Studie mit ihren theoretisch-konzeptionellen Überlegungen zur Wirkung der Nationalkultur auf das Management kennengelernt haben, soll Ihnen dieses Kapitel einen Überblick über die zum gegenwärtigen Zeitpunkt größte kulturvergleichende Studie geben: Das GLOBE-Projekt (*Global Leadership and Organizational Behavior Effectiveness Research Project*).

Anders als die Ihnen bereits bekannte IBM-Studie untersucht GLOBE Landeskulturen im Rahmen eines Gesellschaftskulturkonzeptes und konzentriert sich neben einer Vielzahl anderer Faktoren vor allem auf den Einfluss der jeweiligen Gesellschaftskultur auf Führungserwartungen, Führungsverhalten und seine Wirkungen wie Akzeptanz und Effizienz. Kultur nach GLOBE manifestiert sich hierbei in zwei Ausprägungen: Den Praktiken und den Werten einer Gesellschaftskultur.

Dieses Kapitel wird Ihnen zunächst den theoretisch-konzeptionellen Rahmen des GLOBE-Forschungsprogramms vorstellen, indem das Kulturverständnis von GLOBE, das allgemeine Forschungsdesign und das zugehörige Thesenmodell erläutert werden. Die Beschreibung der Ausprägung von Gesellschaftskulturen wie auch von Organisationskulturen nimmt die GLOBE-Studie ähnlich wie Hofstede mittels Kulturdimensionen vor. Die neun Kulturdimensionen wie auch die sechs in der Studie generierten Führungsdimensionen werden erklärt und ihr Ursprung aufgezeigt. Im Weiteren präsentieren wir die Forschungsmethoden und ausgewählte Ergebnisse der beiden ersten größeren Studien des Projektes. Ein Überblick zu Anwendungsfeldern und eine kritische Würdigung des Forschungsansatzes runden das Kapitel ab.

Ziel des Kapitels ist es, Ihnen das Konzept und die Ergebnisse der GLOBE-Studie zum Zusammenhang von Gesellschaftskulturen und Führungserwartungen sowie Führungsverhalten nahe zu bringen. Der Leser soll sich der Unterschiede zwischen kulturellen Werten und kulturellen Praktiken bewusst sein. Außerdem soll das Kapitel zu der Erkenntnis beitragen, dass Führungskonflikte häufig auf Diskrepanzen in den kulturell bedingten Führungserwartungen beruhen.

Kultur und Führung im GLOBE-Projekt

Entstehung, Theoretischer Hintergrund, Kultur- und Führungsdimensionen, Herkunft und Erläuterung, Forschungsdesign der Studie	▶ Abschn. 3.1
Methoden und Hauptergebnisse der Studie	▶ Abschn. 3.2
Anwendungsfelder und kritische Würdigung von GLOBE	▶ Abschn. 3.3

3.1 Theoretisch-konzeptionelle Grundlagen des GLOBE-Projektes

3.1.1 Überblick zum Projekt

Das neben Hofstede aktuell einflussreichste Konzept im Bereich des Interkulturellen Managements ist der Kulturansatz des GLOBE-Projektes. Das Projekt wurde Anfang der 1990er-Jahre insbesondere von Robert House initiiert und ist mittlerweile, von der Zahl der beteiligten Länder her, das größte internationale Projekt im kulturvergleichenden Management. Das Projekt umfasst bisher nach einer Pilotstudie (Phase 1) zwei empirische Hauptstudien. In der ersten großen Erhebung (Phase 2 des GLOBE-Projektes), wurden ca. 17.000 mittlere Manager aus 951 Organisationen in 62 Gesellschaften mittels Fragebogen bezüglich **kultureller Werte, kultureller Praktiken** und Führungserwartungen befragt (House et al. 2004). Außerdem wurde der Einfluss der verschiedenen Dimensionen der **Gesellschaftskultur** und der **Organisationskultur** auf die Ausprägung der Führungserwartungen untersucht. Ausgewählte, vertiefende Studien in 25 Ländern ergänzen diese Erkenntnisse (Chhokar et al. 2007). ◘ Abb. 3.1 verdeutlicht nochmals die Grundstruktur der Erhebung.

In der zweiten großen Vergleichsuntersuchung (Phase 3 des Projektes), die nach 2000 begann, verlagerte sich das Interesse der Forscher auf den Zusammenhang zwischen dem beobachteten Führungsverhalten und den davon ausgehenden Führungswirkungen auf die nachgeordneten Manager und Mitarbeiter. Im Besonderen wurde die Akzeptanz und Effektivität der **Führung** untersucht und der Zusammenhang zwischen den Führungserwartungen, dem beobachtetem Führungsverhalten und den Führungswirkungen näher betrachtet. Die Basis bildeten Fallstudien in Unternehmen und Organisationen verschiedener Branchen aus 24 Ländern, bei denen über 1000 Geschäftsführer, Eigentümer und angestellte Manager interviewt wurden. Der Fokus der Interviews lag auf der Führungsbiografie, den Führungserwartungen, Motiven, Erfahrungen, Strategien und Werten bei Entscheidungen sowie dem Wandel im Unternehmen. Die Interviews wurden durch Fragebögen ergänzt, in denen ca. 6000 unmittelbar nachgeordnete Führungskräfte oder enge Mitarbeiter („Top Management Team") die jeweils betrachteten Faktoren einschätzten (House et al. 2014).

◘ Abb. 3.2 zeigt das Basismodell des **GLOBE-Projektes** und markiert zugleich die Hauptphasen der empirischen Untersuchung.

> **Auf den Punkt gebracht:** Das GLOBE-Projekt umfasst bisher zwei empirische Hauptphasen. Während in der ersten Untersuchung Zusammenhänge zwischen Gesellschafts- und Organisationskultur sowie Führungserwartungen ermittelt wurden, lag das Schwergewicht der zweiten Studie auf dem beobachteten Führungsverhalten von Geschäftsführern und seinen Wirkungen.

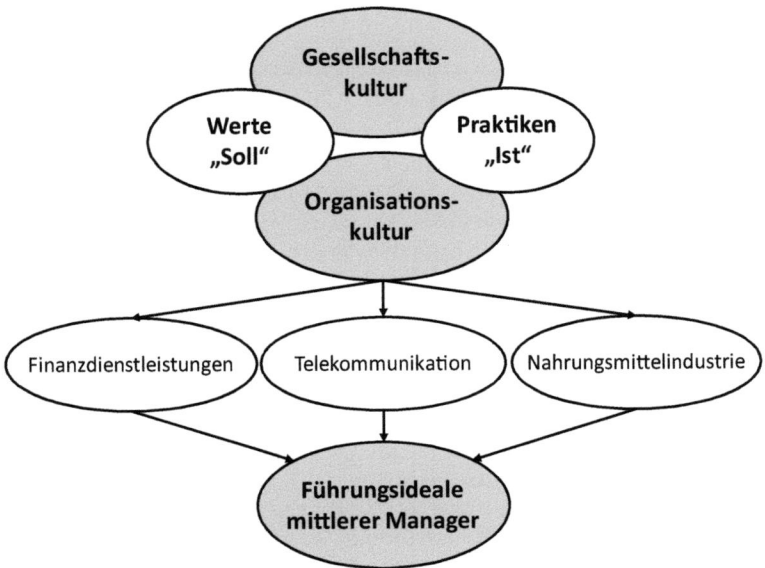

☐ **Abb. 3.1** Grundstruktur der Erhebung in Phase 2 (Quelle: Eigene Darstellung)

3.1.2 Theoretischer Hintergrund: Kultur und Führung

Den theoretischen Hintergrund der GLOBE-Studie bilden zunächst die bisherigen Nationalkulturkonzepte von Autoren wie Kluckhohn und Strodtbeck, Triandis und insbesondere auch Hofstede. Darauf aufbauend wurde ein eigenständiger theoretischer Bezugsrahmen entwickelt.

> **Merke!**
>
> **Kultur** im Rahmen des GLOBE-Projektes ist definiert als „eine Anzahl von Merkmalen von Personengruppen, die diese von anderen Gruppen in sinnvoller Weise unterscheidet." (House et al. 2004, S. 15). Kultur umfasst dabei „geteilte Motive, Werte, Annahmen, Identitäten und Interpretationen oder Bedeutungen von wichtigen Ereignissen die Ergebnis gemeinsamer Erfahrungen von Mitgliedern [solcher] Personengruppen sind und über Generationen weitergegeben werden." (House et al. 2004, S. 15).

3.1 · Theoretisch-konzeptionelle Grundlagen

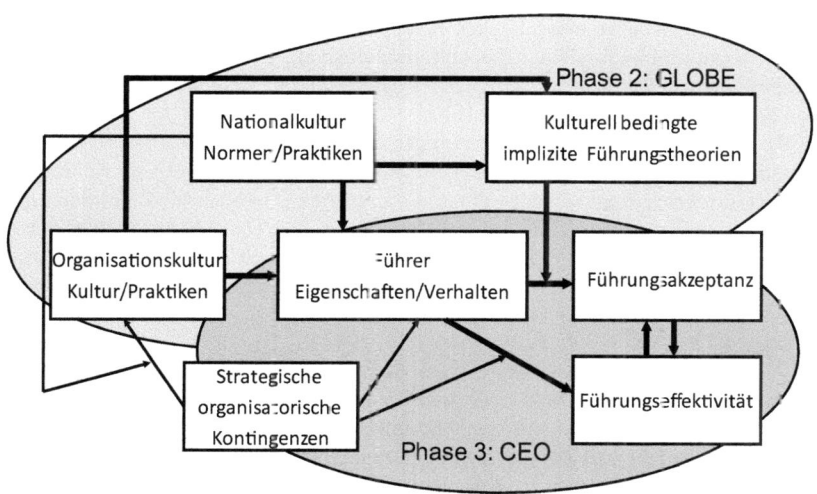

Abb. 3.2 Hauptphasen des GLOBE-Projektes (Quelle: Eigene Darstellung in Anlehnung an House et al. 2004, S. 18)

Im Theorierahmen der GLOBE-Forscher manifestiert sich Kultur in kulturellen Praktiken (bezeichnet als *as is*) und Werten (bezeichnet als *should be*). Durch diese Ansicht von Kultur zeichnet sich GLOBE im Gegensatz zu anderen Ansätzen durch ein duales Kulturkonzept aus.

> **Merke!**
>
> **Kulturelle Praktiken** bezeichnen gegenwärtige Handlungsmuster in Familie, Schule, Arbeitsplatz, Wirtschafts- und Rechtssystem sowie politischen Institutionen, in denen sich die in der jeweiligen Kultur geteilten Werte, Annahmen und Orientierungen manifestieren und die über die gegenwärtige Wahrnehmung der jeweiligen Kultur informieren. Im Gegensatz dazu drücken **kulturelle Werte** Absichten, wünschenswerte Zustände oder Richtungen der Entwicklung im Zusammenleben der Menschen in einer Kultur aus.

Je nach konkreten Personengruppen lassen sich anhand der oben genannten Definition von Kultur verschiedene **Kulturebenen** unterscheiden, wobei im GLOBE-Projekt vor allem die Gesellschafts- und die Organisationskultur im Zentrum des Interesses stehen. Gesellschaftskultur zeigt sich dabei u. a. in der gemeinsamen Sprache, ideologischen Glaubenssätzen einschließlich Religion und politischer Einstellungen sowie in ethischem und kulturellem Erbe. Organisationskultur wird dagegen vor allem in gemeinsamen, geteilten, organisationalen Werten und der Geschichte der Organisation gesehen (House et al. 2004, S. 15 f.).

Die zentralen kulturellen Orientierungen im GLOBE-Ansatz werden als **Kulturdimensionen** bezeichnet. Es werden neun verschiedene Dimensionen für Kultur auf allen Kulturebenen unterschieden. ◘ Tab. 3.1 gibt einen Überblick zur Definition und zum theoretischen Hintergrund der jeweiligen Dimension. Dabei ist zu beachten, dass die Kulturdimensionen trotz gleicher Bezeichnung bei verschiedenen Autoren oft auf unterschiedliche Aspekte von Kultur abzielen oder mit verschiedenen Indikatoren ermittelt wurden, sodass sie nur begrenzt vergleichbar sind.

> **Auf den Punkt gebracht:** Die Kultur einer Gesellschaft oder einer Organisation manifestiert sich im GLOBE-Projekt jeweils in Werten und Praktiken. Diese wurden für die Kulturdimensionen Machtdistanz, Unsicherheitsvermeidung, Humanorientierung, Institutioneller und Gruppenkollektivismus, Selbstdurchsetzung, Geschlechtergleichheit, Zukunftsorientierung und Leistungsorientierung erhoben.

Eine weitere wichtige theoretische Grundlage für das GLOBE-Projekt ist der Einbezug von Erkenntnissen aus neueren Führungsansätzen. Führung ist hierbei ein zentraler Bestandteil der Untersuchung des GLOBE-Projektes.

> **Merke!**
>
> Unter **Führung** wird die Fähigkeit eines Individuums angesehen, andere zu beeinflussen, zu motivieren und sie zu befähigen, zur Effektivität und zum Erfolg ihrer Organisation beizutragen.

Die Führungswirkung, Akzeptanz und Effektivität, hängt nach Überlegungen der GLOBE-Forscher vor allem von den weitgehenden Übereinstimmungen des Führungsverhaltens eines Managers mit den Führungserwartungen der Geführten ab. Diese werden als implizite Führungstheorien (ILT) bezeichnet, variieren von Person zu Person und beruhen hauptsächlich auf Erfahrungen mit Autoritätspersonen im Rahmen der Sozialisation. Mit Bezug auf Shaw (1990), der von einer starken kulturellen Prägung dieser impliziten Führungstheorien ausgeht, wurde im GLOBE-Projekt das Konzept der kulturell geprägten impliziten Führungstheorien (CLT) entwickelt und empirisch getestet. Zentrale **Führungsdimensionen** im GLOBE-Projekt, die jeweils unterschiedliche Muster von Führungserwartungen oder Führungsverhaltensweisen ausdrücken, sind in ◘ Tab. 3.2 aufgelistet.

3.1 · Theoretisch-konzeptionelle Grundlagen

Tab. 3.1 Kulturdimensionen des GLOBE-Projektes

Kulturdimensionen	Definition (GLOBE)	Ursprung
1. Machtdistanz: Akzeptanz ungleicher Machtverteilung	The degree to which members of a collective expect (and should expect) power to be distributed equally.	Hofstede auf Basis von Mulder
2. Unsicherheitsvermeidung: Abhängigkeiten gegenüber Normen, Regeln und Standards als Sicherheit gegenüber unsicherer Zukunft	The extent to which a society, organization, or group relies (and should rely) on social norms, rules, and procedures to alleviate unpredictability of future events.	Hofstede auf Basis von Cyert und March
3. Humanorientierung: Verstärkung fairen, altruistischen, großzügigen, sorgenden, freundlichem Sozialverhalten	The degree to which a collective encourages and rewards (and should encourage and reward) individuals for being fair, altruistic, generous, caring, and kind to others.	Kluckhohn und Strodtbeck sowie Putnam und McClelland
4. Institutioneller Kollektivismus: Verstärkung kollektiver Ressourcenverteilung und kollektiven Handelns	The degree to which organizational and societal institutional practices encourage and reward (and should encourage and reward) collective distribution of resources and collective action.	Im Rahmen des GLOBE-Projektes entwickelt
5. Gruppen-Kollektivismus: Stolz, Loyalität und Kohäsion gegenüber/mit der Organisation oder der Familie	The degree to which individuals express (and should express) pride, loyalty, and cohesiveness in their organizations or families.	Triandis
6. Selbstdurchsetzung: Bestimmtes, konfrontativ-aggressives Beziehungsverhalten	The degree to which individuals are (and should be) assertive, confrontational, and aggressive in their relationships with others.	Abgeleitet aus Hofstede

Quelle: Eigene Darstellung in Anlehnung an House et al. (2004, S. 18 f., S. 30 ff.)

◨ **Tab. 3.1** *(Fortsetzung)*

Kulturdimensionen	Definition (GLOBE)	Ursprung
7. Geschlechtergleichheit: Reduzierung von Ungleichheiten zwischen den Geschlechtern	The degree to which a collective minimizes (and should minimize) gender inequality.	Abgeleitet aus Hofstede
8. Zukunftsorientierung: Gratifikationsaufschub, Planungsaktivitäten, Investition in die Zukunft	The extent to which individuals engage (and should engage) in future-oriented behaviors such as delaying gratification, planning, and investing in the future.	Kluckhohn und Strodtbeck
9. Leistungsorientierung: Leistungsverhalten, Qualitätsverbesserung, Excellence	The degree to which a collective encourages and rewards (and should encourage and reward) group members for performance improvement and excellence.	McClelland

Quelle: Eigene Darstellung in Anlehnung an House et al. (2004, S. 18 f., S. 30 ff.)

Das GLOBE-Projekt folgt mit seiner konzeptionellen Überlegung einer Übereinstimmung zwischen kulturbedingten Führungserwartungen (CLT) und beobachtetem Führungsverhalten als Basis für effektive Führung. Führung wird dabei als kulturelles Konstrukt betrachtet (Steers et al. 2012, S. 481). Dies führt zum einen dazu, dass es universelle Erwartungen an Führungseigenschaften und -verhaltensweisen gibt. Zugleich können diese aber auch nach Kulturen variieren.

Beispiel: Kultur, Führung und Führungserfolg
Mit Blick auf den Führungserfolg wird auf die Bedeutung der kulturell-bedingt unterschiedlichen Zuschreibung von Erfolg zur Führungskraft verwiesen:
„Führer in individualistischen Gesellschaften werden häufiger als Grund für den Erfolg der Organisation angesehen, aber seltener für den Misserfolg verantwortlich gemacht, während Spitzenführer in kollektivistischen Gesellschaften seltener als einzige Quelle des Organisationserfolges gelten, aber häufiger für organisationalen Misserfolg einstehen müssen." (Dickson et al. 2012, S. 488)

◘ **Tab. 3.2** Zentrale Führungsdimensionen im GLOBE-Projekt

Führungsdimension	Erläuterung
Charismatisch-wertebasierte Führung	zeigt sich in der Fähigkeit, zu inspirieren, zu motivieren, hohe Leistungserwartungen an andere Personen zu stellen, auf der Grundlage ausgeprägter, stabiler Grundwerte
Teamorientierte Führung	betont eine effektive Gruppenbildung und die Implementierung gemeinsamer Zwecke und Ziele zwischen den Gruppenmitgliedern
Partizipative Führung	charakterisiert das Ausmaß, in dem Manager Andere in Entscheidungsprozesse und ihre Umsetzung einbeziehen
Humane Führung	kennzeichnet ein unterstützendes nachdenkliches Führungsverhalten, das aber auch Zuwendung und Großzügigkeit einschließt
Autonome Führung	bezieht sich auf ein unabhängiges und individualistisches Führungsverhalten
Selbstschützende Führung	unterstreicht den Schutz und die Sicherheit des Einzelnen und der Gruppe durch Statusbetonung und Gesichtswahrung

Quelle: House et al. (2004, S. 675)

> **Auf den Punkt gebracht:** Die Ergebnisse zu den Führungsdimensionen aus der Phase 2 des GLOBE-Projektes für die einzelnen Gesellschaften und Organisationen sagen nichts über das tatsächliche Führungsverhalten aus, sondern kennzeichnen die kulturell-bedingten Führungserwartungen der befragten mittleren Manager als Repräsentanten der jeweiligen Kultur.

3.2 Hauptergebnisse der Studien

Zu den wichtigen Ergebnissen der ersten Erhebung (GLOBE 2) zählt zunächst die empirische Bestätigung der Kulturdimensionen und ihrer Konfigurationen sowie der Zuordnung der beteiligten Gesellschaften bzw. Länder zu relevanten Kulturregionen

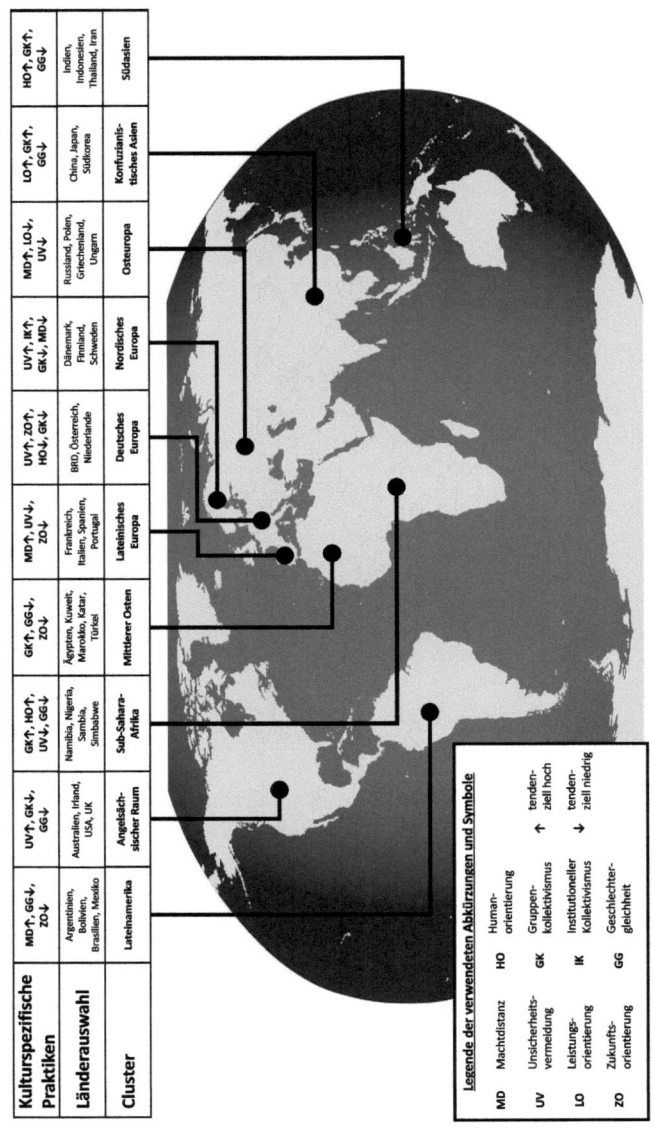

◘ Abb. 3.3 Kulturcluster des GLOBE-Projektes (Quelle: Eigene Darstellung)

3.2 · Hauptergebnisse der Studien

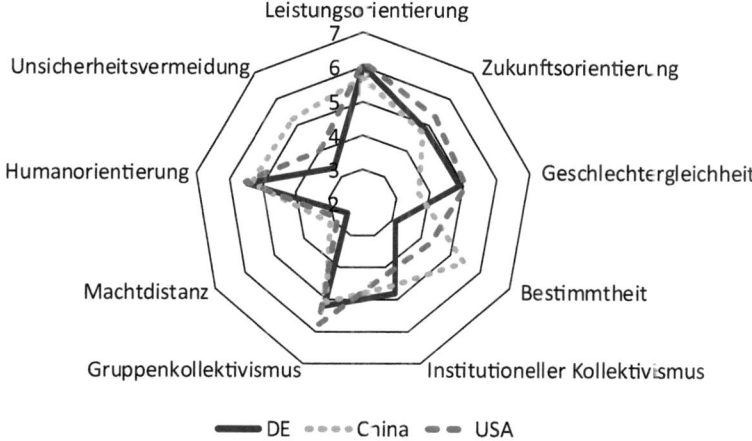

◘ **Abb. 3.4** Kulturelle Werteprofile von Deutschland, China und den USA (Quelle: Eigene Darstellung)

mit ähnlichen Kulturprofilen. ◘ Abb. 3.3 visualisiert die Cluster und zeigt Beispielkulturen sowie typische Merkmale auf, die in den einzelnen Clustern vorherrschen.

Ein Vergleich von Kulturprofilen zwischen Regionen und Ländern ermöglicht es, über die Identifizierung von Ähnlichkeiten und Unterschieden mögliche Konfliktbereiche in der interkulturellen Kommunikation und Kooperation zu identifizieren und Konfliktsituationen zu analysieren. Das folgende Beispiel dient dazu als Veranschaulichung. Die ◘ Abb. 3.4 zeigt einen Vergleich der kulturellen Werteprofile zwischen Deutschland, China und den USA.

Zugleich zeigen die Ergebnissen von GLOBE, dass …

- bei mindestens fünf von neun Kulturdimensionen (Machtdistanz, Leistungsorientierung, Zukunftsorientierung, Humanorientierung und Geschlechtergleichheit) deutliche Diskrepanzen zwischen Werten und Praktiken auftreten, die auf Änderungspotentiale in einer Kultur und mögliche Richtungen eines Kulturwandels verweisen;
- unterschiedlich ausgeprägte Diskrepanzen zwischen Werten und Praktiken existieren, die auf Unterschiede zwischen entwickelten Kulturregionen und den Kulturen der Entwicklungsländer oder Transformationsstaaten Mittel- und Osteuropas sowie Asiens verweisen.

Beispiel: Kulturspezifische Unterschiede zwischen Werten und Praktiken
Beispielsweise ist die Diskrepanz zwischen fehlender Zukunftsorientierung in den Praktiken und hoher Bedeutung von Zukunftsorientierung in weniger entwickelten Gesellschaften besonders ausgeprägt, während der Unterschied in den entwickelten Gesellschaften geringer ist. In Letzteren werden dagegen stärkere Defizite im Gruppen-Kollektivismus gesehen, möglicherweise ein Reflex auf eine zunehmende Individualisierung und den Verlust von Gemeinschaft in diesen Gesellschaften. Interessant ist auch die gegensätzliche Beurteilung von Unsicherheitsvermeidung. Während in den entwickelten Gesellschaften und Kulturen eher ein Übermaß an unsicherheitsvermeidenden Praktiken (z. B. Gesetze und Regeln) gesehen wird, und ein geringeres Maß gewünscht ist (Stichwort: Entbürokratisierung), bevorzugen die Befragten aus Ländern in den Kulturregionen Lateinamerikas, des mittleren Ostens, Osteuropas oder des südlichen Afrikas in stärkerem Maße unsicherheitsreduzierende Normen und Regelungen.

Die *Hauptergebnisse der zweiten Phase* konnten die theoretisch vermuteten Zusammenhänge zwischen Kultur und Führungserwartungen bestätigen. So zeigten sich vielfältige Verknüpfungen zwischen den Kulturdimensionen und den Führungsdimensionen, wobei die kulturellen Werte generell einen stärkeren Einfluss aufweisen als die aktuellen kulturellen Praktiken (House et al. 2004, S. 699 ff.) Die Autoren zeigen, dass jeweils mehrere kulturelle Werte sowohl der Gesellschaftskultur als auch der konkreten Organisationskultur die Ausprägung einer Führungsdimension erklären können. ◘ Tab. 3.3 zeigt die ermittelten, signifikanten Zusammenhänge zwischen den Dimensionen der gesellschaftlichen kulturellen Werte und den Führungsdimensionen im Überblick.

Die ermittelten *Führungsprofile* für die verschiedenen kulturellen Regionen und einzelne Gesellschaften verweisen dabei einerseits auf universalistische Erwartungen und andererseits auf kulturabhängige Führungserwartungen sowie auf interkulturelle Variationen (zum Überblick House et al. 2014, S. 23 ff.). So konnte nachgewiesen werden, dass …

- Verhaltensweisen einer charismatisch-wertebasierten Führung und einer teamorientierten Führung universell und weltweit als Führungsmerkmale einer herausragenden Führungskraft angesehen und geschätzt werden, u. a. visionäres, inspirierendes und leistungsorientiertes oder Mitarbeiter und Gruppen motivierendes Verhalten sowie persönliche Integrität;
- partizipative und humane Führung eine gewisse interkulturelle Variation aufweisen, also nicht in allen Gesellschaften gleichermaßen positiv gesehen werden;
- individualistisches und selbstschützendes Führungsverhalten insgesamt eher gering geschätzt wird und zum Teil kulturell stark variiert.

So wird diktatorisches, asoziales, einzelgängerisches oder egoistisches Verhalten in allen Kulturen negativ beurteilt, während bei autonomem, statusbewusstem, gesichtswahren-

3.2 · Hauptergebnisse der Studien

◘ Tab. 3.3 Zusammenhänge der Kulturdimensionen (Werte) und Führungsdimensionen

Kulturdimensionen (Werte)	CLT Führungsdimensionen					
	Charisma	Partizipation	Selbstschutz	Human	Team	Autonom
Leistungsorientierung	++	++	–	+	+	++
Humanorientierung	+	++		++	+	– –
Unsicherheitsvermeidung		– – –	++	++	++	
Gruppenkollektivismus	++		–		++	
Machtdistanz	– –	– –	++			
Geschlechtergleichheit	++	++	– –			
Zukunftsorientierung	+			+	+	
Selbstdurchsetzung		–		+	+	
Institutioneller Kollektivismus						– –

Quelle: Dorfman et al. (2012, S. 507)

dem oder bürokratischem Führungsverhalten eine starke interkulturelle Variation gefunden wurde, die von Zustimmung bis zur Ablehnung eines solchen Verhaltens reicht. Das gilt u. a. auch für einzelne Führungsattribute wie ehrgeiziges, formales, indirektes, sensibles, risikoreiches, enthusiastisches, elitäres, logisches oder vorsichtiges Führungsverhalten (Dorfman et al. 2012, S. 507 f.). Auch innerhalb Europas konnten Brodbeck et al. (2000) eine kulturelle Variation in den Führungserwartungen feststellen. Dabei wurden u. a. regionale Unterschiede zwischen Nord- und Westeuropa sowie Ost- und Südeuropa festgestellt. Während das Idealbild der erwarteten Führung in Nord- und Westeuropa stärker durch interpersonelle Direktheit gekennzeichnet ist, wird in Süd- und Osteuropa vorwiegend eine implizite Führungskommunikation präferiert. Weiterhin zeigten sich auch Unterschiede bezüglich humanem und selbst- bzw. gruppenzentriertem Verhalten zwischen den verschiedenen Kulturregionen Europas. Ein Beispiel dafür ist die

Führungserwartungen im Vergleich

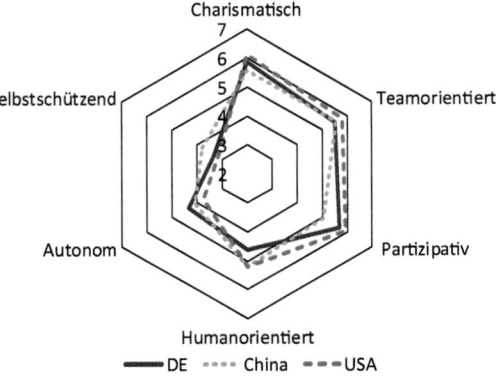

◘ Abb. 3.5 Führungsprofile von Deutschland, China und den USA

stärkere Autonomie-Orientierung in deutschsprachigen und osteuropäischen Ländern im Vergleich zu den anderen Kulturregionen in Europa (Brodbeck et al. 2000, S. 15 ff.).

Ähnlich wie bei Kulturprofilen ermöglichen auch hier Führungsprofilvergleiche zum erwarteten Führungsverhalten in verschiedenen Ländern zahlreiche analytische Einsichten und erlauben die Vorhersage von möglichen Führungsproblemen. So demonstrieren Javidan et al. (2006) die Nützlichkeit von solchen Profilvergleichen am Beispiel amerikanischer Manager bei ihrer Tätigkeit in Frankreich, Brasilien, Ägypten und China und arbeiten zentrale Konfliktfelder heraus. ◘ Abb. 3.5 visualisiert die Führungsprofile von Deutschland, China und den USA.

Qualitative Tiefenanalysen zu ausgewählten Ländern (Chhokar et al. 2007) bestätigen die Ergebnisse der quantitativen Erhebungen. Sie verweisen auch auf verschiedene Einflussfaktoren bei der Herausbildung kulturell bedingter Führungserwartungen, wie das Beispiel in Dorfman et al. (2012, S. 505) belegt:

> » „In einem Land mit relativ hohen Machtunterschieden (z. B. Russland und Iran) lernen Kinder typischer Weise, dass der Vater die uneingeschränkte Autorität in der Familie ist und sie zeigen ihm gegenüber starken Respekt und Ehrerbietung. Sie lernen, dass der Vater weiß, was am besten für die Familie ist und entsprechend zum Wohl aller entscheidet. Sie lernen auch, durch ihre Interaktionen mit ihren Eltern, dass es ihre Rolle ist, sich den Entscheidungen und Anweisungen des Vaters zu fügen und zu folgen. Im Ergebnis reflektieren die kollektiven impliziten Führungstheorien in solchen Kulturen Elemente von Macht und autokratischer Führung. Als Erwachsene und Beschäftigte in Organisationen sind [die Menschen] eher bereit, hohe Machtunterschiede und autokratische Führungsstile zu akzeptieren."

3.2 · Hauptergebnisse der Studien

Die zentrale Erkenntnis der GLOBE 3-Studie ist, dass sich das Führungsverhalten von Geschäftsführern und deren Wahrnehmung durch nachgeordnete Manager an den kulturbedingten Führungserwartungen bzw. -idealen orientiert, wobei positive Effekte für den Führungsprozess mit einhergehen. Im Einzelnen wurde herausgefunden, dass

- es keinen direkten Einfluss der Gesellschafts- oder **Nationalkultur** auf das Führungsverhalten von Geschäftsführern gibt; vielmehr erfolgt dieser indirekt, über die gesellschaftlichen Führungserwartungen;
- Führungskräfte, die sich entsprechend der kulturellen Erwartungen in ihrer jeweiligen Gesellschaft verhalten, effektiver sind;
- das Führungsverhalten von Geschäftsführern sowohl das Engagement von TOP-Management-Teams als auch die Wettbewerbsfähigkeit der geführten Firmen erklären kann;
- hohe persönliche Integrität, inspirierendes, visionäres, leistungsorientiertes und administrativ-kompetentes sowie diplomatisches Verhalten der Geschäftsführer besonderen Einfluss auf das Engagement des TOP-Management-Teams haben, während visionäres, team-integrierendes, administrativ-kompetentes und entscheidungsstarkes Verhalten vor allem die Wettbewerbsfähigkeit fördern kann;
- ein ausgeprägter Fit zwischen kulturell-bedingten Führungserwartungen und dem Führungsverhalten der Geschäftsführer über alle Führungsdimensionen hinweg einen sehr großen Effekt auf das Engagement und einen immerhin noch großen Einfluss auf die langfristige Wettbewerbsfähigkeit der Firmen hat.

Weiterführende Übersichten zu den Methoden und Hauptergebnissen der GLOBE-Studie finden sich in Dorfman et al. (2012, S. 510 ff.) und House et al. (2014, S. 10 ff., 322 ff.).

Beispiel: Zentrale GLOBE-Befunde zu Deutschland im Vergleich
Kulturelle Werte
Das deutsche Werte-Kulturprofil ist durch hohe Leistungsorientierung (A)[1] und überdurchschnittliche Humanorientierung (B) gekennzeichnet sowie durch vergleichsweise hohe Erwartungen an Geschlechtergleichheit (A) und durch abgeschwächte Erwartungen an Zukunftsorientierung (B) und institutionellen Kollektivismus (B) charakterisiert. Signifikante Unterschiede zwischen Ost- und Westdeutschland wurden dabei für eine höhere Tendenz zur Unsicherheitsvermeidung sowie eine größere Bedeutung der Zukunftsorientierung im Osten Deutschlands gefunden.

---

1 A – vergleichsweise hohe Ausprägung, B – hohe bis mittlere Ausprägung, C – mittlere bis niedrige Ausprägung, D – mittlere bis niedrige Ausprägung unter Beachtung der Verteilung der 61 Länder in der Stichprobe insgesamt.

Kulturelle Praktiken
Die Einschätzung kultureller Praktiken in Deutschland wird dominiert durch eine starke Tendenz zu Regeln und Unsicherheitsvermeidung (A), eine ausgeprägte Konfliktorientierung (A) und hohe Machtunterschiede (A/B) sowie eine vergleichsweise sehr niedrige Humanorientierung (C/D). Im Vergleich zum Durchschnitt aller Länder werden auch noch die kulturellen Praktiken der Zukunftsorientierung (B) sowie der Leistungsorientierung (B) als ausgeprägt beurteilt. Signifikante Unterschiede zwischen Ost- Und Westdeutschland wurden hinsichtlich eines stärkeren Gruppenkollektivismus und größerer Machtunterschiede im Osten Deutschlands sowie einer stärkeren Zukunftsorientierung im Westen Deutschlands ermittelt.

Führungserwartungen mittlerer Manager
Die Führungspräferenzen mittlerer Manager in Deutschland werden dominiert durch nicht-autokratisch-partizipative sowie charismatisch-wertebasierte Führungsmuster. Vor allem Eigenschaften wie Inspiration, Integrität und Leistungsorientierung spielen eine große Rolle bei den Führungserwartungen mittlerer Manager. Im Ländervergleich wird ein sehr hohes Gewicht von autonomer Führung (8)[2] wie auch partizipativer Führung (14) deutlich, während humane Führung (49) und Teamorientierung (55) im Vergleich der Länder am unteren Ende der Rangliste stehen. Signifikante Ost-West-Unterschiede zeigen sich vor allem bei der höheren Bedeutung von administrativ kompetenten Handeln und der positiven Bewertung von statusbewusstem Verhalten sowie einer geringeren Ablehnung von bürokratischem und selbstzentrierten Verhalten durch mittlere Manager aus dem Osten.

Führungsverhalten von Geschäftsführern
Das Führungsverhalten ostdeutscher Geschäftsführer folgt nach Einschätzung ihrer direkt unterstellten Manager im Wesentlichen den Führungserwartungen. Unterschiede zeigen sich vor allem in einer deutlich geringeren Ausprägung des partizipativen Verhaltens sowie einer geringeren Ausprägung des charismatisch-wertebasierten Verhaltens, während das humane und das selbstschützende Verhalten stärker ausgeprägt waren als erwartet. Letzteres betrifft vor allem bürokratische und gesichtswahrende Verhaltensweisen. Erfolgreichere Geschäftsführer übertreffen dabei die kulturspezifischen Führungserwartungen, vor allem hinsichtlich Vision, Inspiration, Partizipation, Bescheidenheit sowie humaner Orientierung. Weniger erfolgreiche Geschäftsführer erfüllen in der Regel die Erwartungen, handeln aber aus Sicht ihrer Nachgeordneten oft weniger inspirierend, kooperativ und bescheiden, sondern individualistischer als erwartet.
Quellen: Brodbeck und Frese (2007, S. 147 ff.); House et al. (2014, S. 195 ff., 308 f.); Szabo et al. (2001)

---

2 In Klammern gesetzte Zahlen bei Führungserwartungen verweisen auf den länderspezifischen Rangplatz der jeweiligen Führungsdimension.

3.3 Anwendungsfelder und kritische Würdigung von GLOBE

3.3.1 Anwendungsfelder

Zentrale praktische *Anwendungsfelder* bezogen auf das Interkulturelle Management und hier insbesondere die **interkulturelle Führung**, ergeben sich aus den Ergebnissen der GLOBE-Studie zur Wirksamkeit des Führungsverhaltens. Da diese in nicht unerheblichem Maße von der Übereinstimmung des Führungsverhaltens mit den Führungserwartungen abhängt, ist für interkulturelle Kontakte davon auszugehen, dass bei der Auswahl, dem Training und der Entsendung von Führungskräften vor allem auf eine möglichst hohe Übereinstimmung des Führungsverhaltens mit den impliziten Führungstheorien des Gastlandes zu achten ist. Für die Auswahl von Führungskräften bedeutet dies, dass jene mit einer kulturellen Affinität zum Entsendungsland offenbar besser geeignet sind, die Anforderungen an eine effektive Führung zu erfüllen. Ein mögliches Hilfsmittel zur Ermittlung von Problemfeldern stellen Führungsprofile dar, wobei sowohl ein Vergleich von Erwartungsprofilen (Javidan et al. 2006), aber auch ein Vergleich von beobachteten Ist-Profilen des Führungsverhaltens mit dem erwarteten Führungsverhalten hilfreich sein kann (Alt und Lang 2004; Lang und Rybnikova 2010). Die festgestellten Profilunterschiede können Ausgangspunkt für entsprechende kulturvorbereitende Trainingsmaßnahmen sein. So kann erreicht werden, dass die Führungskräfte für zu erwartende kritische Führungssituationen sensibilisiert und auf mögliche Probleme mit entsprechenden Handlungsoptionen vorbereitet werden können.

3.3.2 Kritische Würdigung

Wie bei allen Großprojekten im kulturvergleichenden Management gibt es in Bezug auf das GLOBE-Konzept neben wichtigen Beiträgen zum Verständnis des Zusammenhangs von Kultur und Führung auch einige Kritikpunkte. Diese können Ausgangspunkt für eine Weiterentwicklung sein, müssen aber bei der Deutung der Ergebnisse und ihrer Nutzung im Interkulturellen Management beachtet werden. Die wesentlichen Aspekte können in den definitorischen Grundlagen, der eigentlichen Messung von Kultur, der Stichprobe der Untersuchung und Sprachproblemen gesehen werden. Diese Aspekte werden in ◘ Tab. 3.4 näher erläutert.

Neben diesen kritischen Aspekten weist das Projekt jedoch erhebliche *Potentiale für weitere Forschungen* auf. So stehen die empirischen Untersuchungen und Analysen zum Einfluss der jeweiligen Kulturdimensionen auf verschiedene Unternehmensprozesse oder zum Zusammenhang zwischen Gesellschaftskultur und Organisations-

Tab. 3.4 Kritische Würdigung des GLOBE-Projektes

Aspekt	Erläuterung
Definitorische Grundlagen	– Dualistisches Kulturkonzept erlaubt keine eindeutigen Aussagen für Kulturdimensionen – u. a. auch aufgrund teils gegenläufiger und korrelierender Ausprägungen der Kulturdimensionen zu Werten und Praktiken
Messung	– Nutzung von Einschätzungen der Befragten zu kulturellen Praktiken der Gesellschaft und Organisation einerseits und individueller Werte anderseits – Messmethodik, z. B. ausschließliche Nutzung von Items autokratischer und nicht-partizipativer Führung bei der Führungsdimension „Partizipative Führung", oder Verwendung einer begrenzten Zahl von Items für die jeweiligen Kulturdimensionen, die nur einzelne Facetten der jeweiligen Dimension abbilden können
Stichprobe	– Aussagegrenzen bei großen Nationalkulturen, z. B. Indien und USA, durch Fokus auf bestimmte Bevölkerungsgruppen oder Ethnien – Kulturdimensionen und Führungserwartungen nur für mittlere Manager erhoben – Fokus auf drei Sektoren bzw. Branchen mit unterschiedlichem Gewicht in den jeweiligen Gesellschaften
Sprachprobleme	– Unterschiedliche Bedeutung und Interpretation der Fragebogenitems kann selbst durch genutzte Doppel-Blindübersetzungen nicht komplett ausgeschlossen werden

bzw. Unternehmenskultur erst am Anfang. Ferner ist nach wie vor wenig oder kaum betrachtet worden, wie sich Organisationskulturen verschiedener Organisationstypen in ihrem Zusammenspiel mit Nationalkulturen gestalten. Das gilt etwa für Niederlassungen multinationaler Unternehmen, große einheimische Unternehmen oder kleine mittelständische Unternehmen. Hinsichtlich der Wirkung auf Unternehmensprozesse wurde im GLOBE-Konzept bisher ein starker Fokus auf die Führung sowie auf Führungswirkungen gelegt, während weitere Aspekte bisher kaum erforscht wurden. In methodischer Hinsicht fällt beim GLOBE-Konzept vor allem auf, dass entgegen des sehr breiten methodischen Ansatzes bei der Erhebung von Kultur in der Auswertung fast ausschließlich auf quantifizierbare Ergebnisse zurückgegriffen wird. Damit erfolgt eine Perspektivenverkürzung, bei der die Sicht der Forscher (*etic*) gegenüber der Sicht der Befragten mit ihren häufig kulturgebundenen, spontanen Äußerungen (*emic*) in den Hintergrund gerät.

3.4 Lern-Kontrolle

Kurz und bündig

Das GLOBE-Projekt als gegenwärtig größtes kulturvergleichendes Forschungsprojekt stellt innerhalb seiner drei Phasen einen geeigneten Ausgangspunkt dar, um interkulturelle Unterschiede und Gemeinsamkeiten näher analysieren zu können. Hierfür wurden Erkenntnisse aus früheren Forschungen mit einbezogen und ein umfassendes dualistisches Kulturverständnis zugrunde gelegt, welches Aussagen für die Ausprägung von kulturspezifischen Werten und Praktiken liefert.

Zur Ergebnisgenerierung nutzt GLOBE sowohl qualitative als auch quantitative Methoden. Gesellschaftskultur manifestiert sich hierbei in neun universellen Kulturdimensionen, welche in den Ausprägungen Praktiken (*as is*) und Werte (*should be*) gemessen wurden. Neben der Einzelanalyse von Gesellschaftskulturen wurden für ausgewählte Länder auch Erhebungen zu dominanten **Subkulturen** durchgeführt. Darüber hinaus konnten die untersuchten Kulturen in zehn regionale Cluster eingeordnet werden, welche über ähnliche Merkmale verfügen. Weitere wichtige Erkenntnisse, die sich aus den Ergebnissen des GLOBE-Projektes ergeben, sind Aussagen zum Einfluss der Gesellschaftskultur auf die Führungserwartungen, effektives Führungsverhalten und weitere Führungswirkungen. Dieser Einfluss wurde durch die Erhebung von sechs universellen und zugleich kulturspezifischen Führungsdimensionen hinsichtlich der Erwartungen und dem beobachteten Verhalten von Geschäftsführern untersucht und konnte den Aussagenhorizont durch qualitative Messmethoden für ausgewählte Gesellschaftskulturen dahingehend erweitern, dass Führung eine für die verschiedenen Gesellschaften jeweils spezifische Konfigurationen aufweist. Diese Aussagen machen GLOBE zu einer wertvollen Quelle der Analyse von Kulturen und können als Grundlage für Entwicklungsprogramme für Führungskräfte genutzt werden, die im interkulturellen Unternehmenskontext tätig sind.

❓ Let's check

1. Erläutern Sie das Kulturkonzept der GLOBE-Studie! Wo sehen Sie die Hauptunterschiede zum Kulturkonzept nach Hofstede?
2. Welche Annahmen trifft das GLOBE-Konzept über den Zusammenhang von Gesellschaftskultur, Organisationskultur und impliziten Führungstheorien sowie dem tatsächlichen Führungsverhalten? Welche dieser Zusammenhänge konnten bisher empirisch belegt werden?
3. Welche Konsequenzen ergeben sich für die interkulturelle Kommunikation und Kooperation, insbesondere für den Einsatz von Führungskräften?
4. Stellen Sie zwei typische Konflikte durch unterschiedliche Führungsstile dar!
5. Erläutern Sie die Hauptkritikpunkte an der GLOBE-Studie!
6. Sehen Sie die GLOBE-Studie als emische oder etische Kulturstudie an? Begründen Sie Ihre Meinung!

Vernetzende Aufgaben

1. Fallstudie: Auf welche Ausprägungen einzelner Kulturdimensionen nach der GLOBE-Studie lassen sich die dargestellten kulturellen Besonderheiten der Deutschen und der Chinesen zurückführen? Suchen Sie sich zusätzlich die erhobenen Daten China und Deutschland aus dem GLOBE-Projekt heraus und überlegen Sie welchen Einfluss unterschiedliche Praktiken und Werte auf die Ausprägung des Konfliktpotenzials in der Zusammenarbeit zwischen Meier und Wang haben könnten.
2. Erstellen Sie Kulturprofile für die Gesellschaftskulturen Brasilien, Russland, Frankreich, Indien und Südafrika und arbeiten Sie Unterschiede in den kulturellen Praktiken und kulturellen Werten gegenüber Deutschland heraus. Welche Schlussfolgerungen ergeben sich daraus für die interkulturelle Kooperation im Management? Als Quellen können Sie hier auf House et al. 2004 und Chhokar et al. 2007 zurückgreifen.
3. Suchen Sie im Internet die aktuelle GLOBE-Projekt Homepage und verschaffen Sie sich einen Überblick zu den methodischen Grundlagen der GLOBE-Erhebung. Wie werden die Kulturdimensionen und die impliziten Führungskonzepte von GLOBE jeweils gemessen und welche Defizite weist dieses Vorgehen auf?

Lesen und Vertiefen

- Dorfman, P., Javidan, M., Hanges, P., Dastmalchian, A., & House, R. (2012). GLOBE: A twenty year journey into the intriguing world of culture and leadership. *Journal of World Business 47 (4)*, 504–518.
  Einen kurzen und sehr instruktiven Überblick zum GLOBE-Projekt geben Dorfman und Kollegen in dieser Übersichtspublikation.
- House, R.J., Dorfman, P.W., Javidan, M., Hanges, P.J., & Sully de Luque M.F. (2014). Strategic leadership across cultures: The GLOBE study of CEO leadership behavior and effectiveness in 24 countries. Thousand Oaks u. a.: Sage.
  In diesem Buch finden sich umfassende Daten zu den Vergleichsstudien der Phasen 2 und 3 des Projektes.
- Javidan, M., Dorfman, P. W., De Luque, M. S., & House, R. J. (2006). In the eye of the beholder: Cross cultural lessons in leadership from project GLOBE. *The Academy of Management Perspectives 20 (1)*, 67–90.
  Schließlich ist noch diese sehr anschauliche Publikation zur Bedeutung impliziter Führungstheorien und zu möglichen interkulturellen Führungsproblemen zu empfehlen.

Das Konzept der Kulturstandards: Von der Selbst- und Fremdreflexion

Rainhart Lang und Nicole Baldauf

4.1 Theoretisch-konzeptioneller Hintergrund – 82
4.1.1 Theoretischer Hintergrund – 82
4.1.2 Merkmale von Kulturstandards – 84
4.1.3 Generierung von Kulturstandards – 86

4.2 Hauptergebnisse – 88
4.2.1 Deutsche Kulturstandards – 88
4.2.2 Zentrale Kulturstandards ausgewählter Länder – 94

4.3 Anwendungsfelder und kritische Würdigung – 100
4.3.1 Anwendungsfelder – 100
4.3.2 Kritische Würdigung – 101

4.4 Lern-Kontrolle – 103

> **Lern-Agenda**
> An kulturvergleichenden Arbeiten haben Sie bisher jene von Hofstede sowie das GLOBE-Projekt kennengelernt. Dieses Kapitel bringt Ihnen das Konzept der Kulturstandards als bekanntesten deutschen Ansatz im Interkulturellen Management näher. Es handelt sich hierbei um einen qualitativen Ansatz des Kulturvergleiches.
> Unter ▶ Abschn. 4.1 wird erläutert, welches kulturelle Verständnis dem Kulturstandardkonzept zugrunde liegt. Nach der Definition des Kulturstandardbegriffes und der Erläuterung der Merkmale wird das Vorgehen bei der Generierung kultureller Verhaltensstandards dargestellt.
> ▶ Abschn. 4.2 widmet sich ausgewählten Ergebnissen der Kulturstandardforschung. Es werden zentrale deutsche Verhaltensweisen erläutert und spezifische Kulturstandards von Russland, Ägypten, Frankreich, China und den USA unter verschiedenen Aspekten miteinander verglichen.
> In ▶ Abschn. 4.3 werden interessante Anwendungsfelder des Kulturstandardansatzes vorgestellt. Das Kapitel schließt mit dem Aufzeigen der Möglichkeiten und Grenzen des Konzeptes ab.
> Die Lernziele dieses Kapitels bestehen darin, dass Sie nachvollziehen wie typische Verhaltensweisen in einer Kultur identifiziert werden. Es soll ebenso Hilfestellung sein, sich seiner eigenkulturellen Prägung bewusst zu werden. Dieses Kapitel soll Sie außerdem dazu befähigen, das angelesene Wissen um Kulturstandards vorurteilsfrei auf interkulturelle Begegnungssituationen anzuwenden.
>
> **Das Konzept der Kulturstandards: Von der Selbst- und Fremdreflexion**
>
> | | |
> |---|---|
> | Theoretisch-konzeptionelle Bedingungen und Merkmale | ▶ Abschn. 4.1 |
> | Ergebnisse zu ausgewählten Ländern | ▶ Abschn. 4.2 |
> | Anwendung und kritische Betrachtung des Kulturstandardkonzepts | ▶ Abschn. 4.3 |

4.1 Theoretisch-konzeptioneller Hintergrund

4.1.1 Theoretischer Hintergrund

Alexander Thomas, emeritierter Professor für kulturvergleichende und interkulturelle Psychologie der Universität Regensburg, prägte den Begriff der **Kulturstandards**. Nachfolgend wird sein Verständnis von **Kultur** näher erläutert, welches dem Kulturstandardkonzept zugrunde liegt.

4.1 · Theoretisch-konzeptioneller Hintergrund

- **Kultur nach Thomas**

Der Terminus Kultur nach Interpretation von Thomas ist vorwiegend auf das Verhalten und die Handlungen von Personen ausgerichtet, wohingegen im Kulturverständnis von Hofstede die geteilten **Werte** einer Kategorie oder Gruppe von Menschen im Fokus stehen (▶ Abschn. 2.1.1). Im Folgenden gehen wir auf die Besonderheiten von Kultur nach dem Verständnis von Thomas ein.

Kultur *betrifft jeden Menschen* und *definiert* für ihre Mitglieder *die Zugehörigkeit* zu einer Nation, Gesellschaft, Organisation oder Gruppe. Dabei umfasst sie alle von Kulturangehörigen erzeugten und genutzten *Objekte, Institutionen, Ideen und Werte*, ausgedrückt in **Symbolen**, wie z. B. Sprache, Gestik und Kleidung. Kultur ist *dynamisch*, sie bildet sich historisch heraus und unterliegt Wandlungen durch äußere und innere Einflüsse. Kultur *beeinflusst das Wahrnehmen, Denken, Werten und Handeln*, offenbart Handlungsmöglichkeiten (determiniert durch z. B. Regeln und **Normen**) und setzt Handlungsgrenzen (z. B. durch Gesetze). Durch Kultur wird Gegenständen oder Ereignissen *ein Sinn, eine Funktion oder eine Bedeutung* zugeschrieben. Durch den *Prozess der Sozialisation* werden Handwerkszeuge (Theorien, Methoden, Normen, Regeln) erworben, um sich in der Eigenkultur zurechtzufinden. Kultur bietet somit Orientierung dahingehend wie sich Menschen in einer sozialen Gemeinschaft zu verhalten haben. *Kultur als Orientierungssystem* (weil es ein grundlegendes Bedürfnis des Menschen ist, sich zu orientieren) besteht aus kulturellen Elementen wie Werten, Normen, Sitten, Gebräuchen, Verhaltensregeln, Menschen- und Weltbildern, die in einer systemstrukturierenden Weise aufeinander bezogen sind. Kulturelle Elemente entstehen aus der Interaktion der Kulturangehörigen untereinander und mit ihrer Umwelt, werden *über Generationen hinweg* weitergegeben und entfalten in sämtlichen Lebensbereichen ihre Wirkung (Thomas et al. 2003b, S. 13 ff.; Schroll-Machl 2007, S. 24 ff.).

- **Kulturstandards nach Thomas**

In der Literatur wird fast ausschließlich die Definition des Begriffs Kulturstandards von Thomas zitiert. Eine weitere, ergänzende Erklärung zum Begriff findet sich bei Reisch, wie nachfolgend aufgeführt:

> **Merke!**
>
> **Kulturstandards** sind „die von den in einer Kultur lebenden Menschen untereinander geteilten und für verbindlich angesehenen Normen und Maßstäbe zur Ausführung und Beurteilung von Verhaltensweisen" (Thomas 1999, S. 114). Sie sind daher „kulturspezifisch beschreibbare rollen- und situationsspezifische Verhaltenserwartungen, welchen (kulturspezifische) Normen zugrunde liegen, deren Nichterfüllung zur Störung der Interaktion ggf. Sanktion des/r Interaktionspartner/s führen' (Reisch 1991, S. 81 f.).

Für ein besseres Verständnis des Kulturstandardkonzepts ist es wichtig, einige zentrale Annahmen des Konzeptes näher zu beleuchten:

- Die Kulturstandardforschung vertritt ein *kulturrelativistisches Konzept*. Anhänger des Kulturrelativismus betonen, dass Kulturen nicht verglichen oder aus dem Blickwinkel einer anderen Kultur betrachtet werden können. Vielmehr werden kulturelle Phänomene in ihrem eigenen Kontext und im Zusammenhang des entsprechenden Sozial- und Wertesystems gesehen, was einer **emischen** Sichtweise entspricht.
- Da das Kulturstandardkonzept in Deutschland entwickelt wurde, sind die für verschiedenen Länder ermittelten verhaltenssteuernden Standards immer *im Kontrast zur deutschen Kultur* zu verstehen und können gegenüber einer anderen Vergleichskultur abweichen.
- Die Ergebnisse aus der Kulturstandardforschung sind *handlungsfeldspezifisch* (z. B. Management, Studium, Sprachunterricht etc.). In einzelnen Handlungsfeldern treten typische Verhaltensweisen auf. Es ist daher wichtig zu hinterfragen, in welchem Kontext die Kulturstandards gewonnen wurden.
- Die *Wurzeln von Kulturstandards* finden sich in *prägenden historischen Ereignissen*. Zudem führen politische und ökonomische Hintergründe, wie Bildungssystem, Wirtschaftsform und Politik, zur Ausbildung kultureller Verhaltensstandards. Kulturstandards lassen sich daher auf Länder mit ähnlichen Hintergründen übertragen (z. B. Deutschland und Österreich).
- Kulturstandards *unterliegen einem sozialen Wandel*, sie entstehen und vergehen über mehrere Generationen. Bestimmte Normen werden durch alltägliche Anwendung in einer Gesellschaft über lange Perioden bestätigt. In bestimmten Handlungsfeldern können Verhaltensweisen durch äußere oder innere Einflüsse modifiziert werden oder sich neu herausbilden (Thomas et al. 2003a, S. 20 ff.).

4.1.2 Merkmale von Kulturstandards

Ausgehend von den vorher aufgeführten theoretischen Hintergrundannahmen zu Kulturstandards, ihrer Entstehung und Entwicklung gibt die nachfolgende Auflistung eine Zusammenfassung der Merkmale kultureller Verhaltensstandards wieder.

Kulturstandards …

- sind Kategorisierungen von Elementen einer Kultur, d. h. von Werten, Normen, Sitten, Gebräuchen, Verhaltensregeln und -weisen, Menschen- und Weltbildern. Sie funktionieren als Stereotypen und werden aus der systematischen Analyse realer und alltäglich erlebter Handlungssituationen konstruiert (Thomas et al. 2003a, S. 21).
- sind charakteristisch für ein bestimmtes Land und werden von der Mehrheit der Mitglieder einer Kultur als selbstverständlich und verbindlich angesehen ohne sie zu hinterfragen.

4.1 · Theoretisch-konzeptioneller Hintergrund

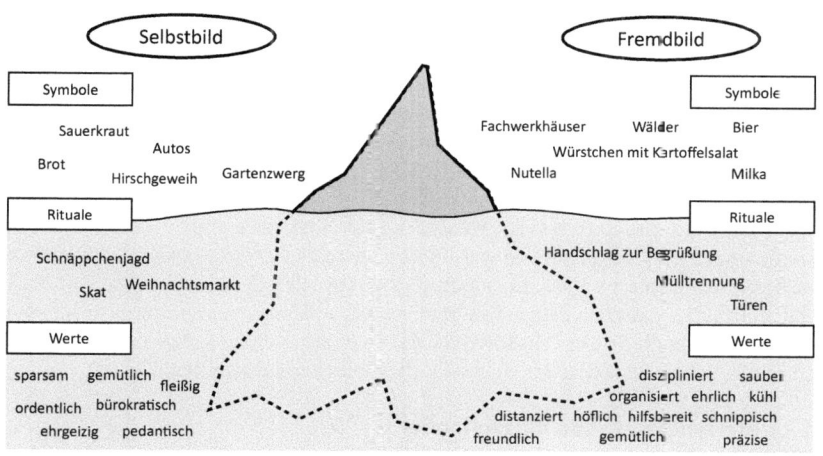

Abb. 4.1 Deutschland aus einer Selbst- und Fremdperspektive (Quelle: Eigene Darstellung in Anlehnung an Süddeutsche Zeitung 2009, o.S.; Goethe-Institut o.J.)

- beschreiben typisches Verhalten, z. B. den durchschnittlichen Deutschen, sie lassen sich nicht auf einzelne Individuen einer Kultur ableiten (Schroll-Machl 2007, S. 29). Es ist möglich, dass eine Person eine kulturelle Verhaltensweise nur in Facetten, gar nicht oder sehr ausgeprägt lebt.
- werden im Verlauf des individuellen Sozialisationsprozesses verinnerlicht.
- sind eine Orientierung für das Wahrnehmen, Denken, Werten und Handeln. Durch Kulturstandards nehmen wir Umstände wahr, die dem widersprechen was wir gewohnt sind. Sie geben Orientierung hinsichtlich der Entscheidung, welches Verhalten normal, typisch oder akzeptabel ist.
- beinhalten eine zentrale Norm, d. h. erwartetes Verhalten und einen Toleranzbereich, d. h. noch akzeptierbare Abweichungen. Verhaltensweisen außerhalb der Standards werden von der sozialen Umwelt abgelehnt (Thomas 1999, S. 114 f.; Schroll-Machl 2007, S. 25).

Kulturstandards sind zudem ein Mittel der Selbst- und Fremdreflexion, wie ■ Abb. 4.1 veranschaulicht.

In der Abbildung sind typisch deutsche Werte und **Praktiken** aus einer Eigen- und Fremdperspektive gegenübergestellt. In der rechten Hälfte im Eisbergmodell (► Abschn. 1.1.2) sind Aussagen von Kulturfremden aufgeführt, die während eines Aufenthaltes in Deutschland wahrgenommen wurden. Sie verbinden mit der deutschen Kultur u. a. Bier, Wälder und Fachwerkhäuser. An typischen Ritualen fallen der Handschlag zur Begrüßung und die Mülltrennung auf. Zudem werden Deutsche als diszipliniert, ehrlich, höflich und etwas distanziert eingeschätzt. Was Nicht-Deutsche über Deutsche denken oder wahrnehmen, kann Aufschluss über deren eigenkulturelle Werte und Einstellungen geben. Beispielsweise gaben mehrere Befragte an, dass Deutsche Wert darauf legen ihre Türen zum Büro oder in ihren privaten Räumlichkeiten zu schließen. Daraus lässt sich ableiten, dass Nicht-Deutsche, die diese Verhaltensweise wahrgenommen haben, in ihrer eigenen Kultur diesbezüglich andere Vorstellungen oder Standards bevorzugen.

Wenn Deutsche dazu befragt werden was sie über ihre eigene Kultur denken, werden häufig typische Symbole wie Autos und deutsches Brot genannt. Außerdem schätzen sich Deutsche selbst als gemütlich, sparsam, fleißig und ordentlich ein. Es ist ersichtlich, dass zwischen dem Selbst- und Fremdbild Übereinstimmungen vorhanden sind. Oft weicht die Selbstperspektive von der Sicht durch einen Kulturfremden jedoch ab, was bei einer Reflexion der eigenen Kultur offenbarend sein kann.

■ **Unterscheidung von Kulturstandards**

Das Verhalten von Menschen aus unterschiedlichen Nationen und Kulturen lässt sich in identischen Handlungs- und Aufgabenfeldern vergleichen. Daraus ergeben sich drei Unterscheidungen von Kulturstandards: Zentrale, domänen- bzw. bereichsspezifische und kontextuelle Standards (Thomas et al. 2003a, S. 28). *Zentrale Kulturstandards* sind *bereichsübergreifende* kulturspezifische Orientierungen, die für das Handeln der Menschen eines Landes oder in einem bestimmten Kulturraum unverwechselbar und charakteristisch sind (Thomas et al. 2003a, S. 26). Als Beispiele hierfür gelten die zentralen Kulturstandards verschiedener Länder, wie Frankreich, China, Russland etc. (▶ Abschn. 4.2.2). Darüber hinaus gibt es bereichsspezifische und kontextuelle Kulturstandards. Dabei handelt es sich um *Ausdifferenzierungen zentraler Verhaltensstandards* einer Kultur. *Domänen- bzw. bereichsspezifische* Kulturstandards treten hingegen in Abhängigkeit von einem bestimmten Handlungsfeld auf und gelten nur für Personen, die in den entsprechenden Aufgabenfeldern tätig sind. *Kontextuelle* Standards sind kulturspezifische Basisorientierungen, die in bestimmten Situationen entsprechendes Verhalten verlangen.

4.1.3 Generierung von Kulturstandards

Die qualitative Methode der Generierung kultureller Verhaltensstandards stammt aus der interkulturellen Psychologie. Kulturstandards werden in spezifischen bi-kulturellen Begegnungssituationen identifiziert, wenn Partner mit unterschiedlichen Orientierungssystemen aufeinandertreffen. In solchen kritischen Interaktionssituationen wird die handlungsregulierende Wirkung von Kulturstandards erfahrbar, weil sich jeder Beteiligte gemäß seiner Kultur verhält. In ◘ Abb. 4.2 ist der Ablauf der Erhebung von Kulturstandards dargestellt.

4.1 · Theoretisch-konzeptioneller Hintergrund

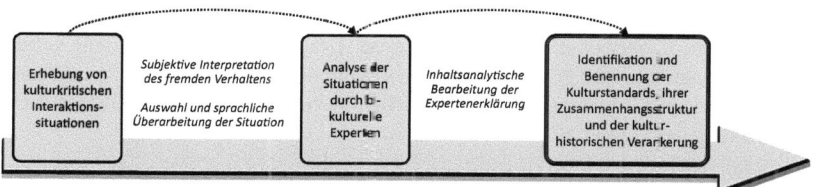

Abb. 4.2 Etappen der Generierung von Kulturstandards (Quelle: Eigene Darstellung in Anlehnung an Thomas et al. 2003a, S. 29 ff.)

Im Rahmen von Forschungsinterviews oder **interkulturellen Trainings** wird eine große Anzahl von Personen mit Erfahrungen in unterschiedlichen Begegnungssituationen (z. B. ein Deutscher trifft auf einen Chinesen) befragt, was ihnen im Umgang mit dem ausländischen Partner aufgefallen ist, welches Verhalten sie als fremd, unerwartet oder sogar ärgerlich empfunden haben und sich aus dem eigenen Orientierungssystem heraus nicht erklären konnten. Solche Begegnungen finden beispielsweise durch Schüler- oder Studentenaustausche statt, bei dem Einsatz von Fachexperten im Ausland oder Fachpersonal mit Auslandserfahrung. Diese kritischen Situationen werden dann von beiden Seiten dahingehend erklärt, weshalb sie sich entsprechend verhalten haben. Für den Partner bedeutet eine Erklärung zunächst eine erste Orientierung, für den Deutschen eine Selbstreflexion des eigenen Denkens und Handelns (Schroll-Machl 2007, S. 33 f.). Im Anschluss prüfen und analysieren Experten, die in beiden Kulturen beheimatet sind, die als typisch und kritisch identifizierten Interaktionssituationen aus bi-kultureller Sicht. Weiterhin findet ein Abgleich der Analyseergebnisse mit der Forschungsliteratur statt, z. B. kulturvergleichende Studien aus anderen wissenschaftlichen Disziplinen wie Literaturwissenschaft, Philosophie, Soziologie oder Religionswissenschaft (Thomas et al. 2003a, S. 26 ff.). Zur Generierung von Kulturstandards durch Befragungen und Literaturstudium werden außerdem folgende Beobachtungsebenen herangezogen:

Beispiel: Analyseebenen zur Erhebung von Kulturstandards (Lüsebrink 2007, S. 121)
- Werte, d. h. Präferenzordnungen;
- Nonverbale Faktoren, z. B. Mimik, Gesten;
- Rituale, d. h. genormte Handlungsabläufe;
- Paraverbale Faktoren, z. B. Stimme, Tonlage, Pausen;
- Soziale Bedeutung des Inhaltes, z. B. von Worten;
- Handlungsabsicht, Intention;
- Gesprächsorganisation, z. B. Ablauf, Beginn, Themenfokus, Anteil Smalltalk;
- Themen, d. h. welche Themen werden besprochen, Fokus;
- Kommunikationsstil, z. B. offen, direkt vs. indirekt;
- Formulierungen, d. h. wie werden bestimmte Sachverhalte ausgedrückt.

Bei der Ableitung von Kulturstandards geht also das Konzept deutlich über die reine Betrachtung von Verhaltensstandards hinaus und bezieht in breiterem Umfang kulturelle Werte, Normen und Praktiken mit ein. Abschließend werden die Kulturstandards benannt und nach Erklärungen für die typischen Verhaltensweisen in der historischen Entwicklung des Landes gesucht.

> Auf den Punkt gebracht: Kulturstandards erfassen für eine Kultur typische Ausprägungen menschlichen Wahrnehmens, Fühlens, Denkens und Handelns, wobei der Schwerpunkt auf den normativen Verhaltenserwartungen liegt. Sie werden auf Grundlage der Erhebung und Analyse von kritischen Interaktionssituationen abgeleitet.

4.2 Hauptergebnisse

4.2.1 Deutsche Kulturstandards

Das Wissen um die eigenkulturelle Prägung ist die Basis interkultureller Kompetenz und Voraussetzung dafür, in interkulturellen Begegnungssituationen angemessen und zielführend zu agieren. Wer sich gezielt mit seinen kulturgeprägten Verhaltensweisen auseinandersetzt, kann sich besser auf den fremdkulturellen Partner einstellen und sein eigenkulturelles Verhalten anpassen.

Die im folgenden Abschnitt geschilderten Kulturstandards sind Ergebnisse aus mehreren Studien im amerikanisch-deutschen, französisch-deutschen, tschechisch-deutschen und chinesisch-deutschen Kontrast. Sie wurden im Rahmen von interkulturellen Trainings der Psychologin Sylvia Schroll-Machl mit überwiegend akademisch gebildeten Fach- und Führungskräften identifiziert. Bei dem Abgleich mit Ergebnissen aus der Forschung des Regensburger Instituts, kristallisierte sich eine bestimmte Anzahl deutscher Verhaltensweisen heraus, die aus verschiedenen Blickwinkeln hervorstachen (Schroll-Machl 2007, S. 34). Es handelt sich dabei um die zentralen deutschen Kulturstandards Sachorientierung, Wertschätzung von Strukturen und Regeln, Internalisierte Kontrolle, Zeitplanung, Trennung von Persönlichkeits- und Lebensbereichen, schwacher Kontext als Kommunikationsstil sowie dem typisch westlichen Kulturstandard Individualismus mit entsprechend deutschen Facetten. Diese Standards bilden eine bestimmte spezifische Gestalt, wie ◘ Abb. 4.3 zum Zusammenhang der Kulturstandards zeigt.

Anschließend werden die deutschen Kulturstandards in ihrer alltäglichen Ausprägung näher erläutert. Dabei muss immer beachtet werden, dass es sich um ein typisches und durchschnittliches Verhaltensmuster handelt, welches den entsprechenden Normen und Standards folgt. Die Darstellung fokussiert Ausführungen der Autorin Schroll-Machl (2007, S. 49 ff.).

4.2 · Hauptergebnisse

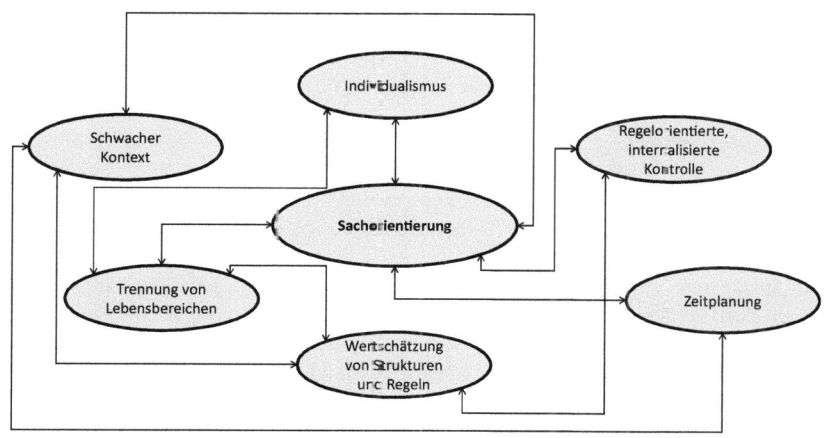

Abb. 4.3 Zusammenhangsstruktur deutscher Kulturstandards (Quelle: Eigene Darstellung)

- **Sachorientierung**

Deutsche agieren bei ihren geschäftlichen Kontakten bevorzugt auf einer Sachebene, im Gegensatz zu vielen anderen Nationen, die ihre berufliche Zusammenarbeit auf einer Beziehungsebene gründen. Während sich diese Verhaltensweise vorwiegend auf das Berufsleben beschränkt, orientieren sich Deutsche im privaten Lebensbereich auf zwischenmenschliche Beziehungen hin. Die Sachorientierung bezieht sich im Wesentlichen auf Aufgaben oder Ziele, die im Fokus der Akteure stehen. Sachliches Verhalten äußert sich darin, zielorientiert zu handeln, mit Fakten zu argumentieren, stets gut vorbereitet zu sein und alles schriftlich festzuhalten. Deutsche erstreben damit professionelles Verhalten. Professionalität wird ferner anhand des Expertenstatus (z. B. durch akademische Abschlüsse) einer Person festgelegt und Expertenaussagen werden in Deutschland hoch angesehen. Deutsche Chefs führen sachorientiert, d. h. Gespräche und Interaktionen mit Mitarbeitern beschränken sich ausschließlich auf berufliche Themen. Wenn zwei Kollegen gut zusammenarbeiten und sachlich harmonieren, d. h. sachliches Verhalten an den Tag legen und sich professionell geben, ist der Weg offen für die Beziehungsebene.

- **Wertschätzung von Strukturen und Regeln**

In Deutschland existieren zahlreiche Regeln, Vorschriften, Gesetze, Verordnungen, implizite Normen, kurzum Strukturen, die einer klaren und zuverlässigen Orientierung dienen. Sie werden geschaffen, um Kontrolle über unsichere Situationen zu haben, Risiken zu minimieren, Fehler und Störquellen prophylaktisch auszuschalten. Diese Strukturen kommen in allen Lebensbereichen zum Tragen. Sie werden strikt eingehalten und bei Verstößen sanktioniert. Im Privatbereich kommen Strukturen zum Tragen, die das gemeinschaftliche Leben regeln sollen. Hierzu zählen die Pflicht zur regelmäßigen Hausordnung, sowie Regeln zur Müllentsorgung, Vorschriften hinsichtlich der Mittags- und Sonntagsruhe, Parkverbot, Zutrittsverbote oder die Straßenverkehrsverordnung. Die Einhaltung dieser Regelungen wird z. B. vom Vermieter, Anwohnern, aber auch unbeteiligten Personen überwacht. Auch implizite Regeln wie Pünktlichkeit sind sehr geschätzt. Für das formelle Miteinanderumgehen werden gern verbindliche Verträge gemacht als Instrument für Berechenbarkeit und Sicherheit, wie z. B. Mietvertrag oder Leasingvertrag. Im Berufsalltag äußert sich die Wertschätzung von Strukturen und Regeln wie folgt: In einem Unternehmen hat jeder Mitarbeiter seinen Zuständigkeits- und Kompetenzbereich. Es wird erwartet, dass er die Aufgaben, für die er eingestellt wurde, erledigt. Bekommt der Mitarbeiter Anfragen außerhalb seines Sachbereichs, verweist er auf den entsprechenden Kollegen. Beispiele für deutsche Organisationsliebe sind standardisierte Firmenabläufe (z. B. Dienstreisebeantragung und -abrechnung), Arbeitsteilung, formalisierte Informationsflüsse (z. B. im Rahmen von Projektstatustreffen), Ablagesysteme und Lagerhaltung etc. Zur Kontrolle werden formelle Systeme angewendet wie schriftliche Ausführungen und Bestätigungen oder Zusagen. Der Kulturstandard äußert sich auch in einer Detailorientierung der Deutschen: Sie haben einen hohen Perfektionsanspruch, der mittels exakter und detaillierter Planungen bedient wird. Auch die Tatsache, dass Deutsche gut vorbereitet in Besprechungen und Verhandlungen gehen, spricht für ihre Präferenz, Probleme durch Regeln und Strukturen zu lösen.

- **Regelorientierte, internalisierte Kontrolle**

Der Verhaltensstandard der regelorientierten, internalisierten Kontrolle geht einher mit dem Wunsch der Deutschen nach Strukturen und Regeln sowie der Konzentration auf die Sache. Es wird erwartet, dass diesen Regeln Folge geleistet wird. Die Einhaltung der Regeln wird dabei gleichgesetzt mit Zuverlässigkeit. Internalisierte Kontrolle meint, dass Menschen von sich aus die an sie gestellten Erwartungen erfüllen. Man hält sich an vorgegebene Normen, wie z. B. nicht zu stehlen oder zur Arbeit zu gehen. Kommt es dennoch zu Verstößen, haben Deutsche Gewissenskonflikte. Wenn sie sich mit einer bestimmten Sache besonders identifizieren, dann nehmen sie gern eine Vorbildfunktion ein. Sie warten z. B. an einer roten Ampel, auch wenn kein Auto kommt, um Kinder zur Achtsamkeit im Straßenverkehr zu erziehen. Andere auf Fehler und Regelverletzungen hinzuweisen, ist ebenso eine Ausprägung dieses Standards. Die verinnerlichte Verpflichtung gegenüber den Strukturen soll ein gut funktionierendes Zusammenleben ermöglichen und auch der Gerechtigkeit dienen, denn alle werden gleich behandelt. Deutsche identifizieren sich mit ihren Tätigkeiten. Sie nehmen ihre Arbeit, Rollen und Aufgaben im Beruf sowie im Privaten und die entsprechende Verantwortung ernst. Das, was sie tun, wollen sie von sich aus gut machen und sind dabei konzentriert bei der Sache. Sie haben außerdem ein starkes Pflichtbewusstsein

4.2 · Hauptergebnisse

gegenüber dem Arbeitgeber, die Pflicht geht vor dem Vergnügen, unabhängig von persönlichen Befindlichkeiten. Weitere Ausprägungen des Standards im Berufsalltag sind: Sich an Kompetenzen und Rollen zu halten, Absprachen, Verträge oder Zusagen einzuhalten, Entscheidungen umzusetzen, Pläne exakt einzuhalten sowie zuverlässig und pünktlich zu sein. Auf Absprachen wird sich verlassen und kann jemand diese nicht einhalten, wird erwartet, dass derjenige rechtzeitig Bescheid gibt, damit eine Lösung gefunden werden kann.

- **Zeitplanung**

Deutsche sind versessen auf Zeitpläne und Termine und pochen auf deren Einhaltung. In allen Lebensbereichen werden Termine vereinbart: Im Beruf, in der Freizeit, beim Friseur, Arzt etc. Spontane Aktionen werden oftmals als unpassend und störend empfunden. Nach deutscher Ansicht ist Zeit ein kostbares Gut und sollte effektiv genutzt werden. Dazu dienen langfristige genaue Zeitplanungen. Hier besteht ein Bezug zum Kulturstandard Sachorientierung. Einerseits kommt der Deutsche aus Zeitgründen schnell zur Sache, andererseits hat er Respekt vor der wertvollen Zeit des Gesprächspartners. Pläne, Agenden, Tagesordnungen und terminliche Absprachen werden gemacht, um die Sache störungsfrei und termingerecht zu bewältigen. Dabei weichen sie nur bei gewichtigen Hindernissen ab. Deutsche planen und strukturieren aus der Überzeugung heraus, dass sich so die Aufgaben besser bewältigen lassen. Jeder trägt zum Gelingen der Sache bei und leistet sein Bestes. Deutsche motivieren sich dabei durch den Inhalt ihrer Aufgaben selbst (→ internalisierte Kontrolle). Deutsche planen vorausschauend, damit genug Zeit bleibt, etwas gründlich zu erledigen. Sie fühlen sich zudem durch einen realistischen Zeitplan beruhigt. Deutsche erledigen Aufgaben in der Regel nacheinander, denn eine gleichzeitige Bearbeitung wird häufig als Stress empfunden. Ein gutes Zeitmanagement, d. h. sich realistische Zeitfenster zu setzen und dieses diszipliniert einzuhalten, ist ein Marker für Professionalität. Es gilt erst die Arbeit zu erledigen, dann dem Vergnügen zu frönen. Kommt ein Deutscher zu spät zur Arbeit oder zum Arzttermin, muss er unbedingt rechtzeitig über seinen Verbleib informieren, denn berufliche und private Termine sind verbindlich, sonst gerät ein System durcheinander. Durch ihre Termintreue und Pünktlichkeit wird auch die Beziehungsebene gepflegt. Wenn sich jemand um zeitliche Zuverlässigkeit bemüht, erweist er sich dem anderen gegenüber rücksichtsvoll, da er ihm keine unnötigen Schwierigkeiten bescheren will. Unpünktlichkeit wird als Geringschätzung der Sache und der Person angesehen, zeitliche Zuverlässigkeit ist ein wesentlicher Faktor der Vertrauensbildung Zeit gilt als Symbol für die Wichtigkeit einer Sache oder Person, wichtigen Dingen und Personen wird Zeit gewidmet. Der Feierabend ist den Deutschen heilig. Abende und Wochenenden scheinen stets verplant, um die wenige Freizeit effektiv zu nutzen. Im Privatleben widmen Vielbeschäftigte ihre knappe Freizeit Menschen, die ihnen etwas bedeuten. Zeitplanung ist jedoch mehr als ein Ideal zu verstehen, welches selten erreicht wird. Müssen Pläne wegen Störungen angepasst werden, dann wird danach priorisiert, was zuerst erledigt werden muss. Das Priorisieren von Aufgaben ist dabei ein bedeutendes Werkzeug der Zeitplanung.

- **Trennung von Persönlichkeits- und Lebensbereichen**
Deutsche trennen die Arbeit strikt von ihrer Freizeit. Während der Arbeitszeit widmet sich der Deutsche konzentriert seinen Aufgaben. Nach Dienstschluss, am Wochenende oder im Urlaub entspannt er sich und sorgt für den Ausgleich zum Berufsalltag. Das Privatleben bleibt außen vor, daher wissen Kollegen kaum etwas voneinander, es sei denn es besteht über die berufliche Beziehung hinaus auch eine persönliche Freundschaft. Diese entstehen jedoch selten bei der Arbeit sondern vorwiegend bei Freizeitaktivitäten, z. B. in Sportvereinen. Bauen z. B. Chef und Mitarbeiter eine persönliche Beziehung auf, kann das nachteilig zur Zielerreichung der Sache sein, weil bei einer persönlichen Beziehung die Belange der Person beachtet werden, es fällt dann schwer Distanz zu wahren. Die starre Trennung zwischen Beruf und Privatleben ist auch normativ klar geregelt, z. B. durch die Arbeitszeiten. Im Berufsleben wird ein rationales Verhalten an den Tag gelegt, weil dies als professionell gilt und der Sache dient. Emotionale Befindlichkeiten werden auf Arbeit nicht gezeigt, denn aus der Rolle zu fallen, wird negativ bewertet. Weiterhin ist eine Trennung zwischen formellen und informellen Situationen erkennbar. Wichtige Angelegenheiten des Arbeitsalltags laufen in formellen Kanälen ab wie z. B. Meetings, Projekttreffen und Mitarbeitergespräche. Informelle Beziehungen am Arbeitsplatz spiegeln Sympathiebeziehungen wider, werden jedoch nicht genutzt um beruflich voran zukommen.

Eine Ausdifferenzierung des zentralen Kulturstandards der Trennung von Lebensbereichen stellt die Distanzregulierung dar. Die Wahrung der Distanz differiert in Abhängigkeit von der Person und deren Status, also ob sie ein Bekannter, Fremder, Kollege oder Freund ist und äußert sich z. B. durch die Anredeform. Im Umgang mit Fremden verhalten sich Deutsche zunächst reserviert und neutral, denn Abstand und Zurückhaltung gelten als höflich. Im Umgang mit flüchtigen Bekannten oder Kollegen verhalten sich Deutsche freundlich und entgegenkommend, es wird jedoch ein gewisser Abstand gewahrt, z. B. werden Gefühle nicht gezeigt. Jüngere Kollegen duzen sich, ältere Kollegen werden im Normalfall gesiezt als Geste der Achtung. Ein enger Kontakt besteht meist nicht auf diesem Level der Beziehung. Im Umgang mit näheren Bekannten und Freunden offenbaren Deutsche zunehmend ihre Persönlichkeit, ihre Einstellungen, Haltungen oder Probleme. Dennoch kann es sein, dass der Freund und Arbeitskollege in einer offiziellen Besprechung je nach Kontext wieder gesiezt wird, um zu zeigen, wie ernst beide ihre Rolle nehmen.

- **Schwacher Kontext als Kommunikationsstil**
Mit Kontext sind die Informationen gemeint, die zum Verständnis der Kommunikationssituation erforderlich sind, aber nicht gesagt werden. Ist der Anteil der nichtsprachlichen Botschaften hoch, ist die Rede von einem starken Kontext. Schwach ist

4.2 · Hauptergebnisse

er hingegen dann, wenn die ausgesprochenen Worte kaum weiterer Interpretationen bedürfen. Der Kommunikationsstil der Deutschen lässt sich nun wie folgt charakterisieren: Er ist explizit und direkt, d. h. auf den Inhalt kommt es an und nonverbale Aspekte werden in Gesprächen nicht eingesetzt. Die direkte Art des Stils kommt darin zum Ausdruck, dass er teilweise undiplomatisch ist und dennoch ehrlich und aufrichtig. Meinungen werden klar geäußert und ohne Umschweife auf den Punkt gebracht. Ehrlichkeit ist ein elementarer Baustein für eine vertrauensvolle Beziehung, daher halten Deutsche diese Art zu kommunizieren für glaubwürdig und im beruflichen Sinne für professionell, weil es zielführend und zeitsparend ist. Deutsche drücken sich präzise, klar und unmissverständlich aus. Umgekehrt hören sie auch nur klar ausgesprochene Worte und denken nicht daran, Botschaften zu entschlüsseln. Berufliche Informationen sind nicht im informellen Rahmen zu geben, denn dies widerspricht ihrem Umgang mit Zeit und der Vorliebe für formelle Strukturen. Deutsche bringen ihre Informationen gebündelt zum entsprechenden Tagesordnungspunkt der Besprechung oder als schriftliche Version an, da die Schriftform sehr geschätzt und als wichtig erachtet wird. Deutsche werden bei unangenehmen Botschaften oder Gesprächen oft konfrontativ erlebt, denn sie sprechen Fehler direkt an, äußern Kritik und analysieren Probleme. Sie wollen damit nicht verletzen, sondern auf Missstände aufmerksam machen und sehen dies unter einem sachlichen Aspekt, nämlich als Zeichen von Intelligenz und Sachverstand. Deutsche diskutieren gern und legen dabei logische Fehler, Irrtümer, Unklarheiten und Widersprüche offen. Sie äußern ein klares Nein, wenn sie etwas nicht wollen, um Missverständnisse zu vermeiden. Dieser Stil zeigt sich auch darin, dass Fehler einzelnen Personen zugeschrieben werden, welche sich daraufhin gezwungen sehen sich zu rechtfertigen und den genauen Tathergang zu schildern, um letztendlich nicht als inkompetent zu gelten. Deutsche können trotz alledem mit ihrer Meinung zurückhalten. Die direkte und explizite Art zu kommunizieren ist abhängig vom Kontext, dem hierarchischen Gefälle oder dem persönlichen Bezug der Gesprächspartner zueinander.

- **Individualismus**

Eine individualistische Haltung zeigt sich in der Betonung des Einzelmenschen. Die Unabhängigkeit einer Person von Gruppen, Organisationen oder anderen Kollektiven sowie Selbstständigkeit werden hoch geschätzt. Individualismus ist jedoch nicht mit Egoismus zu verwechseln. Das Verfolgen der eigenen Interessen geschieht stets im Einklang mit den jeweils umgebenden Menschen wie Familie oder Freunden. Mittels Gesetzen, Normen und Verordnungen werden auch die Angelegenheiten anderer gewahrt. Individualismus zeigt sich oft in Äußerlichkeiten wie das Tragen auffälliger Kleidung. Es geht dabei darum, sich von der Masse abzuheben und anders zu sein. Wichtig für Individualisten ist der Aspekt, dass moralisch und gesetzlich alle Menschen gleich behandelt werden. In individualistischen Kulturen wie Deutschland werden Kinder frühzeitig zu Eigenständigkeit erzogen. In der Schule können sie manche

Fächer selbst wählen, auch die Wahl des Studienfachs ist frei und ein Studium verlangt viel Selbstständigkeit und Selbstdisziplin. Die Bedeutung von Gruppen ist in Deutschland nicht sehr gewichtig. Gruppenmitgliedschaften sind prinzipiell freiwillig. Personen sind in sehr verbindlichen, intimen Gruppen wie die der Kernfamilie und dem engsten Freundeskreis und in weniger verbindlichen Kollektiven wie Sportgruppen oder sonstigen Freizeitgruppen integriert. Jugendliche verlassen früh das Elternhaus und entscheiden selbst über ihr Studium oder den Beruf, den Wohnort und wen und wann sie heiraten oder wann sie Kinder bekommen. Viele alte Menschen bevorzugen es, weiterhin in ihren Wohnungen zu bleiben, auch wenn die eigenen Kinder ausgezogen sind. Es wird als Verlust persönlicher Selbstbestimmung und des Selbstwertes gesehen, wenn eine Pflegebedürftigkeit einsetzt. Hilfe zu suchen gilt als Schwäche, denn es wird erwartet, dass sich ein Erwachsener selbst zurechtfindet. Im Berufsleben sind selbstständige, eigenverantwortlich handelnde Mitarbeiter für Unternehmen das angestrebte Ideal. Der Chef fühlt sich seinen Mitarbeitern gegenüber nicht fürsorgepflichtig. Die Arbeitssuche oder Personalauswahl geschieht ohne Beziehungen. Ein Deutscher verlässt sich grundsätzlich nicht auf andere, sondern er will selbst eine Grundorientierung haben, um mitreden und mitentscheiden zu können. Privatsphäre ist Deutschen wichtig, was deutlich wird durch das Einhalten und Erwarten eines körperlichen Mindestabstands zu anderen Personen oder Räumen für die individuelle Nutzung z. B. abschließbare Badezimmer. Schon bei Kindern wird auf deren Privatsphäre Wert gelegt, sie bekommen z. B. früh ihr eigenes Zimmer. Privatsphäre wird auch deutlich durch die Wahrung des Briefgeheimnisses, der Arbeitsplatz beinhaltet einen eigenen Tisch und ein Telefon, eigene abschließbare Fächer, evtl. sogar einen eigenen Raum zur persönlichen Ausgestaltung. Deutsche betrachten ihr Eigentum ebenso als Bestandteil ihrer Privatsphäre und verleihen und teilen nicht gern, z. B. ihr Mittagessen oder Snacks. Bei Restaurantbesuchen wird selbst unter Freunden die Rechnung von jedem selbst getragen als Symbol für Unabhängigkeit.

> **Auf den Punkt gebracht:** Kulturelle Verhaltensstandards bilden in ihrem Zusammenspiel ein System. Eine Erklärung für kritische Begegnungen und interkulturelle Konflikte ist daher fast immer unter dem Aspekt mehrerer Kulturstandards zu sehen.

4.2.2 Zentrale Kulturstandards ausgewählter Länder

Im folgenden Abschnitt werden weitere ausgewählte Ergebnisse der Kulturstandardforschung vorgestellt. Die Länder China, Frankreich, Russland, Ägypten und die USA werden hinsichtlich ihrer kulturspezifischen Facetten bestimmter Verhaltensmerkmale (◘ Abb. 4.4) miteinander verglichen.

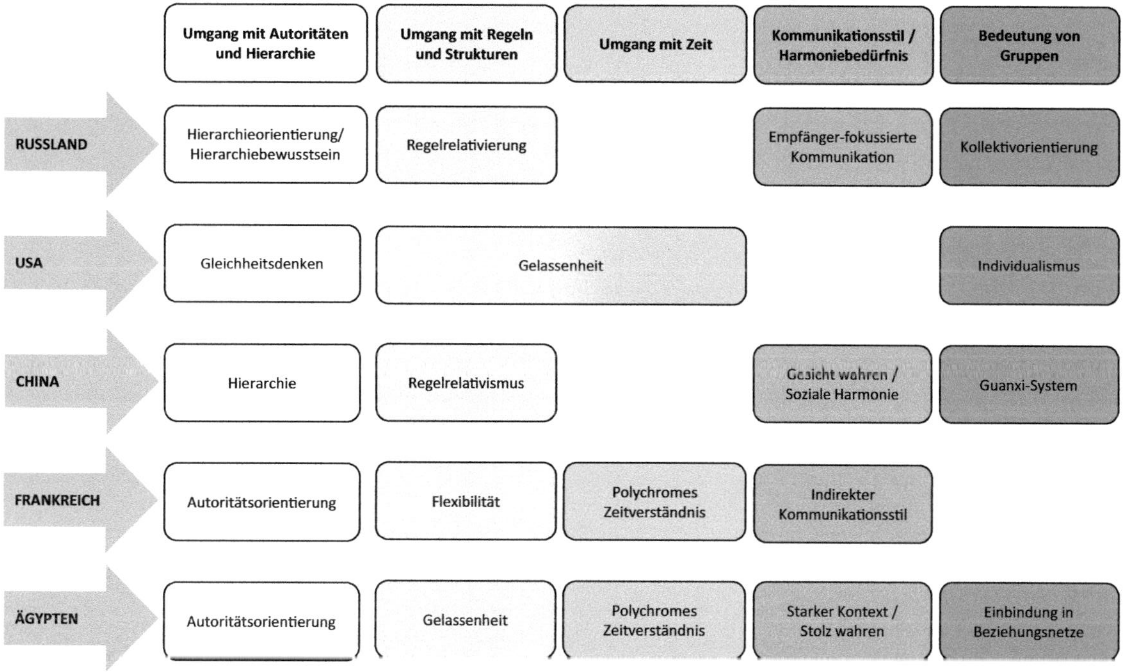

4.2 · Hauptergebnisse

	Umgang mit Autoritäten und Hierarchie	Umgang mit Regeln und Strukturen	Umgang mit Zeit	Kommunikationsstil / Harmoniebedürfnis	Bedeutung von Gruppen
RUSSLAND	Hierarchieorientierung/ Hierarchiebewusstsein	Regelrelativierung			Bedeutung von Gruppen
USA	Gleichheitsdenken		Gelassenheit	Empfänger-fokussierte Kommunikation	Kollektivorientierung
CHINA	Hierarchie	Regelrelativismus		Gesicht wahren / Soziale Harmonie	Individualismus
FRANKREICH	Autoritätsorientierung	Flexibilität	Polychromes Zeitverständnis	Indirekter Kommunikationsstil	Guanxi-System
ÄGYPTEN	Autoritätsorientierung	Gelassenheit	Polychromes Zeitverständnis	Starker Kontext / Stolz wahren	Einbindung in Beziehungsnetze

Abb. 4.4 Zentrale Kulturstandards ausgewählter Länder im Vergleich (Quelle: Eigene Darstellung in Anlehnung an Thomas et al. 2003b, S. 24ff., 103ff., 135ff., 171ff., 211ff.)

■ Kommunikation/auf Harmonie bedacht

In vielen Ländern Ostasiens ist der Kommunikationsstil durch implizite Signale, z. B. Gesten, Blicke, mit einem hohen Grad an indirekten Mitteilungen gekennzeichnet (Schroll-Machl 2007, S. 187). In China wird in der zwischenmenschlichen Kommunikation vor allem die soziale Harmonie gewahrt. Dabei ist die Vermeidung von Konflikten maßgeblich. Es wird Wert auf ein höfliches Verhalten im Umgang miteinander gelegt. Meinungsdifferenzen werden umgangen. Eine weitere Facette von Kommunikation in China bezieht sich auf die gesichtsbezogene Beziehungsarbeit. Sein Gesicht zu wahren und anderen Personen Gesicht zu geben, ist von enormer Bedeutung. Jeder Mensch hat ein Gesicht aufgrund von Prestige, Erfolg, Leistung oder Wohlstand. Gesichtsgebende Aktivitäten sind bedeutsamer als das eigene Gesicht zu wahren. In China wird einer Person ein Gesicht gegeben, indem man ihr vor den Augen anderer Komplimente macht und die vollbrachten Leistungen hervorhebt. Diese Maßnahmen sind besonders erfolgreich, wenn der Gesichtsgeber einen höheren sozialen Status hat. Wer nicht in der Position ist Gesicht zu geben, läuft Gefahr sein eigenes Gesicht zu verlieren und fühlt sich dadurch gedemütigt (Thomas et al. 2003b, S. 182 ff.).

In Frankreich werden mündliche Botschaften implizit und indirekt mitgeteilt. Dem Zuhörer wird abverlangt, Aussagen durch eigenes Mit- und Weiterdenken zu ergänzen, die Botschaften stecken im Ungesagten. Bei der Interpretation der Botschaft müssen die aktuelle Situation, der Kontext des Themas, die Haltung des Gesprächspartners, seine nonverbalen Signale, die gemeinsame Vorgeschichte, der Bildungshintergrund und die Erfahrungen mit einbezogen werden. Es wird auch erwartet, dass sich der Gegenüber die erforderlichen Informationen selbst beschafft, die sogenannte Informations-Holschuld. Benachrichtigungen, Erklärungen oder Begründungen erfolgen nur auf Nachfrage (Thomas et al. 2003b, S. 28 ff).

Russen kommunizieren Empfänger-fokussiert und orientieren sich dabei stark an den Empfindungen und Erwartungen des Gesprächspartners. Besonders auf der Beziehungsebene fällt es ihnen schwer Absagen zu erteilen oder zu empfangen. Sie fühlen für den anderen und mit ihm. Sie vermeiden es, Kritik oder ihre Meinung direkt zu äußern oder jemandem etwas abzuschlagen. Absagen erfolgen sehr spät oder gar nicht, um unangenehme Situationen zu vermeiden. Das Gebot der Kommunikation in Russland ist absolute Höflichkeit gegenüber jedem Gesprächspartner (Thomas et al. 2003b, S. 107).

In Ägypten dominieren, ähnlich wie in China und Russland, nonverbale Elemente die Kommunikation. Der Anteil des explizit Gesagten ist relativ gering. Kontext, Ton und Körpersprache spielen eine bedeutende Rolle für das Verstehen der Aussage. Charakteristisch in Kommunikationssituationen sind aufgeregtes Gestikulieren und lautes Sprechen sowie der Wechsel zwischen freundschaftlichem Plaudern und dramatischen Ausbrüchen (Thomas et al. 2003b, S. 217).

Im Kontrast dazu und ähnlich zu Deutschland, dominiert in den USA ein direkter Kommunikationsstil (*straightforwardness*), welcher mehr lösungs- und konfliktorientiert sowie zu Lasten der Harmonie praktiziert wird.

4.2 · Hauptergebnisse

- **Umgang mit Regeln und Strukturen**

Nach konfuzianischer Lehre ist es nicht möglich ein Volk mit festgeschriebenen Gesetzen zu beherrschen, denn es kommt nur auf die Moral und den Charakter des Herrschenden an. In China haben Regeln keinen großen Status, sie müssen in ihrem Kontext interpretiert und flexibel an veränderte Situationen angepasst werden. Für eine gute, tragfähige Geschäftsbeziehung ist der Aufbau einer persönlichen Bindung wichtiger als Regelungen oder Verträge (Thomas et al. 2003b, S. 181).

Der Umgang mit Regeln und Strukturen in den USA spiegelt sich im Kulturstandard der Gelassenheit wider. Wenn es nicht wichtig erscheint, werden Planungen nicht bis ins letzte Detail aufgestellt. Mit Störungen gehen Nordamerikaner flexibel und gelassen um, da sie keine detaillierten Handlungspläne verwenden. Das ermöglicht Nachbesserungen und Änderungen. Bei Problemen wird das Augenmerk auf mögliche Lösungswege gelegt statt auf Diskussionen und der Analyse der Störungsursache. Charakteristisch für den Umgang mit Regeln und Strukturen ist auch das Prinzip des *trial and error*. Amerikaner sind risiko- und entscheidungsfreudig und bewältigen Schwierigkeiten gelassen durch Kreativität und Spontanität (Thomas et al. 2003b, S. 138)

- **Zeitmanagement bzw. Umgang mit Zeit**

In Frankreich ist es üblich mehrere Handlungsstränge gleichzeitig zu verfolgen, denn flexible, simultane Organisation von Handlungen gilt als effizient. Dabei sind die Handlungen nicht abhängig von der Planung, sondern von den aktuell werdenden Anforderungen und der damit einhergehenden Prioritätenverschiebung. Wichtigstes Kriterium für die Prioritätensetzung ist die Person, für die die Aufgabe erledigt wird. Personen, die am wichtigsten und mächtigsten sind und am meisten auf die Ausführung drängen, werden bevorzugt. Festgelegte Termine sind nur eine grobe Orientierung und werden dann eingehalten, wenn die Realität es erlaubt und die Dringlichkeit eines Termins spürbar ist (Thomas et al. 2003b, S. 34 f.).

Simultanität, Spontanität und Improvisation beschreiben den Umgang mit Zeit in Ägypten. Hier werden, ähnlich zu Frankreich, mehrere Dinge gleichzeitig erledigt oder gar mehreren Berufen zur gleichen Zeit nachgegangen. Ägypter leben im Hier und Jetzt, daher werden Termine nicht langfristig geplant und gelten nicht als verbindlich. Entscheidend ist der Wichtigkeitsgrad des Termins. Durch ihre religiöse Orientierung glauben sie daran, dass das Schicksal der Menschen und die Zeit in Gottes Hand liegen (Thomas et al. 2003b, S. 215).

- **Umgang mit Autoritäten und Hierarchie**

Die Orientierung auf Autorität und Hierarchie spielt in vielen Kulturen eine bedeutende Rolle. In China kommt jedem Individuum ein bestimmter Platz in der Gesellschaft zu. Bei Gesprächen werden gleich zu Beginn Fragen gestellt oder Visitenkarten ausgetauscht, die Aufschluss über die gesellschaftliche Position des Gesprächspartners geben. Die Menschen zeigen Respekt vor den Älteren und Höhergestellten, dies trifft auch auf das Vorgesetzter-Mitarbeiter-Verhältnis zu. In der Rangordnung hoch stehenden Personen kommen zudem weitere Privilegien und Statussymbole zu und sie dürfen keinesfalls kritisiert werden. Hierarchische Beziehungen spiegeln sich auch in der Sitzordnung wider. Der Ehrenplatz in der Mitte mit Blick nach Osten oder zum Eingang wird für den Gast mit dem höchsten sozialen Status vorgesehen (Thomas et al. 2003b, S. 174 f.).

In Frankreich ist Macht durch hierarchische Strukturen festgelegt. Die Entscheidungsmacht ist stark in der Hierarchiespitze konzentriert, Beschlüsse werden von ihr allein getroffen und nur auf Nachfrage begründet. Meetings mit Mitarbeitern dienen vorrangig der informellen Kommunikation und dem Sammeln von Informationen. Es wird von den Entscheidern oder entsprechenden Vertretern als Aufgabe gesehen Mitarbeiter durch direkten Kontakt zur Ausführung von Beschlüssen zu bewegen und sie dabei zu kontrollieren. Die Trennung zwischen dem Management und der ausführenden Ebene wird strikt eingehalten, was viele Hierarchieebenen notwendig macht (Thomas et al. 2003b, S. 35 ff.).

In Russland gibt es klar einzuhaltende Über- und Unterordnungsverhältnisse. Hierarchie ist an Positionen und Personen gebunden. Die Position hat sogar Vorrang vor dem Experten. Vorgesetzte werden respektiert und ihre Autorität niemals angetastet, unabhängig von ihrer fachlichen Kompetenz. Verhandlungen in Russland werden jedoch durch fachlich geeignete Personen geleitet, operative Entscheidungen treffen hingegen ausschließlich hierarchisch wichtige Personen (Thomas et al. 2003b, S. 106).

Die USA unterscheiden sich von Russland hinsichtlich der Konzentration auf Autorität und Hierarchie. In den Vereinigten Staaten von Amerika werden Chancengleichheit und damit verbundene Möglichkeiten für Aufstieg und Karriere angestrebt. Es herrscht ein Bemühen um gleichgestellte Beziehungen und der soziale Status einer Person spielt dabei keine Rolle. Amerikaner lehnen die Unterwerfung unter Autoritäten ab, sie legen Wert auf Überzeugung statt Macht und Zwang (Thomas et al. 2003b, S. 136 f.).

In Ägypten orientieren sich die Menschen an konkreten Autoritätspersonen. Der Vater, der Chef, der Präsident sind Repräsentanten von Hierarchie. Der Chef zeigt sich nicht nur verantwortlich für die Arbeitsverhältnisse seiner Angestellten sondern auch für ihre persönlichen Probleme. Mitarbeiter zeigen kaum Eigeninitiative, da Eigenschaften wie Kreativität und Selbstständigkeit keine bedeutenden Werte darstellen und das Ausbildungssystem in Ägypten auf Auswendiglernen und Kopieren basiert. Ägypter wollen nicht den Stolz der Autoritätsperson verletzen und gehen daher Konflikten lieber aus dem Weg (Thomas et al. 2003b, S. 216).

▪ Bedeutung von Gruppen

Die Gruppenorientierung als Grundprinzip spielt in China eine zentrale Rolle und drückt sich in intensiver Gestaltung und Pflege interpersonaler Beziehungen aus. Ohne ein funktionierendes Beziehungsnetz (*Guanxi*) ist es vor allem für Fremde kaum möglich tätig zu werden. Die Gestaltung von Beziehungen setzt eine Beziehungsdifferenzierung zwischen Innen und Außen voraus. Es wird nach denen differenziert, die auf der eigenen Seite stehen und jenen, die nicht zum eigenen Personenkreis gehören. Im inneren Personenkreis wird nochmals differenziert nach Familie, engen Freunden, Vertrauten oder Bekannten. Ihnen gegenüber werden eigene Interessen zurückgestellt und selbstlos geholfen. Es zählt zur Beziehungsgestaltung, externe Personen für den inneren Kreis zu gewinnen. Dies geschieht durch Umwerben der Person mittels Essenseinladungen oder Geschenken, gegenseitigen Hilfeleistungen oder sonstigen Gefälligkeiten. Ein Beziehungsnetz beruht auf Gemeinsamkeiten wie einer gemeinsamen Abstammung, des Besuches der gleichen Universität oder gemeinsamen Bekannten. Eine weitere Facette der Orientierung am Kollektiv in China ist das *Danwei*. Ein *Danwei* ist jede größere Einheit, in der die Menschen ein Gemeinschaftsgefühl entwickeln. Hier laufen alle wirtschaftlichen, gesellschaftlichen und politischen Fäden zusammen. Ein *Danwei* hat eine stark identitätsstiftende Bedeutung für die jeweiligen Mitglieder und garantiert ein soziales Sicherungssystem. Das Kollektiv hilft bei der Wohnungsvergabe, Beförderung, Altersvorsorge, Kindergartenplatz oder der Erlaubnis Kinder zu bekommen (Thomas et al. 2003b, S. 175 ff.).

In Russland ist die Gruppenmitgliedschaft identitätsstiftend hinsichtlich Meinungen, Einstellungen und Werten. Sie sind stabil, langlebig und die Menschen ordnen ihre individuellen Ziele und Bedürfnisse den Gruppenzielen unter. Es herrschen vorwiegend ein Gemeinschaftssinn und eine starke emotionale Verbundenheit zur Gruppe. Außenstehende werden auf Distanz gehalten. Russen streben nicht nach Unabhängigkeit, sondern wechselseitiger Abhängigkeit und unterstützen sich gegenseitig gern. Über Gruppengrenzen hinweg ist es jedoch schwierig Kontakte zu knüpfen (Thomas et al. 2003b, S. 104 f.).

In Ägypten sind die Menschen in soziale Beziehungsnetze (*Wastaa*) eingebunden, die ihnen Rechte und Pflichten zuteilwerden lassen und ein Gefühl von Sicherheit bieten. *Wastaa* entsprechen dabei in ihrer Rolle ungefähr den *Guanxi* in China. Durch Beziehungen der Familie, Freunde und Bekannte kommen Ägypter schneller ans Ziel, weshalb diese Netzwerke im Vordergrund stehen und gut gepflegt werden (Thomas et al. 2003b, S. 213 f.).

Eine geringe Identifizierung mit Gruppen ist charakteristisch für die USA. Es gilt das Prinzip des Nicht-Einmischens in die Angelegenheiten anderer. In dieser Kultur werden Selbstverantwortung, Eigeninitiative und Selbstständigkeit hoch geschätzt. Der Amerikaner fühlt sich für sein Leben selbst verantwortlich, Probleme werden eigenständig in die Hand genommen und er möchte frei in seinen Entscheidungen sein. In Besprechungen werden alle individuellen Meinungen fair berücksichtigt, jeder soll und will sich einbringen. In Teams werden Einzelleistungen herausgestellt (Thomas et al. 2003b, S. 139 f.).

4.3 Anwendungsfelder und kritische Würdigung

4.3.1 Anwendungsfelder

Die Ergebnisse der Kulturstandardforschung wurden zunächst in interkulturellen Wirtschaftstrainings mit dem Ziel der Sensibilisierung und Vorbereitung auf die Zusammenarbeit mit Personen einer fremden Kultur verwendet (Thomas et al. 2003a, S. 30). Weitere unterschiedliche, in der interkulturellen Psychologie entwickelte Trainings werden außerdem zur Förderung interkultureller Handlungskompetenz eingesetzt (Yoosefi und Thomas 2003, S. 10). Im Folgenden werden interessante Anwendungsfelder des Kulturstandardkonzeptes vorgestellt.

- **Anwendungsfeld Kulturspezifische Trainings**

Die Kulturstandardmethode wird im Rahmen von kulturspezifischen interkulturellen Trainings genutzt. Aufbauend auf dem Trainingskonzept des Kulturassimilators (▶ Abschn. 1.3.2) sind in der Buchreihe *Handlungskompetenz im Ausland* Trainingsmaterialien zur Vorbereitung auf einen beruflichen Arbeitseinsatz für mittlerweile 40 Länder (die neuesten zu Bolivien (2015) und Griechenland (2014)) erschienen.

Das folgende Beispiel stellt den Aufbau eines Kulturassimilators dar, in welchem zur Erklärung typischer Interaktionssituationen Kulturstandards herangezogen werden.

Beispiel: Auszug einer kulturspezifischen Trainingssituation
Situation
Frau Schwarz bittet die japanischen Mitarbeiter der IT-Abteilung die Speicherkapazität ihres Computers zu erhöhen. Zuerst erhält sie gar keine Antwort. Auf ihre Nachfrage, ob man wirklich nichts tun könne, antwortet der zuständige Mitarbeiter Herr Sumamoto nur, dass die Erhöhung der Speicherkapazität schwierig sei. Frau Schwarz fragt, was schwierig bedeute und was sie jetzt tun könne, da sie wirklich mehr Speicher brauche. Herr Sumamoto verändert daraufhin etwas an ihrem Computer, sodass sie zwar besser arbeiten kann, aber die Speicherkapazität erhöht er dadurch nicht. Er sagt ihr, dass sie sich ja noch einmal melden könne, wenn sie in Zukunft immer noch Probleme habe.
Wie erklären Sie sich Herrn Sumamotos Verhalten?

Deutungen der Situation
a. Herr Sumamoto kann nicht Nein sagen. Deswegen reagiert er ausweichend.

   sehr zutreffend   eher zutreffend   eher nicht zutreffend   nicht zutreffend

b. Herr Sumamoto will bei Frau Schwarz keine Ausnahme machen, da er befürchtet, dass andere Mitarbeiter dann auch um eine Aufrüstung ihrer Computer bitten.

   sehr zutreffend   eher zutreffend   eher nicht zutreffend   nicht zutreffend

4.3 • Anwendungsfelder und kritische Würdigung

c. Herr Sumamoto kann Frau Schwarz nicht leiden und zeigt ihr das subtil.

   sehr zutreffend   eher zutreffend   eher nicht zutreffend   nicht zutreffend

d. Die Aufrüstung des Computers ist nicht möglich. Frau Schwarz' Bitte direkt abzulehnen, wäre aber sehr unhöflich und könnte ihre Gefühle verletzen.

   sehr zutreffend   eher zutreffend   eher nicht zutreffend   nicht zutreffend

Erläuterung
In Japan wird ein indirekter, Gesicht wahrender Kommunikationsstil angewandt. Die Aufrüstung des Computers ist nicht möglich. Frau Schwarz eine direkte Absage zu erteilen, würde eine peinliche Situation bedeuten, bei welcher sie ihr Gesicht verlieren könnte.
Quelle: Auszug aus Beruflich in Japan (Petzold et al. 2013, S. 37 ff.)

- **Anwendungsfeld Erfahrungsorientierte Trainings**

Auch im Rahmen anderer interkultureller Trainings, die nicht auf einen Arbeitseinsatz im Ausland vorbereiten sollen, wird auf Kulturstandards zurückgegriffen.

Beispiel: Trainings zum Umgang mit Diskriminierung und Toleranz
Zum Umgang mit Diskriminierung und Toleranz werden präventiv kulturübergreifende oder kulturspezifische erfahrungsorientierte Trainings angewandt. Im Rahmen eines solchen Trainings finden Rollenspiele statt, die auf bestimmte Unterschiede der Fremdkultur aufmerksam machen. Den Teilnehmern wird Gelegenheit gegeben ihr Verhalten in kritischen interkulturellen Situationen anzupassen. Nach jedem Rollenspiel werden die Beobachtungen und Empfindungen der Teilnehmer ausgewertet. Anschließend finden weitere Spielrunden mit angepasstem Verhalten statt. Der Effekt der Übung besteht darin, Wissen um eigene und fremde Kulturstandards sowie Handlungsstrategien im Umgang mit Mitgliedern der fremden Kultur zu entwickeln (Beelmann und Jonas 2009, S. 463).

4.3.2 Kritische Würdigung

In diesem Abschnitt werden Nutzen und Grenzen der Kulturstandardforschung im Überblick zusammengefasst.

- **Nutzen des Kulturstandardkonzeptes**

Zentrale Kulturstandards und entsprechende typische Interaktionssituationen werden als Ausgangsmaterial für interkulturelle Trainings verwendet und haben das Ziel, für das eigene und fremde Orientierungssystem zu sensibilisieren. Sie dienen als Mittel zur Selbst- und Fremdreflexion in interkulturellen Lernprozessen. Durch das Konzept der Kulturstandards lassen sich Kulturen differenzierter und spezifischer betrachten, da jeweils unterschiedliche Standards generiert werden. Es kann helfen, die Verhaltensweisen oder die Mentalität Kulturangehöriger fremder Orientierungssysteme zu verstehen. Sie ermöglichen außerdem eine erste Orientierung in neuen interkulturellen Begegnungssituationen. Die Brauchbarkeit des Kulturstandardkonzeptes besteht darin, dass die Kulturstandards lebensnah strukturiert und leicht verständlich sind, sie sind übersichtlich und einfach zu merken. Typische kulturelle Verhaltensweisen sollten jedoch nicht als gegeben hingenommen, sondern durch eigene Erfahrungen mit Angehörigen der anderen Kultur differenziert und erweitert werden (Thomas et al. 2003b, S. 19 ff.).

- **Grenzen des Kulturstandardkonzeptes**

Am Konzept der Kulturstandards wird vor allem kritisiert, dass die Komplexität einer Kultur auf wenige Merkmale reduziert wird (ca. sieben Verhaltensstandards einer Kultur). Dieser Aspekt unterstützt das Denken in Stereotypen, was zu Verzerrungen in der Wahrnehmung einer Kultur führen kann (Kühnel 2014, S. 59). Der Urheber der Kulturstandardforschung Thomas selbst räumt ein, dass sich mittels Verhaltensstandards nicht die Gesamtheit einer Kultur beschreiben lässt (Thomas 2003a, S. 30). Kulturstandards sind die vereinfachte und reduzierte Darstellung einer Kultur, innerhalb jener jedoch individuelle, regionale und auch altersbedingte Unterschiede existieren. Verallgemeinerungen wie kulturelle Standards sind Aussagen über vorherrschende Tendenzen in einer nationalen Gruppe und keine über Einstellungen und Verhaltensweisen einzelner Kulturangehöriger. Eine kulturelle Identität ist stets ergänzend zur individuellen Identität zu verstehen (Schroll-Machl 2007, S. 31). Die entwickelten Kulturstandards bilden einen Ausschnitt aus der Vielzahl möglicher Verhaltensweisen, die für Kulturbegegnungen im jeweiligen Land typisch sind (Thomas et al. 2003b, S. 20). Neben kulturellen Faktoren in interkulturellen Begegnungssituationen sind gleichzeitig persönlich-individuelle und situativ-strukturelle Faktoren wirksam. Daher sollten Kulturstandards nicht als die ganze Wahrheit gesehen werden (Schroll-Machl 2007, S. 32). Die Kulturstandardforschung ist hauptsächlich im deutschsprachigen Raum verbreitet und wurde nicht in andere Sprachen übersetzt (Ang-Stein 2015, S. 122), was einen konstruktiven Austausch über das Konzept erschwert. Zudem ist die Erhebungsmethode der narrativen Interviews als problematisch anzusehen, da es sich z. B. in Gesicht wahrenden Kulturen wie China schwierig gestaltet, kritische Situationen zu erheben (Krewer 2003, S. 159).

> **Auf den Punkt gebracht: Der Nutzen des Kulturstandardkonzeptes besteht in folgenden Aspekten:**
> - Kulturstandards sind als Orientierungshilfe verwendbar.
> - Mittels Kulturstandards kann sich der Anwender Wissen über das fremdkulturelle Orientierungssystem aneignen.
> - Mit Blick auf Kulturstandards lässt sich fremdartig wirkendes Verhalten des Interaktionspartners erklären.
> - Kulturstandards ermöglichen es, eigenes Verhalten zu reflektieren.

4.4 Lern-Kontrolle

Kurz und bündig

Kulturstandards stellen anders als die **IBM-Studie** und das **GLOBE-Projekt** einen qualitativen Forschungszugang zum Phänomen Kultur her. Ausgehend von der deutschen Kultur und ihren Merkmalen werden insbesondere durch die Methode der *critical incidents* und einer inhaltsanalytischen Auswertung Merkmale anderer Kulturen erhoben. Dies führt zwar zum einen dazu, dass sich die jeweiligen Aussagen über mehrere Kulturen nicht immer unmittelbar vergleichen lassen. Zum anderen können durch diese Herangehensweise aber individuelle Merkmale von Kulturen ausgearbeitet werden, die durch den universalistischen Ansatz der im Vorfeld behandelten Studien nicht abgedeckt werden können. Neben der Generierung von Kulturstandards werden diese auch in einem kulturhistorischen Kontext eingebettet und durch Aufstellen einer Zusammenhangsstruktur können dominante Merkmale einer Kultur und ihre Wechselwirkungen abgeleitet werden. Durch diesen kulturspezifischen Ansatz eignen sich Kulturstandards hervorragend als Trainingswerkzeug zur Vorbereitung eines Auslandseinsatzes oder dem Aufbau von interkultureller Handlungskompetenz beispielsweise in Form von Kulturassimilator-Trainings.

? Let's check
1. Wie werden Kulturstandards erhoben?
2. Welche sind die zentralen deutschen Kulturstandards?
3. Finden Sie, ausgehend vom Text, Beispiele für den Zusammenhang deutscher Kulturstandards!
4. Bei welchen typisch deutschen Verhaltensweisen könnte es Probleme in der interkulturellen Zusammenarbeit geben? Gehen Sie dabei auf die vorgestellten Länder ein.
5. Nennen Sie zentrale Kritikpunkte am Konzept der Kulturstandards!

? Vernetzende Aufgaben
1. Fallstudie: Warum kündigt die chinesische Mitarbeiterin nachdem sie Kritik von Frau Meier erhält? Argumentieren Sie mit dem Kulturstandardkonzept nach Thomas.
2. Welche Ähnlichkeiten weisen die Kulturdimensionen und ihre Ausprägung in Deutschland nach Hofstede (▶ Kap. 2) zu Merkmalen der zentralen deutschen Kulturstandards auf?

🛈 Lesen und Vertiefen
- Thomas, A., Kinast, E.-U., & Schroll-Machl, S. (Hrsg.). (2003a). *Handbuch Interkulturelle Kommunikation und Kooperation. Band 1: Grundlagen und Praxisfelder.* Göttingen: Vandenhoeck&Ruprecht.

Zur Aneignung von Wissen um spezifische Verhaltensweisen anderer Länder und als Selbsttraining zur Vorbereitung auf einen fremdkulturellen Arbeitseinsatz, ist diese Publikation (ebenso wie der in der Literatur aufgeführte Band 2) zu empfehlen.

- Schroll-Machl, S. (2007). *Die Deutschen-Wir Deutsche. Fremdwahrnehmung und Selbstsicht im Berufsleben.* Göttingen: Vandenhoeck&Ruprecht.

Zur Selbstreflexion der deutschen Kultur und der Ausdifferenzierungen zentraler Kulturstandards sowie ihrer kulturhistorischen Verankerung lohnt es sich, diese Publikation anzuschauen.

Alternative Erklärungsmodelle: Von der Prägung durch Institutionen

Rainhart Lang und Nicole Baldauf

5.1 Ansatz der Nationalen Geschäftssysteme: Managementunterschiede durch unterschiedliche nationale Institutionsmuster – 107
5.1.1 Theoretische Grundlagen – 107
5.1.2 Zentrale Befunde zu nationalen Geschäftssystemen – 112
5.1.3 Anwendungsfelder – 114
5.1.4 Zentrale Kritikpunkte – 116

5.2 Institutionensoziologischer Ansatz: Ähnlichkeiten durch Nachahmung und Institutionentransfer – 117
5.2.1 Theoretische Grundlagen – 118
5.2.2 Empirische Befunde zum Transfer von Managementpraktiken – 122
5.2.3 Zentrale Kritikpunkte – 124

5.3 Lern-Kontrolle – 124

R. Lang, N. Baldauf, *Interkulturelles Management*, Studienwissen kompakt,
DOI 10.1007/978-3-658-11235-6_5, © Springer Fachmedien Wiesbaden 2016

Lern-Agenda

Nachdem in den letzten drei Kapiteln vor allem Ansätze besprochen wurden, die sich mit kulturbedingten Unterschieden zwischen verschiedenen Ländern oder Gesellschaften beschäftigt haben, konzentriert sich das folgende Kapitel auf Ansätze, die die zentralen Unterschiede aber auch Ähnlichkeiten für Managementstrukturen und Managementhandeln in Organisationen durch das jeweils unterschiedliche Institutionengefüge erklären. Darunter werden in der Gesellschaft über einen längeren Zeitraum unterschiedlich historisch gewachsene gesellschaftliche Strukturmuster verstanden, die zwar mit bestimmten Werten in Verbindung stehen, jedoch eine eigenständige Existenz, Entwicklung und Wirkung aufweisen, wie z. B. das Bildungssystem eines Landes, die Strukturen und Regeln von Arbeits- oder Finanzmärkten oder die Besonderheiten des jeweiligen Rechtssystems.

Im ▶ Abschn. 5.1 wird das Konzept der nationalen Geschäftssysteme (*National Business Systems*) erläutert, bei dem das Schwergewicht auf landes- bzw. regionenspezifischen Mustern der zentralen Institutionen der Wirtschaft liegt. Das Konzept wird in seinen Grundzügen dargestellt und mit dem parallel entwickelten Ansatz zur Analyse der unterschiedlichen Erscheinungsformen kapitalistischer Gesellschaften (*Varieties of Capitalism*) verglichen. Das Konzept der nationalen Geschäftssysteme wird abschließend beispielhaft in seinen Wirkungen auf das Personalmanagement dargestellt.

Während im ersten Teilkapitel vor allem Unterschiede, aber auch regionenspezifische Gemeinsamkeiten zwischen solchen Institutionenmustern herausgestellt werden, konzentriert sich das ▶ Abschn. 5.2 auf die Erklärung von Ähnlichkeiten und die Übertragung von Institutionensystemen bis hin zu institutionellen Elementen wie einzelnen Managementstrukturen und -instrumenten über Ländergrenzen hinweg. Dazu werden die zentralen Argumente einer ökonomischen und insbesondere einer soziologischen Begründung des Institutionentransfers vorgestellt. Den Schwerpunkt bilden Mechanismen der Übertragung von gesellschaftlichen Institutionen wie auch Managementstrukturen und -praktiken sowie die dadurch ausgelösten Probleme. Das Kapitel insgesamt verfolgt das Ziel, Ihnen ergänzende bzw. alternative Deutungsmuster für länderübergreifende Ähnlichkeiten und Unterschiede in Managementstrukturen und Managementpraktiken aufzuzeigen.

Alternative Erklärungsmodelle: Von der Prägung durch Institutionen

Nationale Geschäftssysteme, Merkmale, Typen, Unterschiede zu ähnlichen Konzepten, empirische Befunde, Auswirkungen auf das Management am Beispiel des Personalmanagements, Kritikpunkte	▶ Abschn. 5.1
Zentrale Aussagen des institutionensoziologischen Ansatzes zur Verbreitung von Institutionen im Bereich des Managements durch Transfer von Managementkonzepten und -praktiken, Theoretische Grundlagen und empirische Befunde, Kritikpunkte	▶ Abschn. 5.2

5.1 Ansatz der Nationalen Geschäftssysteme: Managementunterschiede durch unterschiedliche nationale Institutionsmuster

Der Ansatz der nationalen Geschäftssysteme beruht zunächst auf der Annahme, dass es trotz einer zunehmenden Internationalisierung und **Globalisierung** nach wie vor erhebliche Unterschiede im Management zwischen den Ländern gibt.

» „Trotz zahlreicher Behauptungen über eine wachsende Konvergenz und Globalisierung von Managementstrukturen und -strategien unterscheidet sich die Art und Weise wie ökonomische Aktivitäten organisiert und kontrolliert werden erheblich." (Whitley 1999, S. 3)

5.1.1 Theoretische Grundlagen

Das Konzept der nationalen Geschäftssysteme (*National Business Systems*) versucht, die Unterschiede in den Managementkonzepten und -praktiken zwischen verschiedenen Ländern aus den unterschiedlichen Institutionen eines Landes zu erklären. Institutionen sind aus dieser Sicht kognitive, normative und regulierende Strukturen und Aktivitäten im gesellschaftlichen Leben, die dem sozialen Verhalten Stabilität und Sinn verleihen und unhinterfragte Geltung erlangen. Kognitive Strukturen sind dabei dominierende Weltbilder, Klassifikationen, Kategorien oder Schemata, die die Wahrnehmung und Wissensverarbeitung steuern. Normative Strukturen sind **Werte** oder **Normen**, die das Wahrgenommene bewerten und dieses in gut oder schlecht, wichtig und unwichtig differenzieren. Regulierende Strukturen sind alle Regeln, die das darauf aufbauende Verhalten in bestimmte Richtungen zu lenken versuchen.

Beispiel: Institutionen
Institutionen sind per Definition zunächst alle Regeln und Normen, z. B. rechtliche Regeln im Arbeits- oder Wirtschaftsrecht, Verträge aller Art, technische Standards und Normen sowie Normensysteme (z. B. DIN oder ISO), Bildungsstandards, Organisationsformen mit ihren aufbau- und ablauforganisatorischen Regelungen, aber auch Sprache, Verhaltensregeln (z. B. Knigge), oder entsprechende Leitbilder und Kodizes von Berufsgruppen sowie Organisationen, Sitten und Gebräuche (z. B. religiöse Regeln und Rituale).
Weiterhin können auch Organisationen und Management selbst als Institution betrachtet werden. So kann die Kirche als religiöse Institution mit entsprechenden spezifischen Regeln angesehen werden. Gerichte sind Institutionen des Rechts, Universitäten und Schulen werden oft als Bildungsinstitutionen bezeichnet, Behörden können als Institutionen der staatlichen Verwaltung und Vereine als Institutionen des Gemeinschafts ebens analysiert

werden. Typische Managementinstitutionen sind Geschäftsführungen, Aufsichtsräte oder Beiräte, aber auch Mitarbeitervertretungen wie im deutschen Kontext die Betriebsräte. Schließlich können weit verbreitete, oft unhinterfragte und als erfolgreich geltende Managementinstrumente und -praktiken als Institutionen betrachtet werden, wie z. B. Projektorganisation, Kostenrechnung, leistungsorientierte Entlohnung, Controlling, strategisches Management, Assessment Center.

Institutionen können zum einen als ein Ausdruck gesellschaftlicher, organisationaler oder gruppenspezifischer Werte gesehen werden. Kulturen und ihre Elemente wie Normen, **Artefakte** und **Symbole** können aber auch selbst als kognitive oder normative institutionelle Strukturmuster betrachtet werden und sie spielen zugleich eine wichtige Rolle bei der Etablierung von Institutionen. Die Institutionen weisen jedoch immer eine relative Eigenständigkeit und Tendenz zur Selbstreproduktion auf (◘ Abb. 5.1). Die Eigenständigkeit und Eigendynamik gegenüber kulturellen Werten kann durch ihre historische Entstehung, Verbreitung sowie situative Anpassung und permanente Weiterentwicklung begründet werden. Als Beispiel kann hier etwa das deutsche Rechtssystem angesehen werden, das zwar in seinen Grundprämissen und -strukturen erhalten bleibt, aber durch eine aktive Gesetzgebung ständig an soziale Entwicklungen angepasst wird. Zugleich weisen Institutionen als stabile Strukturmuster des sozialen Handelns eine gewisse Veränderungsresistenz auf, was sich vor allem in der Schwierigkeit grundlegender Reformen zeigt.

Beispiel: Grundprämissen deutscher Rechtsprechung
Viele deutsche Gesetze, etwa im Steuerecht oder Sozialrecht, bauen auf **Grundannahmen** zur Familie auf, die durch die Sozialgesetzgebung unter Reichskanzler von Bismarck eingeführt wurden: Ein vollbeschäftigter männlicher Ernährer der Familie und eine Hausfrau, die sich um Kindererziehung und Haushalt kümmert. Trotz zahlreicher rechtlicher Erweiterungen und notwendiger Ergänzungen der entsprechenden Regelungen wurde bisher keine grundlegende Reform dieses Ansatzes vorgenommen.

Das Konzept der nationalen Geschäftssysteme und ähnliche an Institutionen ansetzende Erklärungsmuster konzentrieren sich auf die Institutionen im Bereich der Wirtschaft, indem sie wirtschaftsrelevante Strukturen und **Praktiken**, Beziehungen und Strategien zentraler wirtschaftlicher Akteure in den Blick nehmen, während kulturelle Werte, Annahmen und Weltbilder nicht explizit einbezogen werden, obwohl die Strukturen und Praktiken als Ausdruck von dahinter stehenden Werten gesehen werden können. So zeigt sich das jeweilige kulturelle System in Form von sozialen Regeln, Normen und Konventionen, in den ökonomischen Institutionen, z. B. in Merkmalen wie Loyalität jenseits der Familienverbände, Formalisierung der Autorität, soziale Distanz oder der Verbreitung und Wirksamkeit formaler Verträge.

5.1 • Ansatz der Nationalen Geschäftssysteme

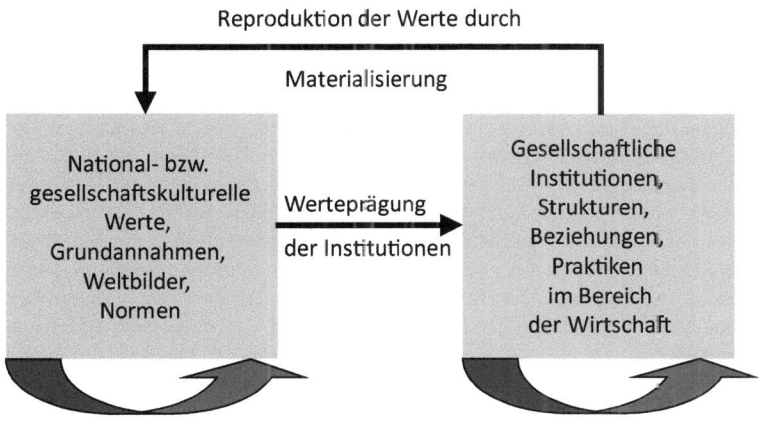

Abb. 5.1 Zusammenhang von Nationalkultur und Institutionen in der Wirtschaft (Quelle: Eigene Darstellung)

Die charakteristischen Institutionen im Bereich der Wirtschaft sind eng mit der unterschiedlichen Entwicklung des Kapitalismus in den USA, Kontinentaleuropa, Japan, Asien sowie Lateinamerika oder Osteuropa verknüpft. Frühe Unterscheidungen der Ausprägung von spezifischen Mustern kapitalistischer Institutionen in Amerika, Zentraleuropa oder Asien zeigt das nachfolgende Beispiel. Auch die sich im Ergebnis der gesellschaftlichen Transformationsprozesse in Osteuropa herausbildende Variante des Kapitalismus (*East European Capitalism*) weist danach besondere Muster auf, mit einem verbleibenden großen Staatssektor, zugleich aber großer Abhängigkeit von Zentral- und Westeuropa und der USA, weshalb u. a. von politischem, abhängigem, peripheren oder Staats-Kapitalismus, oder von einem liberalisierten kontinentaleuropäischen Kapitalismus (Bluhm 2007, S. 62) gesprochen wird.

Beispiel: Muster institutioneller Ausprägungen des Kapitalismus
- Wettbewerbsorientierter Managementkapitalismus (→ USA)
- Personenorientierter Kapitalismus (→ UK)
- Kooperativer Managementkapitalismus (→ Deutschland) bzw.
- Allianz (→ Japan, Deutschland)

- Dirigistisch (→ Korea, Frankreich)
- Familial (→ Italien, Taiwan)

In der aktuellen wissenschaftlichen Diskussion werden vor allem zwei zentrale Ansätze verfolgt und durch empirische Studien untersetzt. Dies sind das Konzept der Formen des Kapitalismus (*Varieties of Capitalism*) nach Hall und Soskice (2001) und das Konzept der nationalen Geschäftssysteme (*National Business Systems*) von Whitley (1992, 1999). Während jedoch der Variationen-Ansatz eine historische Perspektive auf Institutionen einnimmt und auf Kategorien der Politischen Ökonomie aufbaut, greift der Ansatz der Geschäftssysteme insbesondere auf ländervergleichende organisationssoziologische Studien zurück. Ein zentraler Vorteil der Analyse nationaler Geschäftssysteme für Erklärung von Ähnlichkeiten und Unterschieden in Managementkonzepten und -praktiken liegt darin begründet, dass er Makro-, Meso- und Mikroebene der Institutionen verknüpft, also auch institutionelle Muster und Aspekte aus dem Bereich der betrieblichen Arbeitsorganisation mit einbezieht.

Die Analyse eines nationalen Geschäftssystems konzentriert sich auf folgende Schwerpunkte und Aspekte von Eigentumsstrukturen, Arbeitsteilung, Kooperation, Steuerung und Kontrolle in Wirtschaft und Organisation:

1. Natur der Wirtschaftsakteure
   Zentrale Akteure im Bereich der Wirtschaft eines Landes sind die Kapitaleigentümer. Für die Analyse nationaler Geschäftssysteme wird daher die Konzentration und Streuung des Eigentums, z. B. von Unternehmensanteilen, betrachtet. Dazu gehören auch das Ausmaß und der Einfluss von Großunternehmen in der Wirtschaft eines Landes oder die Größe des staatlichen Sektors. Weitere wichtige Kriterien sind die im Land etablierten Regeln und Strukturen der Unternehmenskontrolle (*Corporate Governance*), z. B. den Einfluss des Bankensystems oder gesellschaftlicher Akteure auf Wirtschaftsunternehmen, das Ausmaß der Delegation der Kontrolle von Unternehmen an bezahlte Manager und deren Einfluss sowie die Koordination der Wertschöpfungskette durch die verschiedenen Wirtschaftsakteure. Schließlich wird auch die Ausprägung der Orientierung zentraler Wirtschaftsakteure auf Wachstum als dominantes Ziel und Leistungsstandard betrachtet.

2. Natur der Markorganisation
   Mit Blick auf die Marktorganisation, also die Liberalität bzw. den Grad und die Art der Regelung der Markbeziehungen werden insbesondere die Existenz und Ausmaß von Verpflichtungsnetzwerken und Allianzen in einem Land, aber auch der Grad der kollektiven Organisation in der jeweiligen Branche analysiert. Hier kann z. B. der Organisationsgrad der Arbeitgeber oder Arbeitnehmer in einem Land oder einer Branche, oder der Grad der personellen Verflechtung über Aufsichtsratsmandate näher betrachtet werden. Die Regulierung der Märkte schließt außerdem die Reichweite formeller und informelle kollektiver Sanktionen bei Verletzung von Regeln der Marktorganisation oder von Verpflichtungen durch einzelne Wirtschaftsakteure ein.

5.1 · Ansatz der Nationalen Geschäftssysteme

Tab. 5.1 Unterschiede in der Arbeitsorganisation

Kriterium	Land		
	Korea	USA	Japan
Arbeitsbeziehungen	Unterordnung, keine Mitarbeiter-Vertreter	Vertragsorientiert, Streik als Druckmittel	Harmonie und Einheit dominiert
Struktur	Funktionalstrukturen	Objektorientierte Strukturen	Kombination Objekt – Funktion
Entscheidung/Führung	Top-down, autoritär	Top-down, mit Autonomie	Gegenstrom, patriarchalisch
Beförderung	Dienstalter, Beziehungen	Leistung	Alter und Leistung
Anreizsysteme	Regelmäßige Zusatzzahlungen	Leistungsabhängig	Leistungsabhängig

Quelle: Eigene Darstellung in Anlehnung an Macharzina und Wolf (2012, S. 1004 f.)

3. Natur der Arbeitsorganisation
   Während sich die ersten beiden Bereiche vor allem das Umfeld von Wirtschaftsunternehmen konzentrieren, werden hier überwiegend Merkmale des Managements von Organisationen beleuchtet. Dazu gehören Kriterien wie der Grad der Zentralisierung, Integration sowie Koordination und Kontrolle von Organisationseinheiten, das Ausmaß der Spezialisierung der Aufgaben wie auch der zu ihrer Erledigung erforderlichen Arbeitskräfte, der Grad der Differenzierung zwischen Beschäftigten, etwa in Kern- und Randbelegschaften, und die Dichte und Art der Aufgabenkontrolle sowie der Freiheitsgrad der Untergebenen bei der Aufgabenerfüllung, z. B. durch hohe oder geringe Autonomie der jeweiligen Tätigkeiten. Weiterhin gehört zu den Kriterien die Abhängigkeit und Gestaltung der jeweiligen Beziehungen zwischen Arbeitgebern und Arbeitnehmern, etwa Existenz, Form und Einfluss der Mitarbeitervertretungen. Schließlich wird in die Analyse auch der Grad der sozialen Distanz zwischen Vorgesetztem und Untergebenen, also die Machtdistanz, einbezogen.

Ein Beispiel für entsprechende Unterschiede in der Arbeitsorganisation zeigt die
Tab. 5.1, die die USA, Japan, China und (Süd-)Korea vergleicht.

Während sich viele der genannten Merkmale auf bereits zuvor etablierte wirtschafts-, industrie-, arbeits- und organisationssoziologischen Konzepte und Überlegungen beziehen, wird das Kriterium der sozialen Distanz zwischen Vorgesetzten und Mitarbeitern aus der Machtdistanz von Hofstede (▶ Kap. 2) abgeleitet.

> Auf den Punkt gebracht: **Nationale Geschäftssysteme** sind nationalspezifische oder regionsspezifische Muster von wirtschaftsrelevanten Institutionen oder entsprechenden gesellschaftlichen Teilsystemen, die sich insbesondere auf die unterschiedliche Natur der Unternehmen, die Spezifik der Marktorganisation sowie Unterschiede in der Arbeitskoordination und den Kontrollsystemen von und in Wirtschaftsorganisationen beziehen.

5.1.2 Zentrale Befunde zu nationalen Geschäftssystemen

In zahlreichen empirischen Studien wurden nationale Geschäftssysteme unterschiedlicher Länder beschrieben, wobei zunächst sechs charakteristische Modelle gefunden wurden, die sich je bestimmten Ländern oder Regionen zuordnen lassen:

- Koordinierte Industrie-Distrikte (*coordinated industrial district*) – u. a. Frankreich;
- Bereichsbezogen (*compartementalized*) – USA;
- Staatlich organisiert (*state organized*) – Osteuropa;
- Kollaborativ bzw. kooperativ (*collaborative*) – Deutschland, Kontinentaleuropa;
- Hochgradig koordiniert (*higly coordinated*) – Japan;
- Fragmentiert (*fragmented*) – Südeuropa.

Die Tabelle ◘ Tab. 5.2 zeigt zwei dieser spezifischen nationalen Muster von Geschäftssystemen am Beispiel der USA und Zentraleuropas bzw. Deutschlands.

Es macht deutlich, dass es sich um zwei recht verschiedene Institutionenmuster im Bereich der Wirtschaft handelt, die unabhängig von den dahinterstehenden Werten direkt zu unterschiedlichen Rahmenbedingungen für die Herausbildung, die Strukturen und vor allem das alltägliche Handeln des Managements im jeweiligen Land führen.

» „Im Allgemeinen sind deutsche Unternehmen viel stärker integriert, kulturell kohärenter und Entscheidungen auf allen Ebenen basieren auf Konsensus. Während der Geschäftsführer in einem ideal-typischen angelsächsischen Unternehmen die Möglichkeit hat, den Kurs der Organisation grundlegend zu ändern, müssen strukturelle Veränderungen in deutschen Unternehmen in viel stärkerem Maße ausgehandelt werden, sowohl innerhalb des Management-Teams als auch, bei Auswirkungen auf die Arbeitsebene, mit den Mitarbeitervertretern."(Ferner und Varul 1999, S. 5)

Obwohl das Konzept und die empirischen Analysen zu nationalen Geschäftssystemen bei entwickelten kapitalistischen Ländern Westeuropas, Amerikas und Japans und ihren ökonomischen Institutionen und Organisationsstrukturen ansetzen, gibt es inzwischen zahlreiche Analysen zu nationalen Geschäftssystemen oder ihren zentralen

5.1 · Ansatz der Nationalen Geschäftssysteme

Tab. 5.2 Spezifische nationale Muster von Geschäftssystemen

Bereichsbezogenes Geschäftssystem (USA)	Kooperatives Geschäftssystem (Kontinentaleuropa)
Vertikal integrierte Großunternehmen, die Sektoren dominieren, wenig horizontale Netzwerke jenseits formaler Verträge, z. B. zwischen Unternehmen und Finanzorganisationen, dafür hohe Bedeutung des Kapitalmarktes	Konzentriertes Eigentum mit vielfältigen horizontalen Verflechtungen, aber auch starker Mittelstand, hoher Einfluss der Verbände
Eher schwacher Staat, übernimmt selten direkte Koordinationsleistungen	Staat als relevanter Wirtschaftsakteur mit Blick auf die Finanzinstitutionen
Taylorismus-Fordismus mit Massenproduktion	Branchen mit Massenproduktion, aber auch flexible Spezialisierung
Unternehmen als „isolierte Hierarchien", Know how auf Management und Spezialisten beschränkt	Unternehmen als Kooperative Hierarchien, ausgehandelte delegierte Verantwortung
Geringe Restriktionen durch Arbeitsmarktinstitutionen, „Employment at will"	Starke Restriktionen durch Arbeitsrecht und Arbeitsmarkt(-politik)
Antigewerkschaftshaltung	Eher starke Position der Gewerkschaften
Geringe Partizipation der Beschäftigten	Hoher Grad geregelter Partizipation
System eher heterogen, lose gekoppelt	System eher homogen, kohäsiv, integriert

Quelle: zusammengestellt nach Whitley (1992, 1999); Almond und Ferner (2006); Bluhm (2007); Wächter (2008)

Elementen in anderen Regionen und Ländern, so z. B. in Osteuropa, zu weiteren asiatischen Ländern oder zu afrikanischen Ländern.

Beispiel: Ausgewählte Beispiele nationaler Geschäftssysteme

Die *mittelosteuropäischen Geschäftssysteme* in Ungarn, Slowenien, Polen oder der Tschechischen Republik sind einerseits durch die Übernahme von (west-)europäischen Institutionen im Rahmen des EU-Beitritts geprägt. Zugleich zeigt sich eine Tradierung des staatlichen Einflusses in der Wirtschaft durch entsprechende Eigentumsstrukturen sowie Kooperationsnetzwerke. Weiterhin werden Unterschiede zwischen den Ländern deutlich, die vor allem durch Tradierung unterschiedlicher Muster des Staatssozialismus, verschiedene Wege und Mechanismen der makoökonomischen Transformation, z. B. bei der Privatisierung, sowie durch die Unterschiede in der allgemeinen Geschäftsumwelt bedingt sind. Multinationale Unternehmen spielen eine erhebliche Rolle, indem sie die vorhandenen institutionellen Strukturen herausfordern und zumindest teilweise Modifikationen vorhandener Merkmale der etablierten nationalen Geschäftssysteme bewirken.

In einer vergleichenden institutionellen Analyse von 13 größeren nationalen asiatischen Ländern und fünf westlichen Ökonomien wurden fünf verschiedene Typen von *nationalen Geschäftssystemen in Asien* gefunden: Ein postsozialistisches Modell (z. B. China, Vietnam), ein Modell entwickelter Stadtstaaten (Hongkong, Singapur), ein emergentes südasiatisches Geschäftssystem (u. a. Malaysia, Thailand), ein entwickeltes nordasiatisches Modell (Taiwan, Südkorea) sowie das Japanische Modell. Zugleich wurden für alle Modelle mit Ausnahme von Japan gravierende Unterschiede zu den westlichen Kapitalismus-Typen gefunden.

Für zahlreiche *afrikanische Länder* wurde ebenfalls eine starke Fragmentierung der nationalen Geschäftssysteme festgestellt. Der halbstaatliche und der auslandsdominierte formale sowie der einheimische informelle Sektor der Wirtschaft sind nur schwach integriert. Die institutionelle Umwelt in der Wirtschaft ist durch ein weitgehendes Fehlen von unterstützenden finanziellen, staatlichen und sozialen Institutionen charakterisiert, die für eine moderne industrielle Entwicklung von Unternehmen benötigt werden. Vertrauen und Verantwortlichkeit der Wirtschaftsakteure sind daher ebenso begrenzt wie der Zugang zu Kapital, die Arbeitsmarktflexibilität oder die Herausbildung von Lieferketten. Letztlich tragen diese Strukturen häufig mit zum Scheitern von Industrialisierungsprogrammen bei. Allerdings fehlen nach wie vor Studien zu den spezifischen Mustern der Geschäftssysteme einzelner afrikanischer Länder, die differenziertere Aussagen erlauben.

Quellen: Whitley und Czaban (1998a, 1998b); Czaban et al. (2003); Bluhm (2007); (Witt und Redding 2013); (Pedersen und McCormick 1999).

Die Analysen stützen sich dabei insbesondere auf statistische Daten zu den jeweiligen Ländern, ergänzt durch qualitative Fallstudien, aus denen Einschätzungen zur Ausprägung der o. g. Indikatoren von Geschäftssystemen abgeleitet werden.

5.1.3 Anwendungsfelder

Das theoretische Konzept der nationalen Geschäftssysteme ist vor allem als deskriptiv-analytisches Raster zur Institutionenanalyse zu sehen. Unter den möglichen Anwendungsfeldern lassen sich zwei größere Schwerpunkte erkennen. Zum einen wird das Konzept in Verbindung mit *Investitionen im Ausland* (*foreign direct investments*), insbesondere bei *Fusionen und Übernahmen* (*mergers & aquisitions*) genutzt, um die spezifischen Institutionensysteme in den Ländern näher zu analysieren, in denen eine Investition geplant ist. Gerade Besonderheiten und Unterschiede in den durch das Konzept beschriebenen Merkmalen im Vergleich zum Geschäftssystem im Heimatland des Unternehmens werden als wichtige Rahmenbedingungen für eine erfolgreiche Investi-

5.1 · Ansatz der Nationalen Geschäftssysteme

tion angesehen. So ist es z. B. von großer Bedeutung, über die Rolle der verschiedenen Interessengruppen im Zielland Bescheid zu wissen, jeweiligen Regelungen, Erwartungen und etablierten Praktiken bezüglich der betrieblichen Sozialpolitik, der Strukturgestaltung, der betrieblichen Autoritätsstrukturen oder des Führungsverhaltens zu kennen.

In Verbindung damit steht als zweiter Schwerpunkt die Nutzung des Konzepts der *Managementtransfer über Ländergrenzen* hinweg, wobei diese Betrachtung unabhängig von einem aktuellen Investitionsprojekt zu sehen ist. Das Konzept der nationalen Geschäftssysteme geht von starken Verflechtungen institutioneller Strukturen auf der Makroebene der Gesellschaft oder jeweiligen Branche und der Mesoebene der Organisationen oder Unternehmen bis hin zur Mikroebene der Arbeitsstrukturen in den Unternehmen aus. Das bedeutet allerdings, dass Organisationsstrukturen und Managementpraktiken immer in konkrete nationale institutionelle Kontexte eingebettet sind, was ihren Transfer und insbesondere ihre Übertragung und Wirksamkeit in anderen institutionellen Kontexten erschwert. Wichtige Akteure beim Transfer von Managementpraktiken von einem institutionellen Umfeld in ein anderes stellen multinationale Unternehmen dar.

Beispiel: Transfer von Managementkonzepten
Ein Beispiel für den Transfer von Managementkonzepten im Kontext multinationaler Unternehmen liefert die Studie von Almond, Ferner und Kollegen, die die Prozesse der Übernahme von Managementpraktiken von amerikanischen multinationalen Unternehmen in Europa, konkret in Deutschland, Irland, Großbritannien und Spanien untersucht haben. So wurde z. B. ein starker Einfluss der US-Amerikanischen Personalmanagement-Muster auf die Strukturen und Aktivitäten im Personalmanagement der Tochterunternehmen bzw. Niederlassungen in den genannten Ländern festgestellt. Das wird mit einer Tendenz zu einer zentralistischen, ethnozentrischen Personalpolitik der amerikanischen multinationalen Firmen begründet. Jedoch wird auch konstatiert, dass der breitere institutionelle Kontext, insbesondere in Deutschland, weiterhin bedeutsam ist. Die lokale Personalfunktion und ihre Akteure sind in ein Netzwerkes von Kontakten zu anderen Akteuren wie z. B. Betriebsräten eingebettet und agieren in diesem Rahmen. Wächter konstatiert daher, dass sich die aus einem spezifischen amerikanischen Geschäftssystem stammenden Personalmanagementkonzepte leichter mit den (kulturellen) und institutionellen Rahmenbedingungen in Großbritannien oder Irland verknüpfen lassen, während die vom deutschen Geschäftssystem ausgehenden institutionellen Rahmenbedingungen einen Transfer von Managementpraktiken auch innerhalb von multinationalen Unternehmen erschweren können. Damit ist zwar eine Ergänzung oder Modifikation vorhandener Personalmanagementpraktiken zu konstatieren, letztlich bleibt jedoch ein nationalspezifisches Muster erhalten.
Quelle: Almond und Ferner (2006, S. 269 ff.); Wächter (2008).

Ein Beispiel für die sich in Verbindung mit den jeweiligen Geschäftssystemen herausbildenden unterschiedlichen Strukturen und Praktiken im Personalmanagement zeigt die ◘ Tab. 5.3 für die USA und Kontinentaleuropa, insbesondere Deutschland.

☐ **Tab. 5.3** Wirkung von unterschiedlichen nationalen Geschäftssystemen auf Managementpraktiken am Beispiel des Personalmanagements

USA	Mitteleuropa/Deutschland
Unternehmerische Sozialpolitik (*company welfare*)	Großer Einfluss staatlich und tariflich vereinbarter Sozialpolitik
Fokus auf stark individualisierte Auswahl und Förderung von Mitarbeitern	Dominante Auswahl nach Qualifikation
Fokus auf Person statt Qualifikation	Gruppenbezogene Förderprogramme und Laufbahnen
Dominante Entlohnung und Gewinnbeteiligung nach individueller Leistung	Fehlen leistungsbezogener Entlohnung bzw. stärkerer Gruppenbezug
Personenbezogene Führung	Kooperative Führung als institutionalisierte Erwartung
Starke Trennung Stamm- und Randbelegschaft, Entlassungen (*hire and fire*) institutionell begünstigt	Gesamtbelegschaft im Fokus, Entlassungen (*hire and fire*) rechtlich begrenzt

Quelle: Zusammengestellt nach Almond und Ferner (2006) und Wächter (2008)

Sowohl organisationsexterne, institutionelle Faktoren als auch organisationsinterne institutionelle Einflüsse eines nationalen Geschäftssystems prägen dabei die Personalmanagementpraktiken im jeweiligen Land in nachhaltiger Weise aus und begrenzen damit den Transfer von Praktiken und seine Wirkungen. So zeigt sich etwa der größere Einfluss des Staates im deutschen Muster sowohl in Gestalt staatlich und tarifvertraglich vereinbarter Sozialpolitik für den Betrieb oder stärkerer arbeitsrechtlicher Restriktionen für ein *hire and fire*, was in der Praxis zu Konflikten multinationaler Unternehmen mit amerikanischen Wurzeln, ihren deutschen Töchtern und den institutionellen Akteuren in Deutschland führt.

5.1.4 Zentrale Kritikpunkte

Die bisherige Forschung hat gezeigt, dass sowohl das Konzept der nationalen Geschäftssysteme als auch das verwandte Konzept der Formen des Kapitalismus in der Lage sind, nationale Unterschiede in Managementstrukturen und -praktiken zu erklären. Allerdings gibt es einige deutliche Grenzen und Schwachstellen des Konzeptes. In der Regel werden genannt:

- Die Ansätze sind eher deskriptiv und statisch, d.h. Entwicklungsprozesse und Veränderungen von Institutionen werden nur zum Teil in den Blick genommen. Vielmehr dominiert die Erklärung von Stabilität und Reproduktion der Muster. Der Prozess der Globalisierung führt jedoch zu einer Verstärkung des Institutionentransfers mit Konsequenzen für die nationalen Business-Systeme.
- Die Ansätze wurden für die Analyse von Unterschieden zwischen entwickelten kapitalistischen Ländern entwickelt. Der zentrale Fokus auf die spezifische Ausprägung etablierter kapitalistischer Institutionen führt dazu, dass alle Entwicklungsländer, aber auch Schwellenländer oder postsozialistische Staaten, oft zum Typ des fragmentierten Geschäftssystems zugeordnet werden, was zu einer mangelhaften Differenzierung der Muster führt. Gerade die verschiedenen für Asien gefundenen Geschäftssysteme zeigen die Grenzen des Ansatzes für solche Länder auf.
- Generell wird die Rolle der spezifischen Kontexte und der Akteure unterschätzt. Besonders die multinationalen Unternehmen sind aufgrund ihrer Machtpositionen in entwickelten wie in Entwicklungsländern in der Lage die nationalen Geschäftssysteme zu unterlaufen.
- Durch den Fokus auf Institutionen werden weitergehende kulturelle Aspekte sowie Strukturen jenseits der Wirtschaft vernachlässigt. Im Ergebnis werden oft Länder zusammengefasst, die trotz ähnlich institutioneller Strukturen unterschiedliche Managementpraktiken aufweisen.

> **Auf den Punkt gebracht:** Die Nutzung des Ansatzes der nationalen Geschäftssysteme erlaubt eine Differenzierung zwischen verschiedenen Länderregionen und ist in der Lage, institutionelle Unterschiede und ihre Wirkungen auf Managementpraktiken zwischen diesen Ländern bzw. Regionen zu erklären, was für die Vorbereitung von Auslandsinvestitionen oder den Transfer von Managementpraktiken und seine Wirksamkeit hilfreich sein kann. Allerdings ist der Ansatz recht statisch und der Fokus zurzeit noch sehr stark auf entwickelte kapitalistische Länder und eine kleinere Anzahl von Typen gerichtet, was die Aussagekraft für zahlreiche weitere Länder und Regionen verringert.

5.2 Institutionensoziologischer Ansatz: Ähnlichkeiten durch Nachahmung und Institutionentransfer

Während der Ansatz der nationalen Geschäftssysteme Unterschiede zwischen den Institutionenmustern verschiedener Länder herausstellt, die institutionelle Einbettung von Organisationen und Managementpraktiken in den jeweiligen nationalen Kontext betont und damit vor allem auf Probleme eines Managementtransfers verweist, konzentriert sich dieses Teilkapitel auf die Erklärung von vorhandenen Ähnlichkeiten und die Möglichkeiten und Wege der Übertragung von Institutionensystemen bis hin zu einzelnen Managementkonzepten und Managementpraktiken über Ländergrenzen hinweg. Dazu werden im Folgenden zunächst die theoretischen Grundannahmen für einen solchen Institutionentransfers vorgestellt. Den Schwerpunkt bilden Mechanismen der Übertragung von gesellschaftlichen Institutionen wie auch Managementstrukturen und -praktiken sowie die dadurch ausgelösten Prozesse und Probleme.

Beispiel: Institutionentransfer in der Praxis
Beitrittskandidaten zur Europäischen Union werden im Rahmen der Beitrittsverhandlungen angehalten, gesetzliche Regelungen und Normen der Gemeinschaft für alle relevanten Wirtschafts- und Politikbereiche zu übernehmen, die zum sogenannten gemeinschaftlichen Besitzstand (*acquis communautaire*) gehören. Damit verpflichten sich die Länder, die entsprechenden gesetzlichen Regeln in nationales Recht zu überführen und ihr Institutionengefüge entsprechend den Gemeinschaftsregeln anzupassen.

Grundprinzipien und Instrumente des Taylorismus wurden nach dem ersten Weltkrieg in vielen europäischen Ländern, u. a. auch in der Sowjetunion übernommen und prägen die Arbeitsorganisation und die Managementpraktiken in Betrieben zum Teil bis heute.

Nachdem japanische Unternehmen sehr erfolgreich in verschiedenen Märkten tätig waren, wurden die von diesen Unternehmen praktizierten Konzepte und Techniken des Qualitätsmanagements, z. B. Qualitätszirkel oder Kaizen, in vielen anderen Unternehmen weltweit übernommen und eingeführt.

Multinationale Unternehmen führen in ihren Tochtergesellschaften oft ähnliche oder gleiche Strukturen ein, um eine reibungslose Koordination und Kooperation zu gewährleisten.

Auch in der Wissenschaft finden sich viele Beispiele für den Transfer von Managementtheorien und Konzepten. Dabei werden vor allem Theorien aus dem US-amerikanischen Kontext weltweit übernommen, unbeschadet der nationalspezifischen Hintergrundannahmen der Theorien wie Individualismus (▶ Kap. 2 zu Hofstede bzw. ▶ Kap. 3 zu GLOBE).

5.2.1 Theoretische Grundlagen

Ein zentraler theoretischer Begriff der Institutionentheorie ist der des **Isomorphismus**.

Merke!

Isomorphismus bezeichnet die Strukturähnlichkeit von Phänomenen, konkret von Institutionen, Organisationsstrukturen oder Managementmodellen und -praktiken über Länder- und Kulturgrenzen hinweg. Isomorphismus ist das Ergebnis von Prozessen der **Institutionalisierung**, die zunächst im lokalen Kontext stattfinden, sich aber durch Prozesse des länderübergreifenden Transfers von Institutionen, ihrer Übernahme und Anpassung regional und weltweit ausdehnen (→ siehe Beispiele).

5.2 · Institutionensoziologischer Ansatz

Als Ursachen für solche isomorphe Entwicklungsprozesse werden zum einen ökonomische Triebkräfte genannt. Danach setzen sich ökonomisch effizientere Lösungen in einem evolutionären Entwicklungsprozess durch (*survival of the fittest*) bzw. Unternehmen oder andere Organisationen streben nach einer Erhöhung wirtschaftlicher Effizienz, unabhängig vom jeweiligen gesellschaftlichen Umfeld, was letztlich zu ähnlichen Strukturmustern im Management führt. Dieser etwas verkürzten Perspektive steht eine breitere Interpretation gegenüber, die die Hauptursache für Ähnlichkeiten im Streben der Organisationen nach Legitimität sieht. Organisationen können sich nach dieser Sichtweise nur behaupten, wenn ihr Handeln, aber auch ihre Ziele, Strukturen und Methoden durch die sie umgebende Umwelt akzeptiert werden und legitim sind, d. h. in Einklang mit etablierten Werten, Normen und Regeln der Gesellschaft stehen. Unternehmen müssen daher sowohl Kriterien der Effizienz als auch der Legitimität genügen, um erfolgreich zu sein.

Beispiel: Legitimität und Effizienz am Beispiel VW
Der Skandal mit den Dieselfahrzeugen von VW in den Vereinigten Staaten und weltweit war zunächst mit einem Verlust der Legitimität verbunden. VW hat seine Kunden und verschiedene Aufsichtsbehörden betrogen, ist nun als umweltbewusstes Unternehmen unglaubwürdig. Im Ergebnis führt dies jedoch über entsprechende Rückrufaktionen und Nacharbeiten sowie zu erwartende Schadenersatzprozesse auch zu einem Verlust an ökonomischer Effizienz.

Umgekehrt verliert aber auch ein unwirtschaftlich arbeitendes Unternehmen an Akzeptanz und gesellschaftlicher Legitimität, wie man an Unternehmen sehen kann, die in wirtschaftliche Krisen geraten oder von denen angenommen wird, dass sie wirtschaftliche Schwierigkeiten haben.

Beispiel: Akzeptanz und Legitimität am Beispiel Deutsche Bank und Leo Kirch
Als sich Manager der Deutschen Bank öffentlich zu wirtschaftlichen Schwierigkeiten des Medienunternehmers Leo Kirch äußerten, sanken die Aktienkurse des Unternehmens, was dazu geführt hat, dass das Unternehmen dann tatsächlich Bankrott anmelden musste. Inzwischen wurde die Deutsche Bank rechtskräftig verurteilt und muss Schadenersatz an Kirchs Erben zahlen. Das Medienimperium gibt es nicht mehr.

Schließlich erfordert Legitimität den Einsatz von Ressourcen, u. a. für spezielle Stellen, Programme oder Kampagnen, um Legitimität herzustellen, zu erhalten oder wiederherzustellen.

Der Zusammenhang zwischen Legitimität und Effizienz gilt in Abhängigkeit von den proklamierten Zwecken und Zielen natürlich auch für andere Organisationstypen jenseits von Wirtschaftsunternehmen wobei Forderungen nach legitimem Handeln in Non-Profit-Organisationen, Vereinen, Stiftungen oder Behörden oft sogar ein noch größeres Gewicht eingeräumt wird, wie das z. B. im Fall des ADAC.

> **Auf den Punkt gebracht:** Organisationen sind immer in eine ganz bestimmte gesellschaftliche Umwelt eingebettet, müssen sich an den in dieser Umwelt gültigen rechtlichen Normen und Regeln orientieren, haben vielfältige Beziehungen zu wichtigen Akteuren in ihrer Umwelt aufgebaut und müssen ihre Strukturen und Praktiken entsprechend ihrer Erfahrungen mit der jeweiligen kulturellen und institutionellen Umwelt weiterentwickeln. Die Einbettung von Organisationen in ein konkretes institutionelles Umfeld fördert zwar die Effizienz, stellt zugleich aber auch ein Hindernis für die Übertragung von Organisationsstrukturen und Managementpraktiken dar.

Zahlreiche Forscher wie Meyer und Rowan (1977), di Maggio und Powell (1983), Scott (1995) oder Oliver (1991) haben sich daher mit den Mechanismen, Strategien, Folgen und Schwierigkeiten der Übertragung von Institutionen und institutionalisierten Praktiken wie Organisationsstrukturen oder Managementkonzepte und Managementinstrumente über Organisations- und Ländergrenzen hinweg beschäftigt. Als typische Mechanismen der Übertragung wurden gefunden:

- *Zwang*, z. B. durch den Zwang zur Übernahme von Gesetze am Beispiel der EU-Beitrittsländer oder der Durchsetzung von Regeln durch Muttergesellschaften internationaler Konzern bei ihren Konzerntöchtern;
- *Nachahmung* scheinbar erfolgreicher Muster, z. B. durch Anreize, Selbstverpflichtung oder Übernahme von *best practices* von Marktführern, auch mit Hilfe von Beratern, u. a. bei der Übernahme von Qualitätszirkeln oder bei der Verbreitung von tayloristischen Arbeitsstrukturen;
- *Professionalisierung*, z. B. durch Herausbildung von Standards für gutes oder professionelles Management, spezielle Ausbildungsprogramme für Manager wie MBA-Programme oder Kriterien für die Rekrutierung von Managern.

Der Transfer von Strukturen und Praktiken in ein anderes kulturelles und institutionelles Umfeld führt dabei zu vielfältigen Effekten und Folgen. Zunächst kann der Übernehmer durch die Einführung von Praktiken, die als erfolgreich gelten oder gesellschaftlich erwartet und akzeptiert sind, seine Legitimität erhöhen und im Fall von Wirtschaftsunternehmen ggf. seine Effizienz steigern. Zugleich zeigen sich jedoch vielfältige Probleme bei der Übertragung und Einführung „fremder" Strukturen und Praktiken. So kommt es in der Regel zu Inkonsistenzen zwischen übertragenen und bereits etablierten Strukturen und Praktiken.

Beispiel: Inkonsistenzen bei gesellschaftlichen Transformationsprozessen
Im Rahmen der gesellschaftlichen Transformationsprozesse kam es in Organisationen der mittel- und osteuropäischen Länder häufig zu solchen Inkonsistenzen. Sie zeigen sich auf der gesellschaftlichen Ebene z. B. im mangelnden Verständnis und in Konflikten zwi-

5.2 · Institutionensoziologischer Ansatz

schen dem mit den EU-Beitritt eingeführten stark individualistischen Gesellschafts- und Arbeitsrecht, das ein individuelles Einklagen von Rechten erfordert, und dem systemisch und kulturell bedingten eher kollektivistischen Verständnis, dass rechtliche Regeln quasi automatisch für alle Betroffenen gelten müssen. Auf der Organisationsebene wurden ähnliche Probleme bei der Einführung westlicher Organisations- und Managementkonzepte festgestellt, z. B. bezüglich der Aufgaben und Rollen von Mitarbeitervertretungen oder Konzepten der Gruppenarbeit.

Zugleich zeigen sich weitere Inkonsistenzen, u. a. zwischen den aus verschiedenen institutionellen und kulturellen Umfeldern eingeführten Strukturen und Praktiken. So wurden z. B. in Slowenien in den 90er-Jahren rechtliche Regeln der Unternehmensüberwachung aus dem zentraleuropäischen Kulturraum übernommen. Zugleich wurde mit Unterstützung amerikanischer Berater eine neo-liberale Wirtschaftspolitik betrieben, die auch entsprechende Maßnahmen auch im Bereich des Wettbewerbsrechts einschloss, was zu zahlreichen institutionellen Konflikten führte.

Um diese Probleme zu lösen, haben Organisationen verschiedene Strategien entwickelt. Oliver (1991) unterscheidet z. B. zwischen Einwilligung, Kompromissbildung, Vermeidung und Widerstand. Während die Strategie der Einwilligung verschiedene Taktiken der aktiven oder passiven Anpassung an die Erwartungen wie Verinnerlichung, Imitation oder zumindest Einverständnis einschließt, wird mit den anderen Strategien versucht, die etablierten Regeln mit den Forderungen in Einklang zu bringen (Kompromissbildung) bzw. sie mehr oder weniger zu erhalten (Vermeidung, Widerstand). Dazu gehören vor allem Aktivitäten wie:

- *Verhandlungen*, d. h. es wird versucht, für die eigene Organisation von den allgemeinen Erwartungen abweichende, spezifische Regelungen und Lösungen zu erreichen;
- *Reformversprechen*, d. h. Organisationen versprechen die Einführung gesellschaftlich gewünschter und/oder Effizienz steigernder Organisationsstrukturen und Managementpraktiken;
- *Entkoppelung*, d. h. die Organisationen führen zwar erwünschte Praktiken zum Teil ein, ändern aber ihre bewährten Praktiken insgesamt nicht, sondern separieren die Aktivitätsbereiche, sodass sich die neuen Praktiken nicht umfassend durchsetzen;
- *Aufbau von Legitimationsfassaden*, d. h. Gestaltung einer den gesellschaftlichen Erwartungen entsprechenden Außenwirkung bzw. einer Oberfläche der Organisation, z. B. durch allgemeine Erklärungen oder Änderung von Namen;
- *Aktive Gegenstrategien*, d. h. aktive Einflussnahme auf die Umwelt, z. B. Manipulation wichtiger Akteure, Wechsel des organisationalen Feldes.

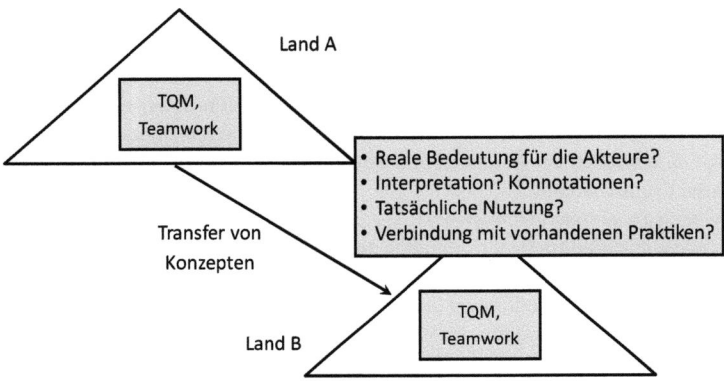

◘ Abb. 5.2 Transfer von Konzepten und Probleme aus institutionensoziologischer Sicht (Quelle: Eigene Darstellung)

Beispiel: Strategische Problemlösung bei EU-Beitrittsprozessen
Gerade die EU-Beitrittsprozesse liefern viele Beispiele für die genannten Strategien, wobei die Einwilligung mit zahlreichen Facetten, aber natürlich auch Verhandlungen und Reformversprechen deutlich sichtbar werden. Bei näherer Betrachtung können jedoch ebenso Taktiken der Vermeidung und des Widerstands ausgemacht werden, wie sich z. B. bei der Haltung Ungarns zu zahlreichen Gemeinschaftsregeln zeigt. Hinweise und Beispiele zur Relevanz für Organisationen finden sich im Folgenden bei den empirischen Befunden (▶ Abschn. 5.2.2).

◘ Abb. 5.2 verdeutlicht die sich daraus ergebenden Probleme des interkulturellen Transfers von Managementpraktiken.

5.2.2 Empirische Befunde zum Transfer von Managementpraktiken

Wie in den Beispielen bereits angedeutet, gibt es zahlreiche Befunde zur isomorphen Verbreitung und zum Transfer von Organisationsstrukturen und Managementpraktiken über Ländergrenzen hinweg (Lang und Steger 2002; Almond und Ferner 2006; Bluhm 2007; Wächter 2008; Steger et al. 2011; Lang und Wald 2012). Dabei wurde u. a. herausgefunden, dass …
- aufgrund der Herkunft zahlreicher Managementkonzepte aus den USA eine Amerikanisierung der Managementpraktiken zahlreicher Länder stattgefunden hat und stattfindet;

5.2 · Institutionensoziologischer Ansatz

- technologieorientierte Managementkonzepte wie technologische oder produktbezogene Standards leichter zu übertragen sind und weniger Konflikte mit sich bringen als Managementkonzepte, die stark an bestimmte kulturelle Werte gebunden sind oder sich auf die Verhaltenssteuerung beziehen wie Führungsmodelle oder Konzepte der Gruppenarbeit;
- der Staat über die Wirtschaftspolitik, z. B. durch Förderprogramme für bestimmte als fortschrittlich geltende Managementkonzepte und durch die Gesetzgebung, aber auch durch forcierte Einführung von Praktiken in Staatsunternehmen einen starken Einfluss auf die Verbreitung solcher Managementkonzepte hat;
- vor allem multinationalen Unternehmen sowie von Joint Ventures, aber auch größere einheimische Unternehmen als zentrale Treiber im Prozess der Übertragung und Verbreitung von Organisationsstrukturen und Managementpraktiken anzusehen sind, wobei in multinationalen Unternehmen oft Zwangsmechanismen und bei großen einheimischen Firmen vor allem mimetische Prozesse gefunden wurden;
- lokale Netzwerke verschiedener Art, z. B. Zulieferer, professionelle Vereinigungen, soziale und familiale Beziehungen, die Verbreitung fördern (oder hemmen) können;
- vielfältige Inkonsistenzprobleme und -konflikte auftreten, insbesondere zwischen etablierten Praktiken und importierten Konzepten sowie beim Import von Regeln und Konzepten unterschiedlicher Herkunft;
- neben Prozessen der Anpassung vor allem Reformversprechen, Abkopplung und Fassadenbildung als verbreitete Strategien und Taktiken der Abwehr institutioneller Erwartungen in Töchtern multinationaler Unternehmen wie auch lokalen Organisationen ermittelt wurden.

Auch bei deutschen Tochterfirmen in Russland konnten zahlreiche Reaktionsmuster beim Umgang mit den Erwartungen der Muttergesellschaften ermittelt werden, wie die folgenden Beispiele illustrieren.

Beispiel: Deutsche Expatriates in Russland
Befragt nach ihren Erfahrungen bei der Einführung und Umsetzung von Personalmanagementkonzepten und -instrumenten in Niederlassungen oder Tochterfirmen deutscher Unternehmen in Russland gaben die deutschen Manager vor Ort u. a. folgendes zu Protokoll:
„Also ich habe kein System aufgebaut, das jetzt deutsch oder russisch ist, sondern, ich habe, die existierenden Systeme lasse ich, soweit sie der Arbeit nicht schädlich sind."
„Was natürlich immer wieder auffällt, das hat was mit dem zu tun, dass der Russe mit dem einen oder anderen spielerischer umgeht … wir setzen Richtlinien fest und der Russe sagt, na ja Richtlinien sind ganz schön, wenn man sie hat, aber man muss sie ja nicht unbedingt einhalten. So ungefähr, das gibt natürlich immer wieder einen Konflikt …"

„Die Expatriates sind auf der einen Seite gezwungen, die Entwicklungen des Stammhauses mitzumachen; es geht dabei um Schnittstellen und Ansprechpartner. Es gibt den generellen Druck, Abbild der globalen Organisation im Kleinen zu sein. ... In Russland ist es so, dass wir ein Management haben ... das Richtlinien zu 200 % umsetzt ..."

„Da kommt irgendein Personalfuzzi aus X [Sitz der Muttergesellschaft] und spricht hier mit der Personalabteilung – als wir noch eine eigene hatten – und hat Checkliste, macht ihr das, das, das. Ach, kein Mitarbeitergespräch, na da haben wir ja was, machen wir ein Protokoll, bleibt im Sand stecken bis zum nächsten Mal."

Quelle: Steger et al. (2011)

5.2.3 Zentrale Kritikpunkte

Das theoretische Konzept des Neoinstitutionalismus liefert gute Erklärungen für die Herausbildung und Verbreitung von Organisationsstrukturen und Managementpraktiken im Zeitalter der Globalisierung. Allerdings muss festgestellt werden, dass die beobachtete Strukturähnlichkeit im Management von Organisationen oft nur auf der Oberfläche vorhanden ist, weil Möglichkeiten und Realitäten eines gleichzeitigen Wertetransfers beschränkt sind. Die vorhandene **Nationalkultur** bleibt trotz scheinbar erfolgreichem Institutionentransfer in der Regel erhalten und prägt ihrerseits auch die lokalen **Organisationskulturen**. Diese Erkenntnis deckt sich mit der Erkenntnis, dass der Wertewandel einem Struktur- und Institutionenwandel oft Jahre hinterherhinkt, was mit dem Begriff *cultural lag* ausgedrückt wird. Das Augenmerk der Forscher hat sich daher auf die Prozesse der Einbettung von Managementkonzepten, Strukturen und Praktiken in der neuen Umwelt und ihre Verknüpfung den mit lokalen Kulturen verlagert, die entscheidend für die Sicherung der Akzeptanz und Wirksamkeit der eingeführten Konzepte sind. Dabei handelt es sich um organisationale Lernprozesse, in denen auch die Machtstrukturen und Machtbeziehungen zwischen einflussreichen Akteuren eine große Bedeutung haben.

5.3 Lern-Kontrolle

Kurz und bündig
Nationale Geschäftssysteme erklären Unterschiede in Managementkonzepten und -praktiken, die zwischen verschiedenen Ländern trotz Internationalisierung und Globalisierung auftreten. Als Erklärungsbasis gelten hierbei Institutionen, welche Ausdruck gesellschaftlicher, organisationaler oder gruppenspezifischer Werte sind und eine historisch Tradierung aufweisen. Institutionen können sich weiterentwickeln und spiegeln somit soziale Entwicklungen wider, beziehen aber kulturelle Werte, Annahmen und Weltbilder nicht explizit mit ein. Viel mehr nutzt der Ansatz der nationalen Geschäftssysteme Erklärungsmuster, die sich

5.3 · Lern-Kontrolle

auf wirtschaftsrelevante Strukturen und Praktiken beziehen. Nationale Geschäftssysteme stützen sich vor allem auf wirtschafts- und organisationssoziologische Studien, in denen typische Muster der Natur der Wirtschaftsakteure, der Marktorganisation sowie der Arbeitsorganisation in Unternehmen betrachtet werden. Die Aussagen können als Analysewerkzeug von nationalen Institutionensystemen, bspw. bei Investitionen im Ausland, Fusionen und Übernahmen, genutzt werden.

Der institutionssoziologische Ansatz beschreibt im Gegensatz zu den nationalen Geschäftssystemen die Übertragung von Managementkonzepten und -praktiken über Ländergrenzen hinweg, die weltweit zu Ähnlichkeiten im Management führt. Typische Mechanismen, über die solche institutionalisierte Praktiken des Managements übertragen können, sind z. B. Zwang, Nachahmung und Professionalisierung. Der Übertragungsprozess führt zu vielfältigen Effekten wie z. B. das Auftreten von Inkonsistenzen zwischen der aus unterschiedlichen Ländern übernommenen Managementpraktiken. Um solche Inkonsistenzprobleme zu lösen, reagieren Organisationen mit unterschiedlichen Strategien, bspw. in Form von Verhandlungen, Reformversprechen, Entkopplung, Aufbau von Legitimationsfassaden und aktiven Gegenstrategien.

❓ Let's check

1. Was versteht Whitley unter „National Business Systems (NBS)"?
2. Welche Rolle spielt **Kultur** im Konzept der nationalen Geschäftssysteme?
3. Welche Wirkung hat Globalisierung auf die nationalen Geschäftssysteme? Welche Rolle spielen dabei die multinationalen bzw. transnationalen Unternehmen?
4. Was ist Isomorphismus, wie zeigt er sich im Management und welche Faktoren fördern isomorphe Tendenzen im Management?
5. Nennen Sie weitere Beispiele für Mechanismen der grenzüberschreitenden Übertragung von Managementkonzepten und -praktiken!
6. Was sind Inkonsistenzprobleme?

❓ Vernetzende Aufgaben

1. Fallstudie: Welche Mechanismen verstecken sich hinter der Übertragung der deutschen Praktiken auf das chinesische Tochterunternehmen und wie reagieren die chinesischen Mitarbeiter auf die Veränderungen?
2. Charakterisieren Sie das Wirtschaftssystem eines Landes Ihrer Wahl. Verwenden Sie aktuelle Quellen aus dem Internet!
3. Studieren Sie die Auszüge von Interviews mit deutschen Expatriates russischer Tochterfirmen! Welche Transfermechanismen, Probleme und Strategien können Sie erkennen?

🛈 Lesen und Vertiefen

– Wilkens, U., Lang, R., & Winkler, I. (2003). Institutionensoziologische Ansätze. In: E. Weik, R. Lang (Hrsg.), *Moderne Organisationstheorien 2*. Wiesbaden: Gabler.

Zur Vertiefung der Theorie hinsichtlich des Institutionalismus findet sich hier eine geeignete Arbeit.
- Witt, M.A., & Redding, G. (2013). Asian business systems: Institutional comparison, clusters and implications for varieties of capitalism and business systems theory. *Socio-Economic Review 11, 2*, 265–300.

Dieser Artikel liefert eine Anwendung für nationale Geschäftssysteme im asiatischen Kulturraum.

Ausgewählte Teilbereiche des Interkulturellen Managements: Von der Theorie zur Praxis

Rainhart Lang und Nicole Baldauf
unter Mitwirkung von Pia Tracksdorf und Andreas Lissner

6.1	**Interkulturelles Personalmanagement – 129**	
6.1.1	Begriff, Ziele, Funktionen, Aufgabenfelder: Vom monokulturellen zum interkulturellen Personalmanagement – 129	
6.1.2	Ausgewählte Aufgabenfelder des interkulturellen Personalmanagements – 131	
6.1.3	Perspektiven und Grenzen – 149	
6.2	**Interkulturelles Marketingmanagement – 151**	
6.2.1	Bedeutung des interkulturellen Marketingmanagements – 151	
6.2.2	Theoretische Grundlagen des interkulturellen Marketingmanagements – 152	
6.2.3	Einfluss länderspezifischer Differenzierungsmerkmale auf den Marketing-Mix – 156	
6.2.4	Kritische Würdigung der Anwendung von vergleichenden Kulturstudien im interkulturellen Marketing – 161	
6.3	**Lern-Kontrolle – 162**	

Lern-Agenda
Das Kapitel soll Ihnen wichtige Konzepte, Aufgaben und Instrumente von zwei ausgewählten und zentralen Teilbereichen des Interkulturellen Managements näherbringen. Da kulturelle Faktoren besonderes eng mit Werten und Verhaltensweisen von Akteuren wie Mitarbeitern und Kunden verbunden sind, bieten sich das interkulturelle Personalmanagement und das interkulturelle Marketing als wichtige Teilbereiche an.

Im ▶ Abschn. 6.1 sollen insbesondere Ziele, zentrale Aufgabenfelder und Instrumente des interkulturellen Personalmanagements beleuchtet werden. Unter Beachtung der jeweiligen interkulturellen Personalstrategie liegt der Schwerpunkt auf der Ausgestaltung der interkulturellen Personalbeschaffung und -auswahl, der interkulturellen Personalentwicklung, der Steuerung des interkulturellen Personaleinsatzes sowie der interkulturellen Personalführung in der Praxis. Das interkulturelle Personalmanagement wird dabei vor allem hinsichtlich interkultureller Begegnungssituationen im In- und Ausland betrachtet.

Auch Marketing als Teilbereich des Interkulturellen Managements genießt aufgrund zahlreicher missglückter Marketingkampagnen im internationalen Kontext große Beachtung. ▶ Abschn. 6.2 gibt deshalb einen kurzen theoretischen Überblick zum Teilgebiet Marketing des Interkulturellen Managements und zeigt anhand der **IBM-Studie** von Hofstede beispielhaft, in welcher Art und Weise die Elemente des strategischen Marketing-Mix im Hinblick auf kulturelle Unterschiede der Zielmärkte angepasst werden können bzw. müssen.

Das Kapitel soll ferner dazu dienen Ihnen die Anwendbarkeit und Anwendung theoretischer Kultur-Konzepte auf reale Kontexte zu demonstrieren und Sie dafür zu sensibilisieren, selbst den Versuch zu unternehmen, die Wirkung kultureller Besonderheiten auf verschiedene unternehmerische Kontexte zu hinterfragen.

Ausgewählte Teilbereiche des Interkulturellen Managements: Von der Theorie zur Praxis

Interkulturelles Personalmanagement: Begriff, Ziele und Ausgabenfelder, interkulturelle Personalstrategie, Personalbeschaffung und Personalauswahl, Personalentwicklung und Personaleinsatz, interkulturelle Personalführung, Perspektiven und Grenzen	▶ Abschn. 6.1
Interkulturelles Marketingmanagement: Theoretischer Bezugsrahmen, Marketing-Mix, Kritische Würdigung des interkulturellen Marketingmanagements	▶ Abschn. 6.2

6.1 Interkulturelles Personalmanagement

6.1.1 Begriff, Ziele, Funktionen, Aufgabenfelder: Vom monokulturellen zum interkulturellen Personalmanagement

Das **interkulturelle Personalmanagement** betrachtet zum einen die kulturspezifischen Besonderheiten im Personalmanagement in verschiedenen Ländern, z. B. bei Einsatz und Nutzung von Personalmanagementkonzepten und -instrumenten oder bei der interkulturellen (Personal-)**Führung**.

Beispiel: Personalmanagementpraktiken in Europa
Bei einem Vergleich der Personalmanagementpraktiken in europäischen und außereuropäischen Ländern im Rahmen der CRANET-Studien wurde z. B. festgestellt, dass es diverse Unterschiede in Strukturen und Praktiken des Personalmanagements gibt, die neben institutionellen Besonderheiten wie rechtlichen Rahmenbedingungen der einzelnen Länder oft auch auf nationalkulturelle Spezifika zurückgeführt werden können. Das gilt sowohl für innerbetriebliche Kommunikation und Informationspolitik, etwa die Informiertheit der Mitarbeiter über die Unternehmensstrategie, als auch für Unterschiede bei der Personalbeschaffung und der Nutzung verschiedener Verfahren der Personalauswahl, der Bedeutung und Instrumente der Personalentwicklung oder den Beziehungen zwischen Arbeitgebern und Arbeitnehmern. So sind in skandinavischen Ländern oder in Großbritannien über 60 % der Mitarbeiter in Produktionsbereichen über die Unternehmensstrategie informiert, in Frankreich oder Deutschland nur zwischen 20 und 30 % und in Russland oder Serbien unter 20 %. Eins spezieller Fokus in Personalentwicklung und Training auf ethnische Minderheiten wurde vor allem in multikulturellen Gesellschaften außerhalb Europas wie Südafrika, USA oder Israel gefunden, während in Europa in den meisten Ländern nur wenige Firmen entsprechende Aktivitäten aufwiesen und sich vielmehr auf jüngere, weibliche oder ältere und behinderte Mitarbeiter konzentrierten. Eine Ausnahme bildet hier Großbritannien.
Quellen: Kabst et al. (2009), Cranet (2017)

Zugleich betrachtet eine interkulturelle Perspektive auf das Personalmanagement typische Aktivitäten dieses Bereiches, die der Vorbereitung und dem Einsatz von Mitarbeitern in anderen kulturellen Kontexten bzw. für interkulturelle Begegnungssituationen dienen. Diese ergeben sich, wenn Personen mit einem unterschiedlichen kulturellen Hintergrund ständig oder auch temporär innerhalb und zwischen verschiedenen Organisationen zusammenarbeiten.

Beispiel: Interkulturelle Überschneidungssituationen mit Auswirkungen auf das Personalmanagement
Solche interkulturellen Überschneidungssituationen reichen von der Zusammenarbeit von Führungskräften oder Mitarbeitern mit Lieferanten oder Kunden im Ausland über den zeitweiligen oder längerfristigen Einsatz von Experten oder Führungskräften in ausländischen Niederlassungen oder Tochterunternehmen bis zur Führung multikultureller Teams im In- oder Ausland. Dabei sind verschiedene Konfigurationen denkbar. Zum einen kann die notwendige Kooperation einer Führungskraft bzw. eines Mitarbeiters aus einem Land mit Mitarbeitern aus einem anderen Land betreffen. Zum anderen können die kooperierenden Führungskräfte und Mitarbeiter jedoch auch aus verschiedenen Ländern stammen, sodass auch zwischen ihnen jeweils interkulturelle Überschneidungssituationen existieren. Besonders ausgeprägt sind solche interkulturellen Situationen in multinationalen Unternehmen.

Vor allem die zunehmende **Globalisierung** (▶ Abschn. 1.4) hat zu einer enormen Komplexitätssteigerung im Personalmanagement geführt. Die zusätzlichen Aufgabenfelder, welche sich im internationalen Kontext ergeben, stellen neue und spezifische Anforderungen an die Führungskräfte und Mitarbeiter und erfordern eine gezielte Weiterbildung nahezu aller Beschäftigten in international tätigen Firmen, wobei die Ausgestaltung der einzelnen Personalfunktionen und -aufgaben stark vom vorhandenen Internationalisierungsgrad und der Internationalisierungsstrategie des jeweiligen Unternehmens abhängt. In einer inländischen Firma mit geringem Kooperationsumfang mit ausländischen Partnern und einer Konzentration auf den Heimmarkt dürften sich z. B. kaum grundlegende Veränderungen im Personalmanagement finden, weil sich nur wenige, oft bi-kulturelle Überschneidungssituationen ergeben. Beim Aufbau von Niederlassungen im Ausland muss dagegen mit zusätzlichen personalwirtschaftlichen Aufgaben in fast allen Personalfunktionen gerechnet werden: Von der Beschaffung und Auswahl von Personal, über Personalentwicklung und -training bis hin zum Personaleinsatz im Ausland, der Personalführung und der Gestaltung entsprechender Anreizsysteme. Zugleich gibt es Unternehmen, die schon bei ihrer Gründung international ausgerichtet sind, von Beginn an ein interkulturell geprägtes Personalmanagement aufweisen und daher oft als *born globals* bezeichnet werden.

Ein interkulturell ausgerichtetes Personalmanagement verfolgt das Ziel, die Führungskräfte und Mitarbeiter der jeweiligen Organisation so auf interkulturelle Kooperationen vorzubereiten, dass ein kompetentes und erfolgreiches Handeln möglich wird, und die Mitarbeiter verschiedener Kulturen gut in die Organisation integriert werden.

Zur Umsetzung dieses Ziels müssen die folgenden Personalfunktionen bzw. Aufgabenfelder entsprechend der interkulturellen Anforderungen ausgestaltet werden:
- die Personalstrategie unter Beachtung der Unternehmens- und Führungsphilosophie;

6.1 · Interkulturelles Personalmanagement

- die Personalbeschaffung und Personalauswahl allgemein und mit Blick auf Auslandseinsätze;
- die Personalentwicklung und -training für einheimische Mitarbeiter mit Auslandskontakten und zur Vorbereitung auf Auslandseinsätze;
- der Personaleinsatz, insbesondere im Ausland oder in speziellen interkulturellen Arbeitssituationen, seine administrative Vorbereitung, Steuerung und Betreuung der entsandten und rückgekehrten Führungskräfte und Mitarbeiter;
- die Personalführung bi- und multikultureller Teams im In- und Ausland; die Gestaltung von Anreizsystemen im In- und Ausland sowie für Auslandseinsätze sowie
- Diversity-Management als umfassendes Konzept zur Gestaltung der Integration und Kooperation verschiedenartiger und damit auch interkultureller Belegschaften.

> **Auf den Punkt gebracht:** Unter interkulturellem Personalmanagement wird neben den kulturspezifischen Besonderheiten des Personalmanagements vor allem die interkulturelle Ausgestaltung der verschiedenen Aufgabenfelder des Personalmanagements verstanden, mit dem Ziel, Führungskräfte und Mitarbeiter bestmöglich auf interkulturelle Begegnungssituationen im In- und Ausland vorzubereiten.

6.1.2 Ausgewählte Aufgabenfelder des interkulturellen Personalmanagements

■ **Interkulturelle Personalstrategie**

Interkulturelle Personalstrategien können als grundlegende Muster des personalwirtschaftlichen Entscheidens und Handelns von und in Organisationen in interkulturellen Handlungssituationen betrachtet werden. In ihrer planmäßigen Ausgestaltung bilden sie den normativen Rahmen für die interkulturelle Ausgestaltung der einzelnen Aufgabenfelder des Personalmanagements.

Die Basis für interkulturelle Personalstrategien bilden die verschiedenen Handlungsoptionen bei interkulturellen Begegnungen, die individuellen und organisationalen **Interkulturalitätsstrategien** (▶ Abschn. 1.2 und ▶ Abschn. 1.4). Zugleich hängen Personalstrategien von Unternehmen jedoch auch immer von der internationalen Wettbewerbssituation und den durch die Unternehmen verfolgten Internationalisierungsstrategien insgesamt ab. Dabei sind insbesondere die durch eine Globalisierung der Aktivitäten wie auch die durch eine Lokalisierung und Differenzierung internationaler Aktivitäten zu erzielenden Vorteile zu beachten. Kumar und Wagner (1998) haben dazu ein Fit-Modell für grundlegende Strategietypen des internationalen Personalmanagements und ihren Zusammenhang mit Strategie, Organisation und **Kultur** entwickelt und Scholz (2014) hat spezifische Kulturstrategien im Personalmanagement herausgearbeitet. Typen von interkulturellen Personalmanagementstrategien sind danach (Kumar, 1998, S. 4 f.; Wagner 1998, S. 39 f.):

- Unverbundenes Personalmanagement, bei dem die Personalmanagementaktivitäten in den verschiedenen Bereichen eines Unternehmens jeweils mit nationalspezifischen Strategien und Organisationslösungen sowie einer gesellschaftsindividuellen Kultur verknüpft sind;
- Ethnozentrisches Personalmanagement, bei dem eine globale Strategie und Organisation ausgehend vom Stammhaus und seiner Kultur auf alle Tochterunternehmen übertragen wird und auch die Personalmanagementaktivitäten in diesem Sinne ausgestaltet sind;
- Polyzentrisches Personalmanagement, bei dem das Personalmanagement durch eine multinationale Strategie und Organisation gekennzeichnet ist, in der die jeweiligen Tochtergesellschaften ihre Stärken im Rahmen eigenständige Kulturen entfalten können, sowie
- Geozentrisches Personalmanagement, das durch eine transnationale Strategie und Organisation gekennzeichnet ist und eine multikulturelle Unternehmenskultur und entsprechende Personalmanagementaktivitäten aufweist.

Dem entsprechen jeweils Kulturstrategien (Scholz 2014, S. 100):
- Monokulturelle Strategie;
- Multikulturelle Strategie;
- Kulturelle Mischstrategie.

Die Abbildung ◘ Abb. 6.1 verdeutlicht die Besonderheiten der jeweiligen Kulturstrategien, von denen eine direkte Wirkung auf die Personalmanagementaktivitäten angenommen wird.

Den Zusammenhang zwischen der Wettbewerbssituation, den Internationalisierungsstrategien sowie den Kultstrategien zeigt ◘ Tab. 6.1.

Der Prozess der Internationalisierung von Unternehmen ist dabei oft mit einem Wandel der Personalmanagementstrategien verbunden. Während bei kaum oder gering internationalisierten Unternehmen selten interkulturelle Überschneidungssituationen auftreten, ergeben sich bei einer zunehmenden Internationalisierung zwei alternative Pfade der weiteren Entwicklung: Hin zu einer ethnozentrischen bzw. monokulturellen Strategie oder einer polyzentrischen bzw. multikulturellen Strategie des Personalmanagements. In multinationalen Unternehmen verstärkt sich schließlich der Trend zu einer transnationalen und geozentrischen Personalstrategie (◘ Tab. 6.1 sowie Beispiel).

Darüber hinaus zeigen sich bei der Strategiewahl bzw. dem Auftreten bestimmter Personalstrategien die Einflüsse der jeweiligen **National-** bzw. **Gesellschaftskultur**. So verdeutlichen empirische Befunde u. a., dass vor allem große US-amerikanische Unternehmen eine starke ethnozentrische Orientierung aufweisen (Almond und Ferner 2006).

6.1 · Interkulturelles Personalmanagement

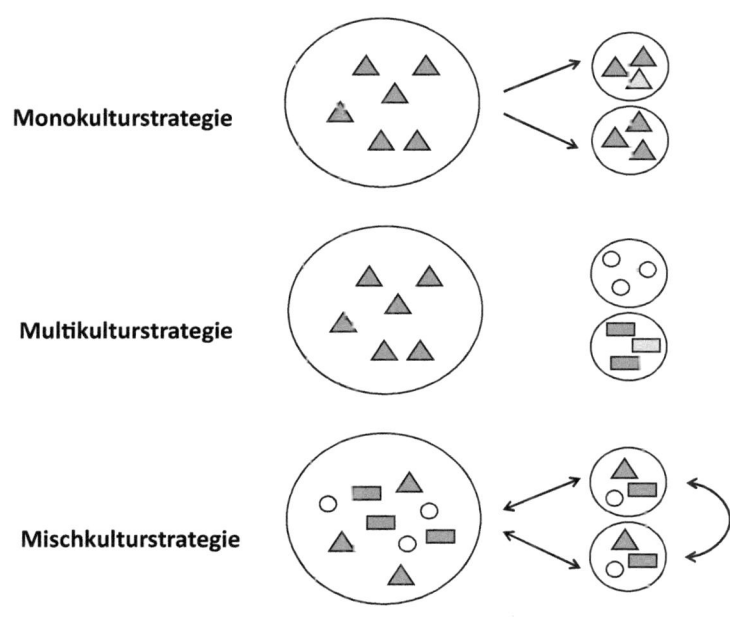

Abb. 6.1 Kulturstrategien im internationalen Personalmanagement (Quelle: Scholz 2014, S. 100)

Tab. 6.1 Kontext und Muster interkultureller Personalstrategien

Wettbewerbsvorteile	Unternehmensstrategie	Personalstrategie	Kulturstrategie	Aktivitätsmuster im Personalmanagement
Weder Lokal noch Global	National	Unverbunden	Keine	Nationale Spezifika der Personalmanagementpraktiken
Global	Globale	Ethnozentrisch	Monokulturelle Strategie	Übernahme der Praktiken und Instrumente der Muttergesellschaft

Quelle: Eigene Abbildung in Anlehnung an Kumar (1998, S. 4 f.); Wagner (1998, S. 39 f.); Scholz (2014, S. 100).

◘ Tab. 6.1 (Fortsetzung)

Wettbewerbsvorteile	Unternehmensstrategie	Personalstrategie	Kulturstrategie	Aktivitätsmuster im Personalmanagement
Lokal	Multinational	Polyzentrisch	Multikulturelle Strategie	Anpassung an und Gültigkeit von lokalen Praktiken
Global und Lokal	Transnational	Geozentrisch	Kulturelle Mischstrategie	Kompromisse und Austausch von Praktiken bis hin zur transnationalen Synthese

Quelle: Eigene Abbildung in Anlehnung an Kumar (1998, S. 4 f.); Wagner (1998, S. 39 f.); Scholz (2014, S. 100).

Beispiel: Interview mit Rajan R. Malaviya zu internationalen Personalstrategien
Internationales Personalmanagement erfordert im Vergleich zur HR-Arbeit im deutschsprachigen Raum eine zum Teil ganz andere Denk- und Handlungsweise. Denn das, was in Deutschland funktioniert, lässt sich nicht immer eins-zu-eins auf China, Indien oder die USA übertragen. Über die Herausforderungen, die damit für Unternehmen und ihre Personalentscheider einhergehen, unterhielten wir uns mit Rajan R. Malaviya vom IWP Institut f. Wirtschafts- und Politikberatung.
Die Studie der DGFP zum Thema „Megatrends" kommt zu der Aussage, dass die Internationalisierung einer der fünf Megatrends ist, die das Personalmanagement der Zukunft maßgeblich prägt. Welche zusätzlichen Herausforderungen kommen damit auf die HR-Arbeit in den nächsten Jahren zu?
R.R. Malaviya (RRM): Die Internationalisierung fordert von HR strategisches und zusätzlich zunehmend poly-zentristisches und weniger euro-zentristisches Denken und Handeln.
Wie gut sind deutsche Unternehmen generell in puncto Internationaler Personalarbeit aufgestellt? Wo sehen Sie den größten Handlungsbedarf?
RRM: In puncto Internationaler Personalarbeit sind deutsche Unternehmen zwar mehr und mehr international ausgerichtet, doch immer noch sehr lethargisch und deutschlastig.
Internationale Personalarbeit befindet sich immer im Spannungsfeld zwischen globaler Steuerung und lokaler Beeinflussung. Wie kann dieser Spagat erfolgreich gelingen?
RRM: Spannungsfeld JA! Spagat Nein! Internationales Personalmanagement bedeutet mehr und mehr weg vom „Entweder-Oder-Denken" hin zu einem „Sowohl-als-Auch-Denken". Hier liegt ein Schlüssel zum Erfolg.
Welche übergeordneten Strukturen und Prozesse sind für ein international agierendes Personalmanagement unabdingbar?

6.1 · Interkulturelles Personalmanagement

RRM: Der Internationalen Personalarbeit gebührt ein hoher strategischer Stellenwert, der sich auch in der strukturellen Verankerung wiederfindet und nicht nur in der rechtlichen Verwickelung. Auch die Prozesse fordern im Internationalen Personalmanagement ein stringentes Handhaben von der Entsendung bis zur Reintegration.

Wie soll die Umsetzung eines professionellen internationalen Personalmanagements wirkungsvoll gesteuert und dessen Realisierung überprüft werden?

RRM: Eine wirkungsvolle Realisierung und Steuerung fordert innerhalb des Personalmanagements eine Integrierte Eigenständigkeit. Neue Modelle sind da, wir müssen sie nur einsetzen. Internationales Personalmanagement geht über Interkulturelles Wissen hinaus; ein breites und tiefes sozio-kulturelles und auch sozio-politisches Wissen ist neben aller Personalmanagement-Fachlichkeit mehr als gefragt.

Welche Grenzen der Internationalisierung sehen Sie für die Personalarbeit? Was sind die Schattenseiten, wie können Unternehmen ihnen sinnvoll und nachhaltig begegnen?

RRM: Die Grenzen liegen im eigenen Denken und dem gelegentlich begrenzten Denken bzw. halbherzigen Handeln der Unternehmen. Wenn Internationales Personalmanagement, dann richtig! Internationales Personalmanagement ist niemals eine Einbahnstrasse, sondern immer eine Mehrbahnstrasse, mindestens eine Zweibahnstrasse. Meint: Internationales Management fordert Personalitäten in der entsendeten Organisation wie vor Ort, die in Lage sind, über den eigenen Tellerrand hinaus zu blicken und zu handeln

Interview: Sascha Jussen, DGFP-Online-Redaktion vom 04.10.2012

Quelle: DGFP online (2012): ▶ http://www.dgfp.de/aktuelles/dgfp-news/von-entweder-oder-zu-sowohl-als-auch-interview-mit-rajan-r-malaviya-3721

Auch empirische Befunde zum Stand des internationalen und interkulturellen Personalmanagements zeigen, dass nur in ca. 60 % der von der DGFP befragten Unternehmen Aufgaben des interkulturellen Personalmanagements wahrnehmen und es nur in einem Drittel der Unternehmen ein Konzept zum Umgang mit **Interkulturalität** gibt. Nur ca. 50 % der Unternehmen, die internationale Aufgaben realisieren, verfügen über ein definiertes strategisches Gesamtkonzept des internationalen Personalmanagements. Allerdings haben ca. 70 % entsprechende Richtlinien für Teilbereiche, z. B. die Entsendungspolitik, ausgearbeitet und eingeführt (DGFP 2011, S. 34 ff).

> **Auf den Punkt gebracht:** Die unterschiedlichen interkulturellen Persona strategien als charakteristische Muster des Handelns im Personalmanagement unter Bedingungen der Globalisierung zeigen sich folgerichtig in Handlungspräferenzen, Praktiken und Instrumenten bei der Personalbeschaffung und Personalauswahl, aber auch in der Personalentwicklung, dem Personaleinsatz und der Führung von Teams.

- **Interkulturelle Personalbeschaffung und -auswahl**

Interkulturelle Personalbeschaffung und -auswahl betrachtet zum einen die externe länderübergreifende Rekrutierung von Führungskräften und Mitarbeitern für ein Unternehmen und zum anderen die interne und externe Beschaffung und Auswahl von Führungskräften und Mitarbeitern für internationale Einsätze sowie für Einsätze in weiteren interkulturellen Kontexten, wie z. B. in interkulturellen Teams auch im Inland. Die Ausprägung der Interkulturalität in der Personalbeschaffung hängt natürlich davon ab, inwieweit solche interkulturellen Aktivitäten in einem erheblichen Umfang und in systematischer Art und Weise durchgeführt werden. Sie schließen zugleich den Einsatz alternativer Rekrutierungswege und -methoden, die Nutzung alternativer Auswahlverfahren und -instrumente sowie ergänzender Auswahlkriterien im Rahmen vorhandener Auswahlinstrumente ein.

Die interkulturelle Personalbeschaffung (*intercultural recruitment*) richtet sich zunächst an verschiedene Zielgruppen:

- Stammlandangehörige (*home-country nationals*), d. h. potentielle oder tatsächliche Beschäftigte aus dem Land des jeweiligen Unternehmens;
- Gastlandangehörige (*host-country nationals*), d. h. potentielle oder tatsächlich Beschäftigte aus Ländern der Tochterunternehmen oder Niederlassungen;
- Ehemalige Gastlandangehörige (*ex-host-country nationals*), d. h. potentielle oder tatsächlich Beschäftigte, die ursprünglich aus Gastländern stammen, aber inzwischen in anderen Ländern arbeiten und leben;
- Drittland-Angehörige (*third-country nationals*), d. h. potentielle oder tatsächlich Beschäftigte aus weiteren Ländern.

Zu den beiden letzten Gruppen werden auch die Migranten gerechnet, je nach ihrer Herkunft. Diese Zielgruppen weisen in Abhängigkeit vom geplanten Einsatzfeld jeweils Vor- und Nachteile auf. ◘ Tab. 6.2 zeigt ausgewählte Vor- und Nachteile im Überblick am Beispiel der Beschaffung für den Einsatz in Gastländern.

Als generelle Tendenz zeigt sich, dass viele international ausgerichtete Unternehmen zu einer globalen Beschaffung tendieren. Zugleich werden zunehmend hoch qualifizierte Experten und Manager aus Gastländern auf Stellen in den Stammhäusern eingesetzt (*inpatriation*), was die Unternehmen auch im Stammhaus multikultureller und damit international wettbewerbsfähiger macht (Kostova et al. 2016).

Als *geeignete Beschaffungsinstrumente* für interkulturelle Einsätze von bereits Beschäftigten lassen sich z. B. interne Stellenmärkte, internationale Personalentwicklungsseminare oder die zumindest in größeren Unternehmen üblichen Beurteilungssysteme und Karriereplanung nutzen. Auch Qualifikationsbilanzen und Wissenslandkarten oder Profile, die das vorhandene Wissen im Unternehmen, in Bereichen, Abteilungen oder von Mitarbeitern erfassen, können genutzt werden, um geeignete Kandidaten zu finden. Voraussetzung ist jedoch, dass dort interkulturelles Wissen, Erfahrungen und Fähigkeiten einbezogen werden. Zur Gewinnung von Unternehmensexternen bieten sich üblichen Beschaffungswege an, wobei dem internationalen Personalmarketing eine besondere Bedeutung zukommt. Internationale Arbeitgeber nutzen für einen entsprechenden Image- und Kontaktaufbau zu geeigneten Kandidaten verschiedene Kanäle:

Tab. 6.2 Ausgewählte Vor- und Nachteile der verschiedenen Beschäftigtengruppen für interkulturelle Einsätze in Gastländern

Beschäftigtengruppe	Vorteile	Nachteile
Stammlandangehörige	– Vertrautheit mit Kultur, Philosophie und Zielen der Muttergesellschaft – Meist hohe fachliche Kompetenzen – Direkte Kontrolle der Niederlassung und gute Kommunikation zum Stammhaus	– Mangelnde Vertrautheit mit kulturellen Bedingungen des Gastlandes – Hohe Kosten bei der Vorbereitung und Betreuung für interkulturelle Einsätze – Konflikte im Gastland und kulturelle Anpassungsprobleme – Aufstiegsmöglichkeiten für Gastlandangehörige begrenzt
Gastlandangehörige	– Vertrautheit mit Kultur und Institutionen des Gastlandes und lokale Netzwerke – Vergleichsweise geringere Kosten der Beschaffung und Beschäftigung – Karrierechance, entsprechende Motivation	– Ggf. Probleme bei der Kontrolle der Niederlassung – Vergleichsweise schlechtere Kommunikationsbeziehungen zur Zentrale – Begrenzter Ausbau interkultureller Erfahrungen für Stammlandangehörige
Ex-Gastlandangehörige	– Vertrautheit mit Kultur und Institutionen des Gastlandes – Internationale Erfahrungen und Netzwerke über Stamm- und Gastland hinaus – Meist hohe fachliche und Führungskompetenzen – I. d. R. kostengünstiger als Stammlandangehörige	– Vorbehalte gegenüber ausgewanderten Personen – Einschränkung der Aufstiegsmöglichkeiten für Gastlandangehörige
Drittlandangehörige	– Internationale Erfahrungen und Netzwerke über Stamm- und Gastland hinaus – Meist hohe fachliche und Führungskompetenzen – Besseres Potential für Anpassung an Gastland und zugleich neutrale(re) Position ggü. Stamm- und Gastlandangehörigen	– Vorbehalte gegenüber Entsandten aus bestimmten Kulturen – Fehlende lokale Netzwerke – Einschränkung der Aufstiegsmöglichkeiten für Gastlandangehörige

Quellen: Macharzina und Wolf (1998, S. 53); Tung (2016)

Kontakte zu ausländischen Universitäten und international agierenden Studenteninitiativen, internationale Imageanzeigen, Artikel in internationalen Fachzeitschriften und Mitwirkung bei international ausgerichteten Forschungsprojekten. Die Grundlage für die *Auswahl von geeigneten Kandidaten für interkulturelle Aufgaben* bilden die aus den jeweiligen Anforderungsprofilen abgeleiteten Auswahlkriterien für die zu besetzende Stelle. Neben einer solchen kultur- bzw. einsatzspezifischen Vorgehensweise, bei der vor allem die Erfahrungen und Kenntnisse bezüglich der offenen Stelle eine Rolle spielen, stützen sich viele Unternehmen bei ihrer Auswahl auf generalisierende Fähigkeiten einer interkulturellen oder globalen Kompetenz. Eigenschaften, Fähigkeiten und Verhaltensweisen wie kulturelle Offenheit, interkulturelle Sensibilität und Anpassungsfähigkeit sowie ein respektvoller Umgang mit fremdkulturellen **Werten** sind neben Empathie, der Fähigkeit mit Mehrdeutigkeit umzugehen, die eigene Rolle zu reflektieren, Optimismus und der Motivation zur Arbeit in einem internationalen Umfeld entscheidende Auswahlkriterien (Mendenhall et al. 2013 sowie ▶ Abschn. 1.3).

Die genannten Kriterien lassen sich in verschiedenen Auswahlinstrumenten nutzen. Dazu gehören insbesondere verschiedene interkulturelle Testverfahren und interkulturell ausgestaltete Assessment Center, die über Testverfahren hinaus Interviews und Verhaltenssimulationen von interkulturellen Konfliktsituationen umfassen. Typische Testverfahren beziehen sich dabei auf die Persönlichkeit (*multi-cultural personality questionnaire*), die interkulturelle Anpassungsfähigkeit (*cross-cultural adaptability inventory*), die kulturelle Intelligenz (*cultural intelligence*) oder die globale Denkweise (*global mindset inventory*) oder übergreifend auf globale Kompetenzen (*global competencies inventory*) (Mendenhall et al. 2013, S. 113 ff.). Das folgende Beispiel zeigt, welche Aspekte bzw. Dimensionen von Eigenschaften oder Verhaltenstendenzen für die globale Denkweise ermittelt und bewertet werden.

Beispiel: Verschiedene Messdimensionen des Testverfahrens zur globalen Denkweise

Das internetbasiertes Werkzeug (▶ www.globalmindset.com) enthält 76 Elemente, die in neun verschiedenen Dimensionen drei übergreifende Aspekte globaler Denkweise messen sollen: Das intellektuelle, psychologische und soziale Kapital.

Das intellektuelle Kapital umfasst die Dimensionen globaler Geschäftssinn, Weltoffenheit und Umgang mit Komplexität.

Das psychologische Kapital wird durch die Dimensionen Leidenschaft für Vielfalt, Selbstsicherheit und Abenteuerlust beschrieben.

Das soziale Kapital betrachtet schließlich das interkulturelle Einfühlungsvermögen, diplomatisches Verhalten sowie die Fähigkeit interpersonellen Einfluss zu nehmen.

In der bereits erwähnten Befragung des DGFP von 2011 zeigt sich, dass nur ca. 50 % der deutschen Unternehmen mit internationalen Personalmanagement-Aktivitäten

6.1 · Interkulturelles Personalmanagement

über geeignete Methoden und Instrumente zur Beherrschung der Personalprozesse wie Beschaffung und Auswahl verfügen.

> Auf den Punkt gebracht: Die interkulturelle Personalbeschaffung und Personalauswahl betrachtet die externe, länderübergreifende Rekrutierung von Führungskräften und Mitarbeitern für ein Unternehmen und weiterhin die interne und externe Beschaffung und Auswahl von Führungskräften und Mitarbeitern für internationale Einsätze sowie für Einsätze in weiteren interkulturellen Kontexten. Zentrale Zielgruppen sind dabei die Stammhausangehörigen im Inland, Gastlandangehörige, ehemalige Gastlandangehörige sowie Drittlandangehörige, die jeweils spezifische Vor- und Nachteile für einen interkulturellen Einsatz im Ausland aufweisen. Bei der Auswahl spielen interkulturelle Fähigkeiten eine große Rolle. Sie lassen sich in Assessment-Centern oder über entsprechende Testverfahren prüfen.

- **Interkulturelle Personalentwicklung**

Die interkulturelle Personalentwicklung stellt eine zentrale Aufgabe im Rahmen eines interkulturellen Personalmanagements dar. Sie umfasst alle planerischen und gestalterischen Aktivitäten, die auf die Entwicklung der interkulturellen Kompetenz von Führungskräfte und Mitarbeiter eines Unternehmens gerichtet sind. Auf der Basis der bereits im ▶ Abschn. 1.3 erwähnten vielfältigen Konzepte der interkulturellen Kompetenz und des **interkulturellen Lernens** wurden auch im Bereich der systematischen Entwicklung der interkulturellen Kompetenz von Führungskräften und Mitarbeitern verschiedene Methoden und Instrumente eingesetzt, um diesen Lernprozess zu fördern. Dabei schließen die Maßnahmen sowohl **interkulturelles Training** als auch interkulturelle Karriereplanung und das Sammeln von interkulturellen Erfahrungen durch kürzere und längere Auslandsaufenthalte ein. Dazu haben sich in Unternehmen zunächst folgende Aktivitäten zur Entwicklung von Personal für internationale Einsätze bewährt:

- Internationale Geschäftsreisen;
- Internationale Geschäftsseminare mit internen sowie externen Teilnehmern;
- Internationale Projektgruppen und Task Forces;
- Internationale Auslandentsendungen (*expatriation*) oder Entsendungen in die Muttergesellschaft bzw. das Stammhaus (*inpatriation*).

Der typischen Wissensvermittlung, etwa durch kulturelle Instruktionen, Selbststudium oder Vorträge, wird dabei nur ein geringerer Effekt zugewiesen. Eine stärkere Wirksamkeit weisen Formen des internationalen Austausches mit anderen auf, wie z. B. Trainingsveranstaltungen mit Rollenspielen, Fallanalysen oder Kulturassimilatoren. Dazu gehören auch kurze Geschäftsreisen. Dagegen tragen persönliche Arbeitserfahrungen im Ausland besonderes zur Entwicklung und Verfestigung interkultureller

Kompetenzen bei. Hier werden internationale Arbeitseinsätzen im Vorfeld, internationale Assessment-Center und komplexe, arbeitsnahe Simulationen als hilfreich angesehen (Mendenhall et al. 2013, S. 224 ff.).

Neben einer allgemeinen Entwicklung interkultureller Kompetenzen gehören auch interkulturelle Trainings für konkrete Auslandeinsätze zur interkulturellen Personalentwicklung. Die bedarfsgerechte Auswahl und Kombination von Trainingsinstrumenten kann sich dabei nachfolgenden Kriterien richten:

- Neuheit der internationalen Aufgabenstellung;
- Fremdartigkeit der Landeskultur der Interaktionspartner sowie
- Häufigkeit und Intensität von erwarteten Kontakten mit fremdkulturellen Partnern.

Eine kulturspezifische Kombination wissens-, verständnis- und verhaltensorientierter Trainingsverfahren ist etwa dann angezeigt, wenn neuartige Arbeitsaufgaben in ständiger Zusammenarbeit mit Partnern aus einer dem Mitarbeiter fremden Landeskultur zu bewältigen sind. So können z. B. zur Bewältigung von Schwierigkeiten in kulturell heterogen zusammengesetzten Arbeitsgruppen verschiedenartige Techniken wie die kontrastierende Benennung von kulturellen Unterschieden der Zusammenarbeit, die Präsentation von Beispielen gelungener interkultureller Kooperation, die Simulation interkultureller Kooperation per Rollenspiel oder das Aushandeln von Regeln für die künftige Zusammenarbeit genutzt werden, um für einzelne Kooperationssituationen angemessenen Handlungsstrategien einzuüben.

Die folgenden Beispiele zeigen typische Aktivitäten einer interkulturellen Personalentwicklung in ausgewählten großen oder mittelständigen Unternehmen.

Beispiel: Interkulturelle Personalentwicklung in großen und mittelständischen Unternehmen

In der Bosch AG werden verschiedene *on-the-job*-Maßnahmen *und off-the-job*-Maßnahmen in der interkulturellen Personalentwicklung praktiziert. Bei den *on-the-job*-Maßnahmen sind vor allem Auslandsversetzung in beide Richtungen, internationale Rotationen, Traineeprogramme mit Auslandsstationen sowie internationale Projekte zu erwähnen. Typisch *off-the-job*-Aktivitäten sind interkulturelle Teamtrainings, Auslandsvorbereitungsseminare sowie Reintegrations- und Integrationsworkshops, meist im Zusammenhang mit einer Auslandsversetzung. In solchen Workshops werden dann Methoden wie Gruppentraining Rollenspiele zum effektiven Verhaltenslernen, Simulationen oder Fallstudienarbeit genutzt, um gezielt interkulturellen Kompetenzen zu entwickeln (Rothlauf 2012, S. 182 ff.).

In der BMW AG erfolgt die Entwicklung interkultureller Kompetenzen über drei spezifische Programme. *BMW International-Cultural Sensibility* dient vor allen der Vermittlung von Basiswissen über kulturelle Unterschiede in den Ländern, in denen BMW tätig ist, verfolgt also das Ziel einer allgemeineren interkulturellen Sensibilisierung. *BMW International- Cultural*

6.1 · Interkulturelles Personalmanagement

Diversity soll hingegen dem Aufbau vertiefter interkultureller Kompetenz und spezieller interkultureller Handlungsfähigkeit für eine bestimmte Landeskultur fördern und eine internationale Zusammenarbeit ermöglichen. Unter *BMW International-Corporate Culture* werden schließlich Workshops zur Qualifizierung und Begleitung von internationalen Projekten, Teams und Unternehmensbereichen für eine erfolgreiche, landesübergreifende Zusammenarbeit angeboten (Rothlauf 2012, S. 175 ff.).

Auch mittelständische Unternehmen mit internationaler Ausrichtung engagieren sich zunehmend im Bereich der interkulturellen Personalentwicklung und des Trainings wie das folgende Beispiel eines eintägigen interkulturellen Trainings für den Einsatz im polnischen Partnerunternehmen zeigt. Dabei werden in einem kulturallgemeinen Teil zunächst Grundlagen zu Kultur, Interkulturalität und interkultureller Kommunikation vermittelt und Erfahrung von Fremdheit sowie Strategien im Umgang mit kulturellen Differenzen in einem Rollenspiel bearbeitet. Im kulturspezifischen Teil für Polen geht es um die Wissensvermittlung zur Geschichte Polens und der Ableitung kultureller Besonderheiten Polens. Kulturspezifische kritische Ereignisse und die deutsch-polnische Sicht aufeinander sowie Konfliktlösungsstrategien im deutsch-polnischen Kontext werden über Diskussionen zu Fallbeispielen sowie in Rollenspielen vermittelt. Dabei müssen die Teilnehmer am Fallbeispiel die unterschiedlichen Kulturstandards erkennen. Nacharbeit zum erarbeiteten Wissen, eine Befragung der Teilnehmer zum Abschluss des Trainings und mittels anonymisierter Feedback-Fragebögen sowie eine Evaluation der Feedbacks und eine kontinuierliche Optimierung und Weiterentwicklung runden die Aktivitäten zur Entwicklung interkultureller Kompetenzen ab.

> **Auf den Punkt gebracht:** Die interkulturelle Personalentwicklung umfasst alle planerischen und gestalterischen Aktivitäten, die auf die systematische Herausbildung und Förderung der interkulturellen Kompetenz von Führungskräften und Mitarbeitern eines Unternehmens gerichtet sind. Sie nutzt verschiedene Methoden und Instrumente, um diesen Lernprozess zu fördern. Dabei schließen die Maßnahmen sowohl interkulturelles Training als auch interkulturelle Karriereplanung und das Sammeln von interkulturellen Erfahrungen durch kürzere und längere Auslandsaufenthalte ein.

▪ Interkultureller Personaleinsatz

Eine zentrale Funktion eines interkulturellen Personalmanagements ist der interkulturelle Personaleinsatz. Darunter werden die Entsendung und/oder der Einsatz von Führungskräften und Mitarbeitern zur Lösung von Führungs- oder Expertenaufgaben in interkulturellen oder multikulturellen Arbeitssituationen verstanden. Dabei kann zwischen Einsätzen im In- oder Ausland unterschieden werden. Im Inland handelt es sich um interkulturelle Begegnungen durch den dauerhaften Einsatz als Mitarbeiter oder Führungskraft in multikulturellen Teams im eigenen Unternehmen. Weitere Möglichkeiten sind die Mitarbeit in virtuellen Teams oder kurzfristige interkulturelle

Begegnungen im Rahmen von Verhandlungen oder Personalentwicklungsmaßnahmen im Inland. Der Prototyp des interkulturellen Personaleinsatzes ist jedoch die Auslandsentsendung (*expatriation*). Dazu gehören:
- die kurzzeitige Entsendung bis zu drei Monaten, z. B. zur dringenden Problembehebung oder als kurzfristige Notlösungen zur Stellenbesetzung;
- die verlängerte Entsendung bis zu einem Jahr, insbesondere zur Gründung von Niederlassungen oder Einführung von Managementsystemen;
- die langfristige Entsendung zwischen ein und fünf Jahren zur dauerhaften Übernahme einer Führungs- oder Expertenposition.

Die traditionelle Auslandsentsendung umfasst dabei eine klar definierte Rolle des Entsandten vor Ort, z. B. als leitender Manager einer Tochtergesellschaft. Darüber hinaus gibt es regelmäßige kurzfristige Dienstreisen ins Ausland (*frequent flyers*) als weitere interkulturelle Begegnungssituationen.

Die Auslandsentsandten (*expatriates*) erfüllen zahlreiche Funktionen in der Vermittlung zwischen Stammhaus und Auslandsniederlassung oder Tochtergesellschaft (◘ Abb. 6.2).
Im Einzelnen sind das:
- die Koordinations- und Kontrollfunktion, d. h. Auslandsentsandte stellen die zentrale Form personaler Koordination dar, sollen Aktivitäten in der Niederlassung mit denen im Stammhaus abstimmen und zugleich kontrollieren;
- die Funktion der Wissens- und Sprachvermittlung, d. h. Auslandsentsandte stellen zugleich eine sprachliche wie auch eine Wissensbrücke zwischen Stammhaus und Niederlassung dar, sollen Wissen und Erfahrungen in beide Richtungen transferieren;
- die Sozialisierungsfunktion, d. h. Auslandsentsandte repräsentieren das Wertesystem, die Philosophie und Kultur der Muttergesellschaft und sollen diese in den ausländischen Niederlassungen vermitteln;
- die Netzwerkbildungsfunktion, d. h. Auslandsentsandte sollen und können die Aufenthalte zum Aufbau personeller Netzwerke in Entsendeland nutzen, die letztlich auch für die entsendende Organisation Vorteile aufweisen sowie
- die Schnittstellenfunktion, d. h. Auslandsentsandte bilden eine wichtige Schnittstelle von der Muttergesellschaft zur Tochtergesellschaft bzw. zwischen Stammhaus und Niederlassung zugleich aber auch zu wichtigen Gruppen in der Niederlassung oder zu Institutionen im Entsendeland.

Nicht in jedem Fall von Auslandsentsendung oder in allen Unternehmen sind sämtliche Formen und Funktionen präsent, sondern hängen vielmehr von Internationalisierungsgrad und -strategie wie auch dem Ziel des konkreten Einsatzes ab. Das Beispiel der Bayer AG zeigt für den Erhebungszeitraum einen Fokus auf kürzere Einsätze mit

6.1 · Interkulturelles Personalmanagement

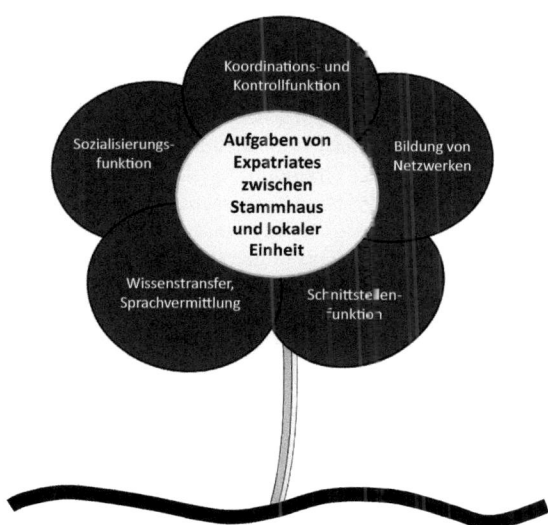

☐ **Abb. 6.2** Funktionen und Aufgaben von Auslandsentsandten (Quelle: Eigene Darstellung in Anlehnung an Dowling et al. 2008, S. 92)

dem Ziel der Führungskräfteentwicklung. Zugleich werden der Wissenstransfer, die Koordination und Kontrolle sowie ggf. das Schnittstellenmanagement und der Aufbau von persönlichen Netzwerken durch die Entsandten adressiert.

Beispiel: Auslandsentsendung in der Bayer AG

Der internationale Einsatz von Führungskräften dient in erster Linie der Führungskräfte-Entwicklung.

Geeignete Anlässe:
- Transfer von Know-how;
- Mitarbeit bei Projekten;
- Wahrnehmung von Aufgaben, für die vor Ort keine geeigneten Führungskräfte zur Verfügung stehen.

Auswahlkriterien:
Internationaler Erfahrung von mindestens zwei bis drei Jahren außerhalb des Heimatlandes bei einer anderen Bayer-Konzerngesellschaft
Stammhauserfahrung – erworben durch mindestens 2–3-jährige Erfahrung bei der Bayer AG
Quelle: Emrich (2011, S. 186)

Vor allem zwischen 1990 und 2010 zeigt sich ein großes Interesse der empirischen Forschung wie der Praxis an einer optimalen Gestaltung von Entsendungsprozessen, wobei auch ein deutlicher Trend von einer ausschließlichen Entsendung von Personen, die der Kultur der Muttergesellschaft angehören (*home-country nationals*) hin Personen aus Drittlandkulturen (*third-country nationals*) bzw. einer sinnvollen Kombination beider Strategien sichtbar wird. Diese Veränderung steht in Verbindung mit der bereits genannte geostrategischen bzw. Mischkulturstrategie des interkulturellen Personalmanagements sowie der zunehmenden Hinwendung zu einem globalen Talent-Management (Tung 2016).

Beim Blick auf den längerfristigen Einsatz von Entsandten wurde dabei eine Anzahl von Problemen identifiziert, deren Lösung großen Einfluss auf den Erfolg von Auslandsentsendungen hat (Vgl. Modell des Akkulturationsprozesses ▶ Abschn. 1.3). Dazu gehören zum einen kulturelle Faktoren wie die interkulturelle Distanz zum Einsatzland, aber die kulturelle Affinität sowie das Ausmaß der Erfahrungen und die Sprachkenntnisse der zu Entsendenden bezüglich des Einsatzlandes. Neben arbeitsbezogenen Faktoren wie die Notwendigkeit einer klaren Aufgabenstellung mit erforderlichen Ressourcen und Befugnissen, einer Perspektive auch mit Blick auf die Rückkehr und einer entsprechenden vertraglichen Gestaltung, die Anreize wie Karriereperspektiven einschließen, spielen vor allem soziale Faktoren eine wichtige Rolle. Als sehr wichtig haben sich die Einstellung, die Sprachkenntnisse sowie die Beschäftigungsmöglichkeiten und Integration der mitreisenden Familienangehörigen erwiesen. Gerade die mangelnde Beachtung dieses Faktors hat wiederholt zu Abbrüchen oder Misserfolgen von Entsendungen geführt, sodass viele Firmen die Familienangehörigen stark in die Vorbereitung, Sprachausbildung oder kulturelle Sensibilisierung einbeziehen (Thomas und Schroll-Machl 2005, S. 390 ff.). Hinsichtlich des Einflusses der kulturellen Affinität und der Karriereperspektiven der Entsandten zeigen sich deutliche Einflüsse auf die Ausgestaltung des Personalmanagements in den Tochtergesellschaften oder Niederlassungen.

Beispiel: Deutsche Expatriates in Russland

Deutsche entsandte Manager in Russland tendieren je nach Bezug zum Gastland und Stellenwert des Aufenthaltes für die eigene Karriere zu verschiedenen Reaktionen: Entweder zur Anpassung der Personalmanagementsysteme an kulturelle Gegebenheiten in Russland oder zur Durchsetzung der Konzepte der Muttergesellschaften, wobei die Strategie der Muttergesellschaften hinsichtlich der jeweiligen Auslandsniederlassung, aber auch die speziellen interkulturellen Kompetenzen der Entsandten den Gestaltungsrahmen für das Handeln setzt. In der Fallstudienuntersuchung wurden u. a. folgende Entsandten-Rollen gefunden:

- „Unser Mann in Moskau": Mit hoher Kulturaffinität und großem Freiraum der eigenständigen Gestaltung des Personalmanagements;
- „Unseres Herren Stimme": Mit geringer Kulturaffinität und ausgeprägter Karriereorientierung jenseits des Einsatzlandes und der Tendenz der Durchsetzung der Strukturen der Muttergesellschaft;

6.1 · Interkulturelles Personalmanagement

— „Man muss einen Kompromiss finden": Mit gewisser Kulturaffinität und dem Versuch, innerhalb der Niederlassungskultur funktionierende Systeme aufzubauen.
(Quelle: Steger et al. 2011 sowie Beispiele in ▶ Kap. 5)

Die DGFP-Erhebung von 2011 hat gezeigt, dass ca. 65 % der befragten Unternehmen, die internationale Personalmanagementaufgaben realisieren, mit dem Verlauf von Personaleinsätzen zufrieden sind. Allerdings gibt es nur in knapp 50 % der Unternehmen Konzepte zur Wiedereingliederung von Rückkehrern, in 25 % werden keine oder nur wenige Aktivitäten unternommen.

> **Auf den Punkt gebracht:** Der interkulturelle Personaleinsatz umfasst alle Entsendungen und/oder den Einsatz von Führungskräften und Mitarbeitern zur Lösung von Führungs- oder Expertenaufgaben in interkulturellen oder multikulturellen Arbeitssituationen im In- und Ausland. Er erfordert eine gute inhaltliche und organisatorische Vorbereitung und Betreuung, insbesondere bei längerfristiger Entsendung ins Ausland, weil der Entsandten wichtige Funktionen bei der Verbindung von Stammhaus und Auslandniederlassungen zukommen. Neben interkulturellen und aufgabenbezogenen Problemen sind insbesondere soziale und familiäre Faktoren für einen erfolgreichen Einsatz zu beachten.

▪ Interkulturelle Personalführung

Besonders deutlich zeigen sich interkulturelle Aspekte des Personalmanagements in der interkulturellen Personalführung, d. h. in der Führung von Teams, bei denen die am Führungsprozess beteiligten Führungskräfte und Mitarbeiter unterschiedlichen Kulturen angehören. Die bisherigen empirischen Befunde haben gezeigt, dass Konflikte vor allem dann auftreten, wenn die Führungs- und Kooperationserwartungen der Beteiligten stark divergieren (▶ Kap. 3).

Beispiel: Typische Konfliktfelder in der interkulturellen Personalführung am Beispiel China und USA sowie Deutschlands und Frankreichs
China vs. USA
Obwohl an chinesische und amerikanische Manager mit Blick auf die Leistungsorientierung und Ehrlichkeit ähnlich hohe Erwartungen gestellt werden, zeigen sich erhebliche Unterschiede in den Erwartungen an andere Bereiche des Führungsverhaltens. Diese können sowohl in der chinesisch-amerikanischen Kooperation zwischen Managern unterschiedlicher Hierarchieebenen als auch bei der Führung von Mitarbeitern durch Manager der jeweils anderen Kultur zu Konflikten führen. Solche Konfliktfelder liegen u. a. im Entscheidungsstil, mit einer Präferenz chinesischer Manager für patriarchalische Einzelentscheidungen, im Kommunikationsstil, wo chinesische Manager und Mitarbeiter freundliche und indirekte Kommunikation mit vielen Metaphern bevorzugen, während US-Manager eine direkte Kommunikation erwarten. Schließlich zeigt sich ein starker, konflikthaltiger Unterschied

auch in der Bedeutung des Aufbaus und der Pflege von sozialen Beziehungen bei chinesischen Managern gegenüber einer stärkeren Sachorientierung der amerikanischen Manager. Dieser Fokus auf die persönlichen und sozialen Beziehungen gehört aus der Sicht chinesischer Manager und Mitarbeiter zu den zentralen Qualitäten einer Führungskraft und wird als Schlüsselfaktor für den Führungserfolg in China bezeichnet.

Deutschland vs. Frankreich
Die deutsche Erwartung an die Führungskraft ist eine eher partizipative. Ziele werden vorgegeben, Mitarbeiter haben eigenverantwortlich für die Umsetzung zu sorgen und müssen nicht extra motiviert werden. In Teams strukturiert und moderiert der Teamleiter die Diskussion und lenkt den Prozess dadurch in die gewünschte Richtung. Französische Manager werden wie folgt beschrieben: „Die französischen Kollegen erscheinen sehr dominant und autoritär. Es muss doch eine gewisse Gleichberechtigung bestehen, sonst verlieren die Ländergesellschaften ihre Selbstständigkeit und Motivation." Die französische Erwartung an die Führungskraft ist eher direktiv und persönlich. Sie gibt die Richtung, motiviert, kontrolliert und greift ggf. direkt in den Prozess ein. Es werden nur Aufgaben nicht aber die Verantwortung delegiert. Zu den deutschen Kooperationspartnern wird ausgeführt: „Diese Auffassung von Partnerschaft ist ja seltsam. Wir brauchen doch eine Zentrale, die die Führung und Koordination übernimmt, sonst landen wir im Chaos!"
◘ Abb. 6.3 verdeutlichte die Divergenzen in den Team- und Führungsauffassungen der vier Länder.
Quellen: Javidan et al. (2006, S. 82 ff.); Barmeyer und Davoine (2006, S. 35 ff.)

Für solche und ähnliche kulturelle Divergenzen in der Personalführung werden verschiedene Lösungsstrategien vorgeschlagen, mit denen sich die unterschiedlichen Erwartungen an das Führen und Geführt werden handhaben lassen (Kühlmann 2008):

- Nach der Dominanzstrategie werden die eigenkulturellen Vorstellungen zum Führungsgeschehen vom Führenden als überlegen betrachtet. Der Führende setzt die bislang bewährten Methoden der Zielsetzung, Motivierung, Entscheidung und Kontrolle gegenüber den abweichenden Vorstellungen des Mitarbeiters durch.
- Mit der Anpassungsstrategie gibt der Führende den Erwartungen des Mitarbeiters an sein Führungsverhalten nach. Dahinter verbirgt sich die Auffassung, dass eigene Führungskonzepte im eigenkulturellen Umfeld überlegen, im fremdkulturellen Kontext jedoch unterlegen sind.
- Die Kompromissstrategie kombiniert den Dominanz- und Anpassungsansatz. Ausgehend von der Einsicht, dass die Kultur des Führenden und die des Geführten sowohl Konvergenzen als auch Divergenzen aufweisen, will der Vorgesetzte dem Mitarbeiter „auf halbem Wege" entgegenkommen. Das Führungshandeln nutzt nur Elemente, die beiden Kulturen angemessen sind.

6.1 · Interkulturelles Personalmanagement

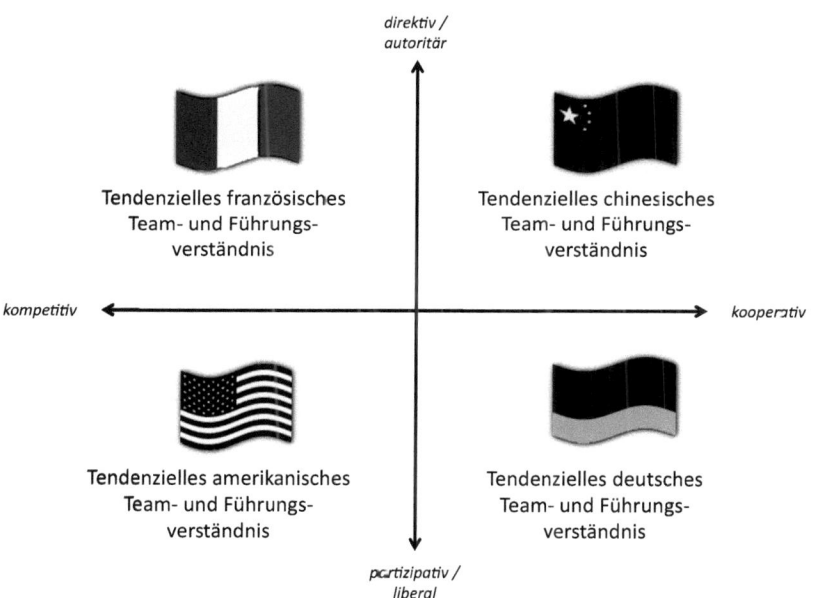

Abb. 6.3 Team- und Führungsverständnis in unterschiedlichen Kulturen (Quelle: Eigene Darstellung nach Barmeyer und Davoine 2006)

- Der Vorgesetzte, der einer Integrationsstrategie folgt, betrachtet die eigen- wie die fremdkulturellen Führungskonzepte als prinzipiell gleichwertig. Er sucht nach neuen Vorgehensweisen, die sowohl den eigenen Ansprüchen an eine erfolgreiche Führung entsprechen als auch den Erwartungen des Mitarbeiters Rechnung tragen. Damit wird das Feld des in der jeweiligen Kultur Bekannten und Normalen verlassen und das Handlungsrepertoire um neue Möglichkeiten des Führens erweitert.

Die verschiedenen Verhaltensstrategien unterscheiden sich dabei mit Blick auf ihre Wirksamkeit, wobei auch weitere Faktoren wie die kulturelle Distanz zwischen der Führungskraft und Mitarbeitern, aber auch die Machtpositionen von Führungskraft und Mitarbeiter eine Rolle spielen. ◘ Abb. 6.4 zeigt beispielhaft die Affinitätszonen der interkulturellen Führung in Europa. Im Rahmen der Ländergruppen kann danach von größeren kulturell-historischen Ähnlichkeiten in den Führungserwartungen und -verhaltensweisen ausgegangen werden, während bei gruppenübergreifenden Kooperationen mehr Probleme zu erwarten sind.

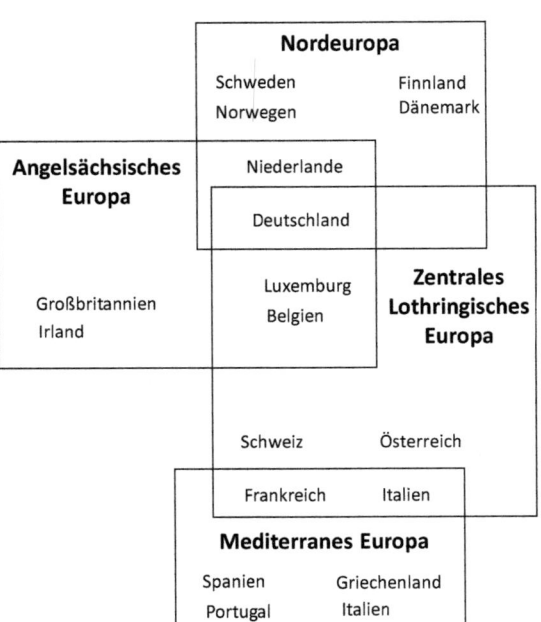

☐ **Abb. 6.4** Affinitätszonen interkultureller Führung in Europa (Quelle: Usunier und Lee 2005, S. 234)

Neuere empirische Studien haben darüber hinaus herausgefunden, dass es universell erfolgreiche Führungseigenschaften, -fähigkeiten und Verhaltensweisen gibt (▶ Kap. 3). Daraus ergeben sich Konsequenzen für die Gestaltung der Führung im interkulturellen Kontext. **Interkulturelle Führung** ist dann erfolgreich, wenn …

— die Führungskraft über globale Führungsfähigkeiten verfügt, die weltweit bzw. in den meisten Kulturen akzeptiert und geschätzt werden;
— die Führungskraft ein universell erwartetes Führungsverhalten praktiziert, d. h. transformational führt, oder
— die Führungskraft die jeweiligen, kulturell geprägten Erwartungen im Einsatzland an eine *gute* Führung kennt und sich entsprechend anpassen kann und/oder die Kreativität und Flexibilität besitzt, neue Führungsmuster zu entwickeln.

Die drei Gestaltungsansätze bedingen dabei jeweils alternative Ansätze im Personalmanagement. Der Fokus auf globale Führer erfordert vor allem entsprechende Auswahlverfahren, in denen Führungskräften mit entsprechenden globalen Führungseigenschaften und -fähigkeiten ermittelt und eingesetzt werden. Dagegen betont der zweite Ansatz das Führungsverhalten. Auch hier spielt die Führungskräfteauswahl eine Rolle, aber mehr noch die Führungskräfteentwicklung mit entsprechendem Führungstraining sowie vorhandene universelle Führungserfahrungen. Im Unterschied zu den beiden ersten, universellen Ansätzen, legt der dritte Ansatz das Schwergewicht auf eine flexible Anpassungsfähigkeit im Denken und Führungsverhalten an landesspezifische und situative Besonderheiten, insbesondere hinsichtlich der kulturell bedingten Führungserwartungen.

Mit Blick auf die Führung multikultureller Teams zeigen empirische Befunde, dass vor allem Eigenschaften und Verhaltensweisen globaler Führung eine Anerkennung als Führer fördern (Mendenhall et al. 2013, S. 141 ff.). Das bedeutet, dass **interkulturelle Kompetenz** und Empathie, internationale Erfahrungen oder Kommunikationsfähigkeiten wichtige Kriterien für die Auswahl von Führungskräften solcher Teams sind. Aus einer interkulturellen Perspektive ist darüber hinaus wichtig, dass multikulturelle Teams sich der Ähnlichkeiten und Differenzen zwischen ihren Mitgliedern stets bewusst sind. Multikulturelle Teams bieten mehr Barrieren, aber auch mehr Chancen für eine effektive Teamarbeit, sodass eine Unterdrückung der Unterschiede und eine ausschließliche Betonung von Ähnlichkeiten oder bestimmter zentraler Unternehmenswerte negative Leistungseffekte haben. Erfahrende Führer von multikulturellen oder globalen Teams nutzen daher die Vielfalt auch, um die verschiedenen Führungsrollen wie Leiter der Einheit, Entscheider, Organisator und Leiter von Meetings, Förderer der Kommunikation in der Gruppe etc. auf mehrere Gruppenmitglieder zu verteilen, da sie gerade in multikulturellen Kontexten zu komplex und dynamisch werden, und sich kaum von nur einer Person bewältigen lassen.

> **Auf den Punkt gebracht:** Eine erfolgreiche interkulturelle Personalführung erfordert ein Führungsverhalten, das entweder die spezifische Führungserwartung des Einsatzlandes berücksichtigt oder dem Prototyp eines globalen Führers entspricht, der in seinem Verhalten universelle Führungserwartungen adressiert. Dabei spielt die interkulturelle Lernfähigkeit der jeweiligen Führungskraft eine große Rolle. Insbesondere bei der Führung multikultureller Teams nutzen erfolgreiche Führungskräfte die Vielfalt der Gruppe als Chance, die anspruchsvollen Führungsrollen in einem interkulturellen Kontext auf geeignete Gruppenmitglieder zu verteilen.

6.1.3 Perspektiven und Grenzen

Das interkulturelle Personalmanagement stellt ein breites Anwendungsfeld für die Basistheorien des **Interkulturellen Managements** dar. Insbesondere im Bereich der interkulturellen Personalführung, der Führung multikultureller Teams, aber auch mit Blick auf die vielfältigen Instrumente für die Personalauswahl bei interkulturellen und globalen Einsätzen sowie hinsichtlich der Entwicklung interkultureller Kompetenzen bei Führungskräften und Mitarbeitern finden sich zahlreiche Anwendungsfälle und Bezüge. So sind Kulturansätze oft Gegenstand der Wissensvermittlung oder haben, wie das Konzept der Kulturstandards, explizite Wurzeln in Praxisfällen und spielen diese als Ergebnisse in landesspezifischen Informationen und Trainings zurück in die Praxis. Insbesondere die Forschung zu interkulturellen und globalen Kompetenzen, z. B. zu *global mindsets*, und die auf dieser Basis entwickelten Auswahlverfahren und -instrumente nutzen theoretische und empirische Forschungen zum interkulturellen Personalmanagement. Ähnliches gilt für Forschungen zu Erfolgsfaktoren und zentralen Problemen beim Einsatz von Entsandten.

Gleichzeitig sind die Möglichkeiten einer wissenschaftlichen Fundierung von Aktivitäten im interkulturellen Personalmanagement keineswegs ausgeschöpft. Wie im Experten-Interview (▶ Abschn. 6.1.2) nachdrücklich unterstrichen, ist die Personalarbeit in vielen deutschen Unternehmen noch sehr monokulturell ausgerichtet. Interkulturelle Herausforderungen werden oft ignoriert, obwohl Unternehmen zunehmend international agieren. Hier gibt es also ein breites Feld für die Anwendung neuerer Erkenntnis, z. B. der neueren Befunde der GLOBE-Forschung zum Verhalten von Geschäftsführern im internationalen Kontext oder zur Führung in multikulturellen Teams. Zudem wird auch eine Grenze deutlich: Gerade die Frage, wie Führung in kulturell sehr heterogenen Belegschaften und Gruppen erfolgreich gestaltet werden kann, ist noch zu wenig erforscht. Überwiegend werden jeweils kulturell homogene Mutter- und Tochtergesellschaften und bi-kulturelle Kooperationen und Führungssituationen betrachtet. Auch die grundsätzliche Frage, ob eine Orientierung an globalen Kompetenzen, also an einem universellen Verhaltensmodell, oder eine Auswahl nach und die Entwicklung von kulturspezifischen Kompetenzen erfolgversprechender ist, bleibt offen und bedarf weiterer Studien.

> **Auf den Punkt gebracht:** Das interkulturelle Personalmanagement stellt ein zentrales Anwendungsfeld von interkulturellen Theorien und empirischen Forschungsergebnissen dar, insbesondere im Bereich der interkulturellen Personalführung, der Führung globaler Teams sowie der Entwicklung von Auswahlverfahren und Entwicklungsmaßnahmen für interkulturelle Einsätze. Zugleich werden vorhandene Modelle und Befunde nach wie vor nur unzureichend genutzt, und es gibt auch zahlreiche offene Fragen, insbesondere bezüglich multikultureller statt nur bi-kultureller Beziehungen im Personalmanagement.

6.2 Interkulturelles Marketingmanagement

6.2.1 Bedeutung des interkulturellen Marketingmanagements

Der immer komplexer werdende internationale Wettbewerb beeinflusst die Entscheidungen global agierender Unternehmen in vielerlei Hinsicht. Die Ausdehnung der Unternehmensaktivitäten ins Ausland bietet viele Vorteile, u. a. die Erschließung neuer Märkte und Kundengruppen, Risikostreuung oder Kostenvorteile bei der Auslandsproduktion, ebenso steigen dadurch jedoch die Anforderungen, die Stake- und Shareholder an das Unternehmen richten. So stellt die Bearbeitung ausländischer Märkte auch für das Marketingmanagement eine große Herausforderung dar. Marketingmaßnahmen zielen grundsätzlich darauf ab Bedürfnisse von Konsumenten zu erkennen und zu befriedigen, um somit die Akzeptanz und Nachfrage eines Produktes oder einer Dienstleistung sicherzustellen.

> **Merke!**
>
> Marketing „[...] ist die konsequente Ausrichtung aller unmittelbar und mittelbar den Markt berührenden Entscheidungen an den Erfordernissen und Bedürfnissen der Verbraucher bzw. Abnehmer mit dem Bemühen um die Schaffung von Präferenzen und damit Erringung von Wettbewerbsvorteilen durch gezielte unternehmerische Maßnahmen" (Nieschlag et al. 2002, S. 8).

Die Aufgabe des Marketings Konsumentenbedürfnisse zu identifizieren und so das Vertrauen der Konsumenten zu gewinnen, nimmt im internationalen Kontext stark an Komplexität zu (Emrich 2014, S. 110). Menschliche Bedürfnisse sind durch kulturelle Einflüsse wie beispielsweise die Sprache, Religion, Rituale und spezifische Werte geprägt, die sich bereits innerhalb eines Landes unterscheiden können, jedoch über Landesgrenzen hinweg eine noch stärker differenzierte Betrachtung erfordern (Mennicken 2000, S. 40). Hinter dem Ansatz des interkulturellen, im Gegensatz zum internationalen Marketingmanagement, verbirgt sich daher die Annahme, dass eine standardisierte Marktbearbeitung oftmals nicht oder nur in beschränktem Maße möglich ist (Müller und Kornmeier 1996, S. 155). Die Berücksichtigung nationalkultureller Besonderheiten bei der Entwicklung von Marketingstrategien und -instrumenten ist daher für Unternehmen, die in ausländischen Märkten nachhaltig erfolgreich agieren wollen, von zentraler Bedeutung.

In der Praxis finden sich jedoch zahlreiche Negativbeispiele, die bildhaft zeigen, dass kulturelle Aspekte im Rahmen der Entwicklung und Umsetzung von Marketingkonzepten immer noch unterschätzt werden oder gar vollkommen unberücksichtigt bleiben. Aus dieser ethnozentrischen Ausrichtung des Marketings resultieren nicht selten Misserfolge, die zu Kapitalverlusten führen und darüber hinaus oftmals mit einer imageschädigenden Wirkung auf Marke, Produkt und Hersteller einhergehen (Emrich 2014, S. 3).

> **Auf den Punkt gebracht: Das Konzept des interkulturellen Marketings basiert auf der Annahme, dass Konsumverhalten stark durch kulturelle Besonderheiten geprägt ist, da die Kultur die individuelle Bedürfnisstruktur beeinflusst. Eine standardisierte Bearbeitung der Auslandsmärkte, welche diese Unterschiede nicht berücksichtigt, führe deshalb oftmals zu einer geringeren Akzeptanz und letztendlich Nachfrage der angebotenen Produkte und Dienstleistungen.**

Neben der IBM Studie (▶ Kap. 2) können weitere kulturvergleichende Studien hinzugezogen werden wie das **GLOBE-Projekt** (▶ Kap. 3) oder die Arbeiten von Trompenaars und Hampden-Turner (▶ Kap. 1). Auf Basis dieser Daten können Marketingexperten differenzierte Marktbearbeitungsstrategien entwickeln, die den länderspezifischen kulturimmanenten Anforderungen gerecht werden und das Risiko des Scheiterns solcher Marketingvorhaben minimieren.

6.2.2 Theoretische Grundlagen des interkulturellen Marketingmanagements

Wie bereits im vorherigen Abschnitt und den Aussagen zur Globalisierung (▶ Abschn. 6.2.1) zu erkennen war, nehmen grenzüberschreitende Unternehmen einen immer höheren Stellenwert in multinationalen Konzernen ein. Aber auch kleine und mittelständische Unternehmen profitieren von einem Angebot ihrer Produkte und Dienstleistungen auf anderen als den inländischen Märkten. Eine Konzentration der Marketingaktivitäten auf mehr als einen Nationalmarkt wurde daher bereits relativ früh diskutiert. Einflussfaktoren auf das interkulturelle Marketing waren die wissenschaftlichen Diskurse über Kulturismus und Universalismus in den 1960er-Jahren, die sich mit der Frage beschäftigten, inwieweit Managementtechniken universell einsetzbar oder kulturell beeinflusst sind und die Diskurse über Standardisierung und Differenzierung in den 1980er-Jahren. Allerdings führten diese Diskurse nicht zwangsläufig zu einer Intensivierung der Forschung im interkulturellen Rahmen, da die Marketingforschung bis in die frühen 1990er-Jahre eher ethnozentrisch an US-amerikanischen Werten ausgerichtet war und dem Faktor Kultur entweder eine ambivalente oder lediglich eine intervenierende Funktion bei der Ausrichtung von interkulturellen Marketingaktivitäten beigemessen wurde. Erst durch den Einbezug von Ansätzen zur Erklärung von National- und Unternehmenskultur in den frühen 1990er-Jahren und der Erkenntnis, dass eine reduktionistische und nicht kulturbezogene Sichtweise

6.2 · Interkulturelles Marketingmanagement

die Komplexität und Anforderungen an ein modernes und integratives Marketing-Management nicht vollständig erklären kann, führte zu einem Paradigmenwechsel der Betriebswirtschaftslehre, die ab diesem Zeitpunkt Kultur als Einflussfaktor auf internationale Marketingaktivitäten betrachtete (Gelbrich und Müller 2004, S. 194 ff.).

> **Merke!**
>
> **Interkulturelles Marketing** umfasst Strategien, Konzepte, Methoden und Maßnahmen bezüglich der Unternehmensaktivitäten in aktuellen und zukünftigen internationalen Märkten. Ein besonderer Fokus liegt auf der Analyse, Planung und Koordination der kulturellen Bedingungen und Einflussfaktoren auf die Marketingtätigkeiten.

Neben dem Begriff des interkulturellen Marketings existieren auch weitere Termini, die grenzüberschreitende Marketingaktivitäten bezeichnen, z. B. kulturvergleichendes (*cross-cultural*) und internationales Marketing. Die kulturvergleichende und ländervergleichende (*cross-national*) Forschung untersucht vor allem Unterschiede und Gemeinsamkeiten der Marketingaktivitäten in Ländern und Kulturen, wohingegen der internationale und interkulturelle Forschungsansatz die aus dem Vergleich gewonnenen Erkenntnisse kulturspezifisch für den zu bearbeitenden Zielmarkt umsetzt. Vergleichendes Marketing und internationales Marketing bilden gemeinsam das interkulturelle Marketing (Gelbrich und Müller 2004, S. 202 ff.). Es sollte allerdings auch darauf hingewiesen werden, dass weitere Sichtweisen zur Unterscheidung zwischen interkulturellem und internationalem Marketing existieren: So wird ersteres als Marketingaktivität beschrieben, welche zwischen zwei zu betrachteten Märkten unterscheidet und internationales Marketing als Aktivität, welche globale Marketingtätigkeiten fokussiert.

> **Auf den Punkt gebracht:** Das interkulturelle Marketing als Anwendungsfeld des Interkulturellen Managements weist eine ähnliche Entwicklungsgeschichte auf und konnte sich erst in den 1990er-Jahren als eigenständige Disziplin in der Forschung etablieren. Es kann weiter ausdifferenziert werden und bildet mit dem vergleichenden und internationalen Marketing eine Erklärungsgrundlage für kulturspezifische und länderübergreifende Unternehmenstätigkeiten.

Die beschriebene Komplexität durch mehrkulturelle Einflüsse auf die Unternehmenstätigkeit kann direkt auf die Ausgestaltung des Marketing-Mix wirken. Marketing-Mix bezeichnet hierbei die von einem Unternehmen verfolgte Politik hinsichtlich der vier Komponenten Produkt, Kommunikation, Distribution und Preis (Emrich 2014, S. 240). Unternehmen und Konzerne, die in einem interkulturellen Kontext agieren, stehen hierbei vor der Entscheidung den Marketing-Mix zu standardisieren oder zu

> **Tab. 6.3** Situationsfaktoren und Strategievariablen der Standardisierung und Differenzierung
>
> | Situationsfaktoren | Strategievariablen |
> |---|---|
> | – Umfeldfaktoren, z. B. wirtschaftliches, soziokulturelles und politisches Umfeld
– Marktfaktoren, z. B. Marketinginfrastruktur
– Konsumentenfaktoren, z. B. Konsumentencharakteristika, -geschmack und -bedürfnisse
– Wettbewerbsfaktoren, z. B. Struktur, Art und Intensität des Wettbewerbs
– Produktfaktoren, z. B. Produktart | – Produktstrategie, z. B. Produktdesign, -qualität, -eigenschaften, -verpackung
– Preisstrategie, z. B. Einzelhandels- und Großhandelspreis und Skonti
– Distributionsstrategie, z. B. Art der Distributionskanäle
– Kommunikationsstrategie, z. B. Werbebotschaft, Öffentlichkeitsarbeit, Werbebudget |
>
> Quelle: Schmid und Kotulla (2011, S. 163)

differenzieren. Der Vorgang der Differenzierung und Standardisierung unterliegt hierbei der Kombination von einer Analyse der in der Zielkultur vorherrschenden Situationsfaktoren und der Analyse der strategischen Ziele des Unternehmens (Schmid und Kotulla 2011, S. 155). **Tab. 6.3** zeigt einen Überblick der Situationsfaktoren und Strategievariablen.

Eine Analyse der in **Tab. 6.3** genannten Faktoren und Variablen bezüglich der Unterschiedlichkeit oder Ähnlichkeit der Ausprägung jener Größen im Heimat- und Zielmarkt kann eine Entscheidungsbasis für die internationale Positionierung eines Unternehmens darstellen. Allerdings gibt es in diesem Zusammenhang kein Patentrezept. Die Standardisierung bzw. Differenzierung der verschiedenen Bestandteile des Marketing-Mix unterliegen außerdem einem unterschiedlichen Schwierigkeitsgrad. So gilt eine Standardisierung von Preis- und Distributionspolitik (z. B. Absatzweg, Verkaufsorganisation, Schulung des Verkaufspersonals, Preisstellung und Werbemedien) als eher schwierig. Hingegen gelten Instrumente der Produkt- und Kommunikationspolitik (z. B. Marke, Marktpositionierung, Werbebotschaft, Kundendienst, Garantieleistungen) als eher einfach zu standardisieren (Emrich 2014, S. 241).

Speziell bei der Entscheidung einer Produktstandardisierung bzw. -differenzierung sollte der kulturelle Einfluss auf die Produktart beachtet werden. Es können hierbei zwei Arten identifiziert werden: Einerseits s. g. kulturfreie (*culture-free*) Produkte, also jene, die kulturunspezifisch sind. Andererseits kulturgebundene (*culture-bound*) Produkte, also jene, deren Eigenschaften kulturspezifisch verankert sind und angepasst werden (Emrich 2014, S. 265 f.). Kulturfreie und kulturgebundene Produkte lassen sich

6.2 · Interkulturelles Marketingmanagement

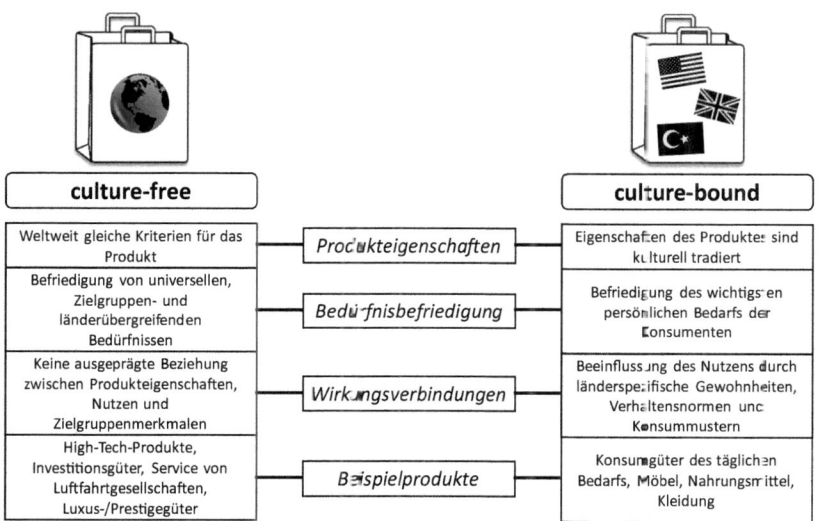

Abb. 6.5 Unterscheidung zwischen kulturfreien und kulturgebundenen Produkten (Quelle: Eigene Darstellung in Anlehnung an Emrich 2014, S. 265 ff.)

u. a. an den Vergleichsdimensionen Produkteigenschaften, Bedürfnisbefriedigung der Konsumenten und Wirkungsverbindungen zwischen den Dimensionen differenzieren. Einen Überblick hinsichtlich dieser Unterscheidungsmerkmale bietet ◘ Abb. 6.5.

Beispiel: Unterscheidung von kulturfreien und kulturgebundenen Produkten

Die Unterscheidung zwischen kulturgebundenen und kulturfreien ist in der praktischen Umsetzung nicht annähernd so deterministisch wie ◘ Abb. 6.5 vermuten lässt. So finden sich beispielsweise Lebensmittel, die der Unterscheidung nach eher kulturgebunden sind, die einen kulturfreien Charakter haben und tatsächlich ohne Anpassung auf dem Weltmarkt vertrieben werden, u. a. Kellog's Corn Flakes und Heineken Bier. Im Vergleich dazu gibt es Produkte, die ebenfalls als global gleich vertrieben erscheinen, aber eine Anpassung erhalten und somit eher kulturgebundene Produkte sind: Beispielsweise wird Coca-Cola leicht an die lokalen Geschmacksbedürfnisse der Konsumenten angepasst, weltweit allerdings als Getränk mit den gleichen Eigenschaften beworben. Auch traditionelle kulturfreie Produkte wie High-Tech- oder Luxusgüter unterliegen u. U. Differenzierungsprozessen, welche sich durch sozio-ökonomische Faktoren ergeben. Während Heimwerkergeräte von Black & Decker weltweit unangepasst vertrieben werden, ist es für Hersteller von Rasierapparaten und Kaffeemaschinen nötig, diese aufgrund der Größe der Hände für den japanischen Markt zu verkleinern (Rapp 2005, S. 126). Einen erheblichen Einfluss stellen auch rechtliche

Rahmenbedingungen des Zielmarktes dar. So durfte z. B. das erste iPad von Apple nicht nach Israel importiert werden, da das verwendete WLAN-Modul mit einer zu hohen Sendeleistung arbeitete, die nicht den israelischen (Rechts-)Standards entsprach (Blumenkrantz und Ari 2010).

Die genannten Beispiele spiegeln vier Basisstrategien von Unternehmen bei der Standardisierung bzw. Differenzierung wider. Zum einen kann das gleiche Produkt unangepasst weltweit vertrieben werden. Zum anderen sind Veränderungen des Produktes möglich. Auf der einen Seite durch eingebaute Flexibilität, d. h. eine größtmögliche Standardisierung des Produktkerns oder durch die Möglichkeit von Wahloptionen, deren Nutzung dem Kunden obliegt. Auf der anderen Seite durch modulares Design und der Anpassung von bestimmten Komponenten aufgrund rechtlicher Rahmenbedingungen. Letztlich obliegt es dem Unternehmen auch ein gänzlich neues Produkt für einen Zielmarkt einzuführen (Emrich 2014, S. 264 f.). In der Praxis ergibt sich allerdings zumeist eine Mischstrategie, die standardisierte und differenzierte Bestandteile enthält.

> **Auf den Punkt gebracht:** Für den Erfolg von interkulturellen Marketingaktivitäten ist eine Standardisierung oder Differenzierung des Marketing-Mix notwendig. Durch eine Analyse der Situationsfaktoren und Strategievariablen können die Bestandteile Produkt, Kommunikation, Distribution und Preis auf der einen Seite standardisiert und somit kulturübergreifend, auf der anderen Seite differenziert und somit für einen Kulturraum spezifisch ausgestaltet werden.

6.2.3 Einfluss länderspezifischer Differenzierungsmerkmale auf den Marketing-Mix

Es gibt verschiedene Möglichkeiten kulturelle Besonderheiten im Marketingmanagement zu berücksichtigen. Im Laufe der Zeit wurden dazu mehrere Modelle entwickelt, beispielsweise die Differenzierung durch Abstimmung symbolischer, servicebezogener und physischer Attribute bei der Entwicklung der Marketingstrategie (Usunier und Lee 2005). Diese beinhalten differenzierte Betrachtungen makro- und mikro-soziokultureller Rahmenbedingungen der Zielmärkte oder die Abstimmung der strategischen Marketing-Ebenen Produkt, Kommunikation, Preis und Distribution auf Grundlage länderspezifischer Kulturmerkmale (Emrich 2014). Letzteres Modell nutzen wir in den folgenden Ausführungen, um anhand der **Kulturdimensionen** nach Hofstede et al. (1980, 2001, 2010) Differenzierungsbedarfe hinsichtlich des Marketing-Mix aufzuzeigen.

- **Produkt**
Die Produktgestaltung zählt im Marketing-Mix zu den einfacher standardisierbaren Elementen, da durch Differenzierung einzelner Produktbestandteile wie physischer

Merkmale, Design, Form, Farbe, Funktionsweise, Verpackung und Markenname, auch Nachteile entstehen können, die abzuwägen sind (Usunier und Lee 2005, S. 248 f.). Häufig gilt das Interesse der Konsumenten an ausländischen Produkten gerade deren exotischem Charakter und der Andersartigkeit im Gegensatz zu einheimischen Produkten. Dennoch beeinflussen kulturelle Besonderheiten die Akzeptanz bestimmter Produktgruppen positiv und andere negativ.

Angelehnt an Hofstedes Kulturdimension Maskulinität vs. Femininität kann in maskulin geprägten Ländern ein höherer Absatz von Luxus- und Prestigegütern erwartet werden als in feminin geprägten Ländern, da Statussymbole und die Demonstration der gesellschaftlichen Position in maskulinen Kulturen einen höheren Stellenwert einnehmen als in feminin geprägten Kulturen.

In Ländern, in denen die Bevölkerung als sehr risikoscheu und unsicherheitsvermeidend eingeschätzt wird, werden zudem Produkte bevorzugt, die aufgrund von Markensiegeln und Echtheitszertifikaten einen hohen Qualitätsstandard und eine geringe Fehlerquote erwarten lassen (Müller und Kornmeier 1996, S. 154).

Neben den Entscheidungen für und gegen Marken- und Prestigegüter bzw. Discounterware kann sich auch das Angebot bestimmter weiterer Produktgruppen im Ausland problemreich gestalten. Die Kulturdimension Genussorientierung vs. Zurückhaltung bestimmt nach Hofstede einen gewissen Lebensstil und die Ausprägung moralischer Vorstellungen sowie sich daraus ergebender gesellschaftlicher Restriktionen. In zurückhaltenden Kulturen, die sich im täglichen Leben stärker religiöse und selbst geschaffene Grenzen setzen, trifft die Produkteinführung s. g. Genussgüter aufgrund von Tabuisierung auf stärkeren Widerstand als in genussorientierten Kulturräumen (Nikolay 2012, S. 16).

Beispiel: Erfolg von Prestige- und Luxusgütern in maskulinen Kulturen

Güter, die den Status des jeweiligen Konsumenten verdeutlichen, werden gemäß Hofstede (2011, S. 74, 185) besonders in Kulturen konsumiert, welche eine höhere bis hohe Machtdistanz aufweisen und maskulin geprägt sind. Es ist daher nicht verwunderlich, dass die Top-75 der französischen Hersteller für Luxusgüter über 35 % ihrer Waren im asiatischen Raum und hier besonders in Japan verkaufen (Emrich 2014, S. 24). Auch das Marktsegment, in welchem sich ein Hersteller und die jeweilige Produktart positioniert, ist von dieser Annahme geprägt. Da hochpreisige Produkte den Status besonders gut herausstellen, konnte das Schweizer Unternehmen Rado seine Uhren in China ohne Probleme und mit großem Erfolg als Luxusartikel positionieren (Emrich 2014, S. 321).

▪ Preis

Oftmals orientiert sich die Preisgestaltung hauptsächlich an rational-ökonomischen Faktoren. Doch die Preisfestsetzung sollte nicht frei von der Berücksichtigung kultureller Einflüsse erfolgen. Der Preis kann als Signal verstanden werden, welches Produkten und Dienstleistungen eine bestimmte Bedeutung beimisst, die im interkulturellen

Kontext stark variieren kann. Konsumenten verbinden mit der Höhe des Preises beispielsweise die ihnen gebotene Qualität, wobei sich das Bedürfnis nach Qualität von Produkt zu Produkt in den einzelnen Kulturräumen sehr unterscheiden kann (Usunier und Lee 2005, S. 316 f.).

Hinsichtlich der Qualität gibt es Hinweise darauf, dass Konsumenten aus kurzzeitorientierten Kulturen beispielsweise nicht bereit sind finanzielle Opfer für langfristige Qualitätsverbesserungen zu bringen. Wenn kein unmittelbarer Nutzen daraus resultiert, wird eine Preiserhöhung auf gegenwärtig angebotene Produkte und Dienstleistungen zur Deckung etwaiger Forschungs- und Entwicklungskosten auf großen Widerstand treffen (Müller und Kornmeier 1996, S. 155).

Eine weitere die Preisgestaltung wesentlich beeinflussende Kulturdimension nach Hofstede ist die Unsicherheitsvermeidung. Während Kulturen mit einer hohen Tendenz zur Unsicherheitsvermeidung eine Auspreisung aller Waren erwarten und den Kaufpreis als gegeben akzeptieren (Soares et al. 2007, S. 281), neigen Kulturen mit einer niedrigen Tendenz dazu, Waren nicht im Vorfeld auszupreisen und den Kaufpreis durch Feilschen mit dem Händler festzulegen (Usunier und Lee 2005, S. 318 f.).

Die Literatur bietet des Weiteren Anhaltspunkte dafür, dass in unsicherheitsvermeidenden Kulturen das Geben von Trinkgeld verbreiteter ist, als in Kulturen mit einem geringeren unsicherheitsvermeidenden Verhalten. Es wird die Annahme zugrunde gelegt, dass die Konsumenten durch das Geben von Trinkgeldern versuchen guten Service zu belohnen und somit aufrechtzuerhalten. Es kann somit erwartet werden, dass zusätzlich zum festgesetzten Preis weitere Einnahmen durch Service generiert werden (Müller und Kornmeier 1996, S. 154).

Einen zusätzlichen Einfluss stellt die Ausprägung der Kulturdimension Individualismus vs. Kollektivismus dar. So neigen nach Chen et al. (1998) kollektivistisch geprägte Kulturen dazu Kaufentscheidungen nicht allein, sondern in Absprache mit den restlichen Familienangehörigen zu tätigen. Hinsichtlich der Preiswahrnehmung ist daher davon auszugehen, dass hochpreisige Produkte oder Dienstleistungen nur dann abgesetzt werden können, wenn durch den Kauf ein Nutzen für die gesamte Familie generiert werden kann.

▪ Kommunikation

Dem Marketing-Mix-Element Kommunikation wird im interkulturellen Marketingmanagement eine besonders hohe Bedeutung beigemessen, was nicht zuletzt darauf zurückgeht, dass die Sprache bereits in den Ursprüngen der Kulturforschung als ein Kernelement oder gar Abgrenzungskriterium von Kultur gesehen wird (Emrich 2014, S. 15). Im interkulturellen Kontext besteht ein hohes Risiko des Nichtverstehen oder Missverstehens verbaler aber auch nonverbaler, bildlich-kommunikativer Nachrichten. Dieses kann beim Empfänger Frustration, Ablehnung oder gar Aggressionen hervorrufen, die die Marketingoffensive und damit angestrebten Unternehmensziele zum Scheitern verurteilen (Emrich 2014, S. 110). Werbung wird dabei als am stärksten

6.2 · Interkulturelles Marketingmanagement

kulturgebundenes Element der Marketingkommunikation beschrieben (Usunier und Lee 2005, S. 409). Sowohl die Auswahl der Marketingkanäle als auch die sprachliche und bildliche Ausgestaltung der Werbung steht in engem Zusammenhang mit den kulturellen Besonderheiten der Konsumenten.

Hohen Einfluss auf die Präferenz von Kommunikationskanälen hat die Kulturdimension Kollektivismus vs. Individualismus nach Hofstede. Eine Studie von Yau (1988) zeigte, dass informelle Kommunikationskanäle wie Mund-zu-Mund-Propaganda in kollektivistisch geprägten Ländern einen viel höheren Stellenwert einnehmen als Formen der institutionalisierten Marktkommunikation. In individualistisch geprägten Ländern zeichnet sich hingegen eine gegenläufige Tendenz ab (Müller und Kornmeier 1996, S. 154).

Eine die Gestaltung der Werbung betreffende Kulturdimension ist die Maskulinität vs. Femininität. Daechun und Sanghoon fanden u. a. heraus, dass in sehr maskulin geprägten Ländern wie Japan und Mexico eine stärkere Rollendifferenzierung zwischen Mann und Frau in der Werbung stattfinden. So ist es sehr unüblich Frauen in typischen Männerrollen, wie die des Topmanagers, darzustellen. Diese Differenzierung in der Werbung wird in feminin geprägten Ländern wie Schweden nicht wahrgenommen (An und Kim 2006, 187 ff.)

Mit der Kulturdimension Maskulinität wird auch die Sympathie für Gewinner und Bedeutung von Status verbunden. Aus diesem Grund kann der Einsatz von Kundenreferenzen (*testimonials*) in maskulin geprägten Länder sehr effektiv sein (Wursten und Fadrhonc 2012, S. 4). Oftmals geht mit ausgeprägtem Statusdenken eine höhere Machtdistanz einher.

Die Akzeptanz hierarchischer Unterschiede spiegelt sich ebenso in der Marktkommunikation wider, welche neben der angesprochenen Werbung auch die direkte Kommunikation zwischen Konsumenten und Verkaufs- bzw. Servicepersonal beinhaltet. Konkret ist in Ländern mit hoher Machtdistanz die Ansprache mit Titeln wichtig und das Siezen weitverbreitet. In Ländern mit niedrig ausgeprägter Machtdistanz findet die Kommunikation auf horizontaler Ebene statt, wie das nachfolgende Beispiel näher erläutert.

Beispiel: Duzen bei IKEA

Bei Ikea, dem schwedischen Möbelhersteller wird seit jeher intern quer durch alle Hierarchiestufen und auch extern gegenüber Kunden geduzt. Damit sollen schwedische Offenheit und ein Gefühl der Geborgenheit vermittelt werden. Doch nicht bei jedem kommt das gut an. In Deutschland, wo durchaus eine höhere Machtdistanz als in Schweden herrscht, wird besonders Online immer wieder Kritik an dem Modell geübt:
Unangenehm ist nur, dass man als potentieller Kunde aus dem Ikea-Katalog selbst dauernd angeduzt wird: „Wann hast Du eigentlich das letzte Mal Deine Matratze ausgewechselt?" Steht so da drin. Geradezu infantil wirkt diese doppelte Indiskretion (…) (Süddeutsche Zeitung 2010)

Doch Kunden ab Mitte 40 stutzen, wenn ihnen in ihrer örtlichen Ikea-Filiale über Lautsprecher die neuesten Angebote entgegengeduzt werden: „Hej, jetzt kannst du dein Badezimmer komplett neu einrichten und dabei noch sparen!" Dabei handelt es sich um Bandansagen, die vermutlich in allen deutschen Ikea-Filialen abgespielt werden. Interessant wird es, wenn ein Zwischenruf des deutschen Personals ertönt. Dann ist es mit der Duz-Herrlichkeit nämlich plötzlich vorbei: „Gesucht wird der Halter des Fahrzeugs mit dem Kennzeichen DU DA 496. Bitte melden Sie sich umgehend an der Information!" Die Wirkung wäre nicht dieselbe, wenn es hieße: „Bitte melde dich an der Information!" Die Älteren würden denken, es würde nach einem Kind gesucht, das aus Småland ausgebrochen ist, und lächelnd ihrer Wege gehen. (Spiegel 2006)

- **Distribution**

Die Distributionsstrategie kann hinsichtlich der Distributionskanäle, absatzfördernden Maßnahmen und des Verkaufspersonals differenziert erfolgen (Usunier und Lee 2005, S. 341). Wie bereits angesprochen beeinflusst beispielsweise die Art und Weise wie mit Unsicherheit umgegangen wird die Verkaufsorganisation. Sind Konsumenten es gewohnt über Preise zu verhandeln, so ist eine direkte Interaktion mit dem Verkaufspersonal unumgänglich.

Konsumenten aus Ländern, die eine hohe Unsicherheitsvermeidung aufweisen, legen besonderen Wert auf Transparenz. Sie erwarten, dass der Verkäufer auf alle Fragen Antworten liefern kann und so wenig Interpretationsspielraum wie möglich herrscht. Verkaufsförderlich wirken in diesem Zusammenhang alle offiziellen Dokumente, wie Zertifikate, Garantieschreiben oder Auszeichnungen, die die Glaubwürdigkeit des Händlers erhöhen (Wursten und Fadrhonc 2012,S. 3).

Hofstedes Dimension Individualismus vs. Kollektivismus betrifft die Wahl der Distributionskanäle insofern, dass unterschieden werden muss an welcher Käufergruppe sich der Anbieter orientiert. In kollektivistischen Kulturen bestimmen die Eltern längere Zeit über die Kaufentscheidungen ihrer Kinder. Individualistisch geprägte Elternpaare hingegen versuchen Kinder frühestmöglich auf ein selbstständiges Leben vorzubereiten und gewähren mehr Freiräume (Usunier und Lee 2005, S. 89). Das führt dazu, dass die Distribution in kollektivistischen Ländern sich auch bei Gütern für Kinder und Jugendlichen stärker an der Generation der Eltern und deren Präferenzen orientieren muss. Bei individualistischen Ländern kann die Zielgruppe der Minderjährigen auch direkt angesprochen werden. In Deutschland beispielsweise ist es sogar gesetzlich geregelt, dass Kindern ein bestimmtes Taschengeld zusteht, welches sie selbst verwalten dürfen.

Beispiel: Kaufentscheidung von Minderjährigen in Deutschland
Im individualistischen Deutschland wird mit 18 Jahren i. d. R. die unbeschränkte Geschäftsfähigkeit erreicht. Allerdings sind unter gewissen Voraussetzungen auch Minderjährige ab dem siebten Lebensjahr dazu befähigt, im Rahmen der beschränkten Geschäftsfähigkeit ausgewählte Rechtsgeschäfte durchzuführen. Besonders unter Anwendung des s. g.

6.2 · Interkulturelles Marketingmanagement

Taschengeldparagraphen (§ 110 BGB) können beschränkt geschäftsfähige Minderjährige ohne ausdrückliche Zustimmung des gesetzlichen Vertreters ihr Taschengeld (aber auch beispielsweise Geldgeschenke eines Dritten) nutzen, um Einkäufe zu tätigen.

Nachdem nun anhand einiger Beispiele deutlich gemacht wurde, welchen Einfluss kulturelle Unterschiede auf die Gestaltung des strategischen Marketing-Mix im interkulturellen Umfeld haben, ist hervorzuheben, dass einzelne Elemente des Marketing-Mix nicht gesondert betrachtet werden können. Besonders wichtig sind eine sinnvolle Abstimmung der einzelnen Elemente und ein wohl überlegtes Maß an Differenzierung und Standardisierung. Darüber hinaus beeinflussen neben den kulturellen Einflussfaktoren noch eine Vielzahl anderer Aspekte wie ökonomische, politische, geografische, soziokulturelle und psychokulturelle Besonderheiten der Konsumenten im Ausland die Gestaltung des Marketing-Mix und dem daraus resultierenden Erfolg für das international agierende Unternehmen.

> **Auf den Punkt gebracht:** Der Marketing-Mix muss in jedem Fall situations- und kontextspezifisch angepasst werden. Kulturvergleichsstudien wie die IBM Studie von Hofstede können dabei als Instrument dienen kulturelle Besonderheiten zu identifizieren und deren Passfähigkeit mit der jeweiligen Marketingstrategie zu prüfen.

6.2.4 Kritische Würdigung der Anwendung von vergleichenden Kulturstudien im interkulturellen Marketing

Die bisher getroffenen Aussagen zeigen einen Ausschnitt der komplexen Situationen, in denen sich interkulturell agierende Unternehmen befinden. Die Fähigkeit sich auf fremdkulturelle Marktsegmente einzustellen und Teile des Marketing-Mix daraufhin anzupassen, ist ein zentraler Erfolgsfaktor für global tätige Unternehmen. Aber auch weitere Merkmale fremder Märkte, speziell sozio-ökonomische Merkmale wie das Einkommens- und Bildungsniveau, das Konsumverhalten und die demografische Struktur des Zielmarktes sind bei der Abstimmung der Marketingstrategie zu berücksichtigen. Zu erkennen ist, dass ein integrativer Ansatz zur Beachtung möglichst aller Faktoren die Komplexität erfolgreicher interkultureller Marketingbestrebungen um ein Vielfaches erhöht.

Zur Reduktion der Komplexität und Vereinfachung der Datenbeschaffung für die Strategieabstimmung kann sich das interkulturelle Marketing auf bekannte kulturvergleichende Studien beziehen. Bei der Anwendung der Ergebnisse von kulturvergleichenden Studien ist besonders auf deren konzeptionelle Schwächen und Erhebungsmodalitäten zu achten, um ein möglichst realistisches Aussagensystem zu erhalten. Mögliche Kritikpunkte zu den Studien finden sich in den jeweiligen Kapiteln (▶ Kap. 2, 3 und 4).

Es ist daher notwendig, getroffene Aussagen hinsichtlich der vergleichenden Kulturstudien zu hinterfragen und reflexiv bei der Gestaltung der einzelnen Komponenten des Marketings vorzugehen. Darüber hinaus kann es lohnenswert sein, die Zielgruppe im fremdkulturellen Marktsegment durch eigene Marktforschung zu analysieren. Kultur hat einen entscheidenden Einfluss auf das Konsumentenverhalten. Es fehlt allerdings an Studien, die für das Marketing im interkulturellen und internationalen Kontext relevante Untersuchungsgegenstände thematisieren. Nur so lassen sich auf lange Sicht kulturspezifische Marketingkonzepte umsetzen, die zum einen eine möglichst große Anzahl an Konsumenten mit unterschiedlichen kulturellen Hintergründen anspricht und zum anderen vor teuren und imageschädigenden Aktivitäten schützt, welche nachhaltig negativ für Unternehmen wirken und mit einem kultursensitiven Ansatz hätten vermieden werden können.

6.3 Lern-Kontrolle

Kurz und bündig

Interkulturelles Personalmanagement verweist neben den kulturspezifischen Besonderheiten im Personalmanagement in verschiedenen Ländern, z. B. bei Einsatz und Nutzung von Personalmanagementkonzepten und -instrumenten vor allem auf typische Aktivitäten im Personalmanagement, die der Vorbereitung und dem Einsatz von Mitarbeitern in anderen kulturellen Kontexten bzw. für interkulturelle Begegnungssituationen dienen. Solche Situationen betreffen dann fast alle Aufgaben des Personalmanagements und zeigen sich insbesondere in einer interkulturell orientierten Personalbeschaffung, -auswahl und -entwicklung, die sich am Kriterium der interkulturellen Kompetenz orientiert bzw. diesbezüglich ausgestaltet werden muss. Weitere wichtige Felder sind der interkulturelle Personaleinsatz, die interkulturelle Personalführung, aber auch eine kulturspezifische Gestaltung von Anreizsystemen oder die Einführung eines Diversity Managements. Obwohl sich vielfältige Nutzungsmöglichkeiten für theoretische und empirische Erkenntnisse zum interkulturellen Personalmanagement und in großen Unternehmen auch zahlreiche Anwendungsfälle finden lassen, gibt es nach wie vor erhebliche Reserven und Möglichkeiten zur Nutzung in der Personalpraxis.

Interkulturelles Marketing als Anwendungsfeld des Interkulturellen Managements beschreibt die Ausgestaltung der Marketingaktivitäten eines Unternehmens unter Einbezug mehrerer Märkte mit unterschiedlichen kulturellen Einflüssen. Diese Aktivitäten können in zwei Bezugsrahmen unterschieden werden: Zum einen das interkulturelle Marketing selbst und das internationale Marketing. Um unterschiedlichen Marktbedingungen gerecht zu werden, können global agierende Unternehmen unterschiedliche Strategien nutzen, beispielsweise Standardisierung oder Differenzierung oder eine kontextspezifische Anpassung des strategischen Marketing-Mix. Hierfür lassen sich beispielsweise kulturvergleichende Studien nutzen, um grundlegende Unterschiede zu identifizieren. Zusammenfassend lässt

6.3 · Lern-Kontrolle

sich allerdings erkennen, dass grundlegende Marketing-spezifische kulturübergreifende Studien zum gegenwärtigen Zeitpunkt noch eine Forschungslücke darstellen, weswegen sich die Komplexität in diesem Anwendungsfeld stark erhöht und ein reflexives Vorgehen unter Einbezug weiterer Faktoren für Unternehmen notwendig macht.

❓ Let's check

1. Was verstehen Sie unter interkulturellem Personalmanagement und inwiefern zeigt sich dies in der Personalauswahl und der Personalentwicklung?
2. Welche Formen der Auslandsentsendung kennen Sie und welche typischen Probleme treten bei Entsendungen auf?
3. Was müssen Führungskräfte bei der Führung multikultureller Teams beachten?
4. Was bedeutet Standardisierung und Differenzierung im Kontext des interkulturellen Marketings?
5. Inwiefern können kulturvergleichende Studien zur Anpassung des Marketing-Mix genutzt werden?
6. Wie können *culture-free* und *culture-bound* Produkte voneinander abgegrenzt werden?

❓ Vernetzende Aufgaben

1. Fallstudie: Wie hätte Frau Meier im Vorfeld und während des Aufenthaltes besser vorbereitet und unterstützt werden können? Welche weiteren Aspekte und Aufgaben eines interkulturellen Personalmanagements finden Sie im Falltext?
2. Fallstudie: Welche Bestandteile des strategischen Marketing-Mix lassen sich im vorliegenden Beispiel leichter standardisieren und welche müssten für den chinesischen Markt differenziert werden? Begründen Sie unter Zuhilfenahme der Ihnen bekannten Kulturkonzepte!
3. Machen Sie sich mit den zentralen Ergebnissen der CRANET-Studie vertraut. Wählen Sie ein Land aus und überlegen Sie, welche Konsequenzen sich aus den Ergebnissen für eine Kooperation mit Unternehmen aus diesem Land für das Personalmanagement ergeben!
4. Recherchieren Sie im Internet gescheiterte Marketingkampagnen von interkulturell agierenden Unternehmen. Welche Aspekte führten zum Scheitern und wie lassen sie sich kulturell begründen?

ℹ️ Lesen und Vertiefen

- Emrich, C. (2014). *Interkulturelles Marketing-Management. Erfolgsstrategien-Konzepte-Analysen*. Wiesbaden: Springer Gabler.
  In den Abschnitten zum interkulturellen Personalmanagement und zum interkulturellen Marketingmanagement finden Sie weiterführende Aussagen, so dass Sie Ihr Wissen über die im Text angesprochenen Konzepte und Instrumente zu den beiden Teilbereichen des Interkulturellen Managements vertiefen können.

- Rothlauf, J. (2012). *Interkulturelles Management*. München: Oldenbourg Wissenschaftsverlag.
  Neben inhaltlichen Fragen zu beiden Bereichen finden Sie hier vor allem interessante Beispiele aus Vietnam, China, Japan, Russland und den Golfstaaten.
- Usunier, J., & Lee, J. A. (2005). *Marketing across cultures*. Harlow: Prentice Hall.
  Dieses Buch gibt zahlreiche Einblicke in die Entwicklung realer Marketingkampagnen im interkulturellen Kontext.

Serviceteil

Tipps fürs Studium und fürs Lernen – 166

Glossar – 171

Literatur – 177

Der Abschnitt „Tipps fürs Studium und fürs Lernen" wurde von Andrea Hüttmann verfasst.

R. Lang, N. Baldauf, *Interkulturelles Management*, Studienwissen kompakt,
DOI 10.1007/978-3-658-11235-6, © Springer Fachmedien Wiesbaden 2016

Tipps fürs Studium und fürs Lernen

- **Studieren Sie!**
Studieren erfordert ein anderes Lernen, als Sie es aus der Schule kennen. Studieren bedeutet, in Materie abzutauchen, sich intensiv mit Sachverhalten auseinanderzusetzen, Dinge in der Tiefe zu durchdringen. Studieren bedeutet auch, Eigeninitiative zu übernehmen, selbstständig zu arbeiten, sich autonom Ziele zu setzen, anstatt auf konkrete Arbeitsaufträge zu warten. Ein Studium erfolgreich abzuschließen erfordert die Fähigkeit, der Lebensphase und der Institution angemessene effektive Verhaltensweisen zu entwickeln – hierzu gehören u. a. funktionierende Lern- und Prüfungsstrategien, ein gelungenes Zeitmanagement, eine gesunde Portion Mut und viel pro-aktiver Gestaltungswille. Im Folgenden finden Sie einige erfolgserprobte Tipps, die Ihnen beim Studieren Orientierung geben, einen grafischen Überblick dazu zeigt ◘ Abb. A.1.

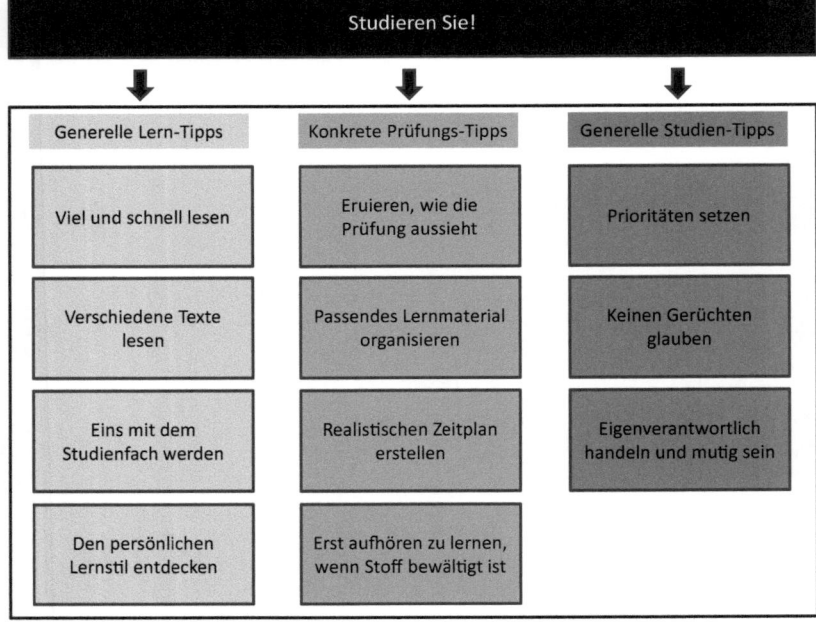

◘ **Abb. A.1** Tipps im Überblick

Tipps fürs Studium und fürs Lernen

Lesen Sie viel und schnell

Studieren bedeutet, wie oben beschrieben, in Materie abzutauchen. Dies gelingt uns am besten, indem wir zunächst einfach nur viel lesen. Von der Lernmethode – lesen, unterstreichen, heraus schreiben – wie wir sie meist in der Schule praktizieren, müssen wir uns im Studium verabschieden. Sie dauert zu lange und raubt uns kostbare Zeit, die wir besser in Lesen investieren sollten. Selbstverständlich macht es Sinn, sich hier und da Dinge zu notieren oder mit anderen zu diskutieren. Das systematische Verfassen von eigenen Text-Abschriften aber ist im Studium – zumindest flächendeckend – keine empfehlenswerte Methode mehr. Mehr und schneller lesen schon eher ...

Werden Sie eins mit Ihrem Studienfach

Jenseits allen Pragmatismus sollten wir uns als Studierende eines Faches – in der Summe – zutiefst für dieses interessieren. Ein brennendes Interesse muss nicht unbedingt von Anfang an bestehen, sollte aber im Laufe eines Studiums entfacht werden. Bitte warten Sie aber nicht in Passivhaltung darauf, begeistert zu werden, sondern sorgen Sie selbst dafür, dass Ihr Studienfach Sie etwas angeht. In der Regel entsteht Begeisterung, wenn wir die zu studierenden Inhalte mit lebensnahen Themen kombinieren: Wenn wir etwa Zeitungen und Fachzeitschriften lesen, verstehen wir, welche Rolle die von uns studierten Inhalte im aktuellen Zeitgeschehen spielen und welchen Trends sie unterliegen; wenn wir Praktika machen, erfahren wir, dass wir mit unserem Know-how – oft auch schon nach wenigen Semestern – Wertvolles beitragen können. Nicht zuletzt: Dinge machen in der Regel Freude, wenn wir sie beherrschen. Vor dem Beherrschen kommt das Engagement: Engagieren Sie sich also und werden Sie eins mit Ihrem Studienfach!

Entdecken Sie Ihren persönlichen Lernstil

Jenseits einiger allgemein gültiger Lern-Empfehlungen muss jeder Studierende für sich selbst herausfinden, wann, wo und wie er am effektivsten lernen kann. Es gibt die Lerchen, die sich morgens am besten konzentrieren können, und die Eulen, die ihre Lernphasen in den Abend und die Nacht verlagern. Es gibt die visuellen Lerntypen, die am liebsten Dinge aufschreiben und sich anschauen; es gibt auditive Lerntypen, die etwa Hörbücher oder eigene Sprachaufzeichnungen verwenden. Manche bevorzugen Karteikarten verschiedener Größen, andere fertigen sich auf Flipchart-Bögen Übersichtsdarstellungen an, einige können während des

Spazierengehens am besten auswendig lernen, andere tun dies in einer Hängematte. Es ist egal, wo und wie Sie lernen. Wichtig ist, dass Sie einen für sich effektiven Lernstil ausfindig machen und diesem – unabhängig von Kommentaren Dritter – treu bleiben.

Bringen Sie in Erfahrung, wie die bevorstehende Prüfung aussieht

Die Art und Weise einer Prüfungsvorbereitung hängt in hohem Maße von der Art und Weise der bevorstehenden Prüfung ab. Es ist daher unerlässlich, sich immer wieder bezüglich des Prüfungstyps zu informieren. Wird auswendig Gelerntes abgefragt? Ist Wissenstransfer gefragt? Muss man selbstständig Sachverhalte darstellen? Ist der Blick über den Tellerrand gefragt? Fragen Sie Ihre Dozenten. Sie müssen Ihnen zwar keine Antwort geben, doch die meisten Dozenten freuen sich über schlau formulierte Fragen, die das Interesse der Studierenden bescheinigen und werden Ihnen in irgendeiner Form Hinweise geben. Fragen Sie Studierende höherer Semester. Es gibt immer eine Möglichkeit, Dinge in Erfahrung zu bringen. Ob Sie es anstellen und wie, hängt von dem Ausmaß Ihres Mutes und Ihrer Pro-Aktivität ab.

Decken Sie sich mit passendem Lernmaterial ein

Wenn Sie wissen, welcher Art die bevorstehende Prüfung ist, haben Sie bereits viel gewonnen. Jetzt brauchen Sie noch Lernmaterialien, mit denen Sie arbeiten können. Bitte verwenden Sie niemals die Aufzeichnungen Anderer – sie sind inhaltlich unzuverlässig und nicht aus Ihrem Kopf heraus entstanden. Wählen Sie Materialien, auf die Sie sich verlassen können und zu denen Sie einen Zugang finden. In der Regel empfiehlt sich eine Mischung – für eine normale Semesterabschlussklausur wären das z. B. Ihre Vorlesungs-Mitschriften, ein bis zwei einschlägige Bücher zum Thema (idealerweise eines von dem Dozenten, der die Klausur stellt), ein Nachschlagewerk (heute häufig online einzusehen), eventuell prüfungsvorbereitende Bücher, etwa aus der Lehrbuchsammlung Ihrer Universitätsbibliothek.

Erstellen Sie einen realistischen Zeitplan

Ein realistischer Zeitplan ist ein fester Bestandteil einer soliden Prüfungsvorbereitung. Gehen Sie das Thema pragmatisch an und beantworten Sie folgende Fragen: Wie viele

Wochen bleiben mir bis zur Klausur? An wie vielen Tagen pro Woche habe ich (realistisch) wie viel Zeit zur Vorbereitung dieser Klausur? (An dem Punkt erschreckt und ernüchtert man zugleich, da stets nicht annähernd so viel Zeit zur Verfügung steht, wie man zu brauchen meint.) Wenn Sie wissen, wie viele Stunden Ihnen zur Vorbereitung zur Verfügung stehen, legen Sie fest, in welchem Zeitfenster Sie welchen Stoff bearbeiten. Nun tragen Sie Ihre Vorhaben in Ihren Zeitplan ein und schauen, wie Sie damit klar kommen. Wenn sich ein Zeitplan als nicht machbar herausstellt, verändern Sie ihn. Aber arbeiten Sie niemals ohne Zeitplan!

Beenden Sie Ihre Lernphase erst, wenn der Stoff bewältigt ist

Eine Lernphase ist erst beendet, wenn der Stoff, den Sie in dieser Einheit bewältigen wollten, auch bewältigt ist. Die meisten Studierenden sind hier zu milde im Umgang mit sich selbst und orientieren sich exklusiv an der Zeit. Das Zeitfenster, das Sie für eine bestimmte Menge an Stoff reserviert haben, ist aber nur ein Parameter Ihres Plans. Der andere Parameter ist der Stoff. Und eine Lerneinheit ist erst beendet, wenn Sie das, was Sie erreichen wollten, erreicht haben. Seien Sie hier sehr diszipliniert und streng mit sich selbst. Wenn Sie wissen, dass Sie nicht aufstehen dürfen, wenn die Zeit abgelaufen ist, sondern erst wenn das inhaltliche Pensum erledigt ist, werden Sie konzentrierter und schneller arbeiten.

Setzen Sie Prioritäten

Sie müssen im Studium Prioritäten setzen, denn Sie können nicht für alle Fächer denselben immensen Zeitaufwand betreiben. Professoren und Dozenten haben die Angewohnheit, die von ihnen unterrichteten Fächer als die bedeutsamsten überhaupt anzusehen. Entsprechend wird jeder Lehrende mit einer unerfüllbaren Erwartungshaltung bezüglich Ihrer Begleitstudien an Sie herantreten. Bleiben Sie hier ganz nüchtern und stellen Sie sich folgende Fragen: Welche Klausuren muss ich in diesem Semester bestehen? In welchen sind mir gute Noten wirklich wichtig? Welche Fächer interessieren mich am meisten bzw. sind am bedeutsamsten für die Gesamtzusammenhänge meines Studiums? Nicht zuletzt: Wo bekomme ich die meisten Credits? Je nachdem, wie Sie diese Fragen beantworten, wird Ihr Engagement in der Prüfungsvorbereitung ausfallen. Entscheidungen dieser Art sind im Studium keine böswilligen Demonstrationen von Desinteresse, sondern schlicht und einfach überlebensnotwendig.

Glauben Sie keinen Gerüchten

Es werden an kaum einem Ort so viele Gerüchte gehandelt wie an Hochschulen – Studierende lieben es, Durchfallquoten, von denen Sie gehört haben, jeweils um 10–15 % zu erhöhen, Geschichten aus mündlichen Prüfungen in Gruselgeschichten zu verwandeln und Informationen des Prüfungsamtes zu verdrehen. Glauben Sie nichts von diesen Dingen und holen Sie sich alle wichtigen Informationen dort, wo man Ihnen qualifiziert und zuverlässig Antworten erteilt. 95 % der Geschichten, die man sich an Hochschulen erzählt, sind schlichtweg erfunden und das Ergebnis von ‚Stiller Post'.

Handeln Sie eigenverantwortlich und seien Sie mutig

Eigenverantwortung und Mut sind Grundhaltungen, die sich im Studium mehr als auszahlen. Als Studierende verfügen Sie über viel mehr Freiheit als als Schüler: Sie müssen nicht immer anwesend sein, niemand ist von Ihnen persönlich enttäuscht, wenn Sie eine Prüfung nicht bestehen, keiner hält Ihnen eine Moralpredigt, wenn Sie Ihre Hausaufgaben nicht gemacht haben, es ist niemandes Job, sich darum zu kümmern, dass Sie klar kommen. Ob Sie also erfolgreich studieren oder nicht, ist für niemanden von Belang außer für Sie selbst. Folglich wird nur der eine Hochschule erfolgreich verlassen, dem es gelingt, in voller Überzeugung eigenverantwortlich zu handeln. Die Fähigkeit zur Selbstführung ist daher der Soft Skill, von dem Hochschulabsolventen in ihrem späteren Leben am meisten profitieren. Zugleich sind Hochschulen Institutionen, die vielen Studierenden ein Übermaß an Respekt einflößen: Professoren werden nicht unbedingt als vertrauliche Ansprechpartner gesehen, die Masse an Stoff scheint nicht zu bewältigen, die Institution mit ihren vielen Ämtern, Gremien und Prüfungsordnungen nicht zu durchschauen. Wer sich aber einschüchtern lässt, zieht den Kürzeren. Es gilt, Mut zu entwickeln, sich seinen eigenen Weg zu bahnen, mit gesundem Selbstvertrauen voranzuschreiten und auch in Prüfungen eine pro-aktive Haltung an den Tag zu legen. Unmengen an Menschen vor Ihnen haben diesen Weg erfolgreich beschritten. Auch Sie werden das schaffen!

Andrea Hüttmann ist Professorin an der accadis Hochschule Bad Homburg, Leiterin des Fachbereichs „Communication Skills" und Expertin für die Soft-Skill-Ausbildung der Studierenden. Sie ist Autorin des bei Springer Gabler erschienenen Buches „Erfolgreich studieren mit Soft Skills". Als Coach ist sie auch auf dem freien Markt tätig und begleitet Unternehmen, Privatpersonen und Studierende bei Veränderungsvorhaben und Entwicklungswünschen (▶ www.andrea-huettmann.de).

Glossar

Akkulturation Akkulturation bezeichnet den Prozess des Hineinwachsens einer Person in eine der Eigenkultur fremde Kultur, beispielsweise in Folge eines längeren Aufenthaltes in einer fremdkulturellen Umgebung.

Artefakte Als Artefakte werden alle von Menschen einer Kultur geschaffenen, sichtbaren und hörbaren Produkte bezeichnet. Dazu gehören u. a. Architektur, Kunst, Mode, Technologien, Strukturen und Instrumente, Sprache, Geschichten, Rituale oder Zeremonien. In ihnen materialisieren sich Grundannahmen, Werte und Normen einer Kultur, ohne dass diese Zusammenhänge in jedem Fall sichtbar werden.

Emisch Als emisch wird eine Sichtweise der vergleichenden Kulturforschung bezeichnet, in der gegenüber der jeweils zu beschreibenden Kultur eine Innenperspektive der subjektiven Kulturerfahrung angenommen wird, die die Einzigartigkeit der untersuchten Kultur beschreibt und betont.

Enkulturation Enkulturation bezeichnet den Sozialisationsprozess des eher unbewussten Hineinwachsens in die eigenkulturelle Umwelt. Er vollzieht sich insbesondere parallel mit der frühkindlichen Sozialisation in der Familie.

Ethnozentrismus Ethnozentrismus beschreibt eine voreingenommene Einstellung gegenüber fremden Gruppen, die die eigene Kultur gegenüber anderen aufwertet und zugleich fremde Denk- und Verhaltensweisen herabsetzt.

Etisch Als etisch wird eine Sichtweise der vergleichenden Kulturforschung bezeichnet, in der gegenüber den jeweils zu beschreibenden Kulturen eine universalistische und objektive Außensicht angenommen wird, um kulturübergreifende Gesetzmäßigkeiten herauszuarbeiten.

Führung Unter Führung wird der Prozess der Einflussnahme von Personen auf andere Personen oder Gruppen in einem Organisationskontext verstanden, der dazu dient, spezifische Organisationsziele zu erreichen. Dabei ist zwischen den Führungserwartungen, den Führungseigenschaften, dem beobachtbaren Führungsverhalten, dem Mitarbeiterverhalten, dem wechselseitigen Einflussprozess und den Führungswirkungen zu unterscheiden, die jeweils verschiedene relevante Aspekte von Führung darstellen.

Führungsdimensionen Als Führungsdimensionen werden im GLOBE-Projekt verschiedene, empirisch ermittelte Erwartungs- und Verhaltensmuster bezeichnet. Im Einzelnen wird zwischen charismatisch-transformationaler Führung, teamorientierter Führung, partizipativer Führung, humaner Führung, autonomer Führung und selbstschützender Führung unterschieden. Ihre Kombination führt zu spezifischen Konfigurationen, den Führungsprofilen.

Gesellschaftskultur Vor dem Hintergrund einer Zunahme multiethnischer Gesellschaften beschreibt der Begriff der Gesellschaftskultur, die in einem konkreten Territorium etablierten kulturellen Wertvorstellungen und kulturellen Praktiken. Eine Gesellschaftskultur zeigt sich dabei u. a. in der gemeinsamen Sprache, ideologischen Glaubenssätzen einschließlich Religion, politischen Einstellungen sowie dem ethnischen und kulturellen Erbe.

Globale Führung Globale Führung steht für Führungsbeziehungen, Führungsprozesse und

Führungshandeln in einem globalen Kontext, der über bi-kulturelle Beziehungen hinausgeht. Der Begriff umfasst dabei Führungsformen wie globale virtuelle Führung, aber auch die Führung durch Expatriates oder in multikulturellen Teams. Zugleich betont er in Abgrenzung zur interkulturellen Führung auch die universell gültigen Merkmale von Führung oder entsprechende Eigenschaften und Fähigkeiten von Führungskräften.

GLOBE-Projekt Das GLOBE-Projekt ist das gegenwärtig umfangreichste Forschungsprojekt im Bereich der interkulturellen Managementforschung. Mehr als 60 Länder haben sich am Projekt beteiligt. Dabei wurden in verschiedenen empirischen Studien seit Mitte der 90er-Jahre bis zur Gegenwart Informationen zum Zusammenhang zwischen Gesellschafts- und Organisationskulturen sowie zu kulturell geprägten Führungserwartungen und zum Führungsverhalten von Geschäftsführern und den daraus resultierenden Wirkungen ermittelt.

Globalisierung Der Begriff der Globalisierung kennzeichnet alle Prozesse, in deren Folge Nationalstaaten an Einfluss verlieren und ihre Souveränität durch transnationale Akteure sowie globale Orientierungen, Identitäten und Netzwerke unterlaufen und querverbunden wird, wobei in der Gegenwart vor allem eine zunehmende raum-zeitliche Ausdehnung und Dichte wechselseitiger regional-globaler Beziehungsnetzwerke und ihrer Repräsentation in den Massenmedien als wichtige Merkmale zu beobachten ist. Die Globalisierung weist dabei eine ökonomische, ökologische, arbeitsorganisatorische, kulturelle und zivilgesellschaftliche Dimension auf.

Grundannahmen Grundannahmen bezeichnen unbewusste Vorstellungen von Mitgliedern eines Kulturraumes, die als Orientierungsmuster zur Interpretation von grundlegenden Problemen und Fragestellungen des menschlichen Daseins dienen und bei Mitgliedern einer spezifischen National- bzw. Gesellschaftskultur, Organisations- oder Gruppenkultur bei einer identischen Situation zu gleichen oder ähnlichen Reaktionen führen. Sie bilden die Basis für Werte und Normen einer Kultur.

IBM-Studie Die IBM-Studie war lange Zeit die größte und einflussreichste kulturvergleichende Managementstudie. Sie wurde durch Geert Hofstede initiiert und geleitet. Unter Nutzung von 116.000 Fragebögen in über 50 Ländern und Regionen wurden IBM-Mitarbeiter hinsichtlich ihrer Werte, Wertpräferenzen, Normen und Verhaltensstandards befragt, um den Einfluss der Nationalkultur auf die Organisationskultur zu ermitteln. In der Auswertung wurden dann relevante Kulturdimensionen wie Machtdistanz, Unsicherheitsvermeidung, Individualismus vs. Kollektivismus und Maskulinität vs. Femininität ermittelt.

Interkulturalität Darunter wird der Bereich verstanden, in dem sich Kulturen verschiedener Individuen oder sozialer Gruppen überschneiden. Ausgangspunkt für Interkulturalität ist eine Begegnung zwischen Personen verschiedener Kulturen, also unterschiedlicher Werte- und Normensysteme etc. Durch die Notwendigkeit der Zusammenarbeit und des Zusammenlebens entstehen eigenständige gemeinsame Werte und Normen einer Interkultur, die diese Kooperation oder soziale Beziehung zwischen den betroffenen Personen und Personengruppen regulieren.

Interkulturalitätsstrategien Interkulturalitätsstrategien beschreiben die verschiedenen Arten des Handelns und der Verknüpfung von Eigen- und Fremdkultur im Zuge interkultureller Interaktion und des interkulturellen Lernens. Die Strategie der Akteure, seien es Individuen oder Organisationen, ist abhängig von der jeweiligen Zielsetzung sowie der Wahrneh-

Glossar

mung und Wertschätzung eigenkultureller und fremdkultureller Verhaltensweisen.

Interkulturelle Führung Der Begriff der interkulturellen Führung beschreibt ein Phänomen, bei dem die Führungsbeziehung kulturübergreifende Züge annimmt, in dem die verschiedenen Mitarbeiter oder die jeweiligen Führungskräfte unterschiedlichen Kulturen angehören. Sie zeigt sich u.a. bei der Führung multikultureller Teams oder beim Einsatz von entsandten Führungskräften, die in Tochterunternehmen in anderen Ländern tätig werden.

Interkulturelle Kompetenz Interkulturelle Kompetenz beschreibt die soziale Kommunikations- und Handlungskompetenz in kulturellen Überschneidungssituationen und somit die Fähigkeit im interkulturellen Kontext kultursensibel und wirkungsvoll interagieren zu können.

Interkulturelles Lernen Interkulturelles Lernen ist Bestandteil von Akkulturationsprozessen. Es stellt sich ein, sobald eine Person allmählich in eine neue kulturelle und soziale Umwelt hineinwächst und sich die für die Fremdkultur erforderlichen Orientierungen und Handlungsmuster aneignet. Interkulturelles Lernen ist einerseits ein geplanter und ungeplanter individueller Lernprozess, der im Rahmen der Akkulturation stattfindet. Andererseits werden darunter auch alle systematischen und organisierten Formen des interkulturellen Lernens wie z.B. in interkulturellen Trainingsprogrammen verstanden.

Interkulturelles Management Das Interkulturelle Management betrachtet kulturelle Besonderheiten des Phänomens Management bzw. Unternehmensführung in unterschiedlichen kulturellen Kontexten und interkulturellen Kontaktsituationen. Es zeigt sich in kulturell bedingten Besonderheiten bei Managementkonzepten, Strukturen, Instrumenten und Verhaltensweisen der Manager als kulturspezifischen Problemlösungen für typische Managementprobleme sowie in interkulturellen Kooperationen und schließt Strategien, Handlungen und Lösungen zur Handhabung von Kulturunterschieden und Kulturkonflikten ein.

Interkulturelles Marketing Interkulturelles Marketing umfasst die Analyse, Planung, Koordination und Kontrolle aller auf die kulturellen Bedingungen und Einflussfaktoren der aktuellen und potentiellen internationalen Märkte bzw. des Weltmarktes ausgerichteten Unternehmensaktivitäten.

Interkulturelles Personalmanagement Der Begriff des interkulturellen Personalmanagements adressiert zunächst die kulturspezifischen Besonderheiten im Personalmanagement in verschiedenen Ländern, z.B. bei Einsatz und Nutzung von Personalmanagementkonzepten und -instrumenten oder bei der interkulturellen (Personal)Führung. Zugleich umfasst er typische Aktivitäten im Personalmanagement, die der Vorbereitung und dem Einsatz von Mitarbeitern in anderen kulturellen Kontexten dienen, z.B. durch kulturspezifische Personalauswahl oder interkulturelles Training.

Interkulturelles Training Interkulturelles Training stellt eine bewusst herbeigeführte, systematische und organisierte Form interkulturellen Lernens dar, die individuelle Lernprozesse unterstützen kann und vor allem in Organisation zur Vorbereitung auf interkulturelle Einsätze bzw. interkulturelle Arbeitssituationen durchgeführt wird

Institutionalisierung Institutionalisierung kennzeichnet den Prozess der Entstehung von Institutionen, ihrer faktischen Akzeptanz, Reproduktion, Erhaltung und Ausdehnung in Raum und Zeit. Institutionen sind dabei kognitive, normative und regulierende Strukturen und Aktivitäten, die dem sozialen Verhalten

Stabilität und Sinn verleihen und unhinterfragte Geltung erlangen. Sie sind zum einen Ausdruck gesellschaftlicher, organisationaler oder gruppenspezifischer Werte. Kulturen und ihre Elemente wie Normen, Artefakte und Symbole spielen zum anderen eine wichtige Rolle bei der Etablierung von Institutionen.

Isomorphismus Isomorphismus bezeichnet die weltweite Strukturähnlichkeit von Phänomenen, hier im Management, über Länder- und Kulturgrenzen hinweg. Er ist das Ergebnis von Institutionalisierungsprozessen sowie des Transfers von Managementkonzepten und Managementpraktiken, ihrer Übernahme und Anpassung.

Kultur Kultur ist ein universelles Orientierungsmuster einer Gesellschaft, Organisation oder sozialen Gruppe, das Gegenständen und Handlungen Sinn und Bedeutung zuweist und damit soziales Handeln ermöglicht. Es besteht aus Grundannahmen, Weltbildern, Werten, Normen oder kognitiven Bezugsrahmen, Artefakten und kulturellen Praktiken, Symbolen und ihren Interpretationen, die gesellschaftlich tradiert sind sowie Einfluss auf das Denken, Fühlen und Handeln von Menschen nehmen.

Kulturdimensionen Kulturdimensionen stellen grundlegende und zugleich abgrenzbare Aspekte bzw. Problembereiche von Kulturen dar, die übergreifend und für alle Kulturen bedeutsam sind. Sie ermöglichen eine differenziertere Beschreibung sowie je nach theoretischem Konzept auch einen Vergleich und eine Messung von Kulturen, die sich dann als spezifische kulturelle Konfigurationen oder Kulturprofile über die verschiedenen Dimensionen darstellen lassen.

Kulturebenen Der Begriff der Kulturebenen kann in zweierlei Hinsicht verstanden werden. Zum einen verweist er in Ebenen-Modellen von Kulturen auf bestimmte Gruppen von Kulturelementen, die eher an der Oberfläche einer Kultur sichtbar sind oder auf solche, die als Tiefenstrukturen einer Kultur aufgefasst werden können. Zum anderen kennzeichnet der Begriff Kulturen verschiedener sozialer Gruppen unterschiedlicher Größe im Sinne der Reichweite der jeweiligen Kultur, z. B. bei der Nationalkultur und Gesellschaftskultur mit Bezug auf ein Land bzw. eine Gesellschaft und alle dort lebenden Personen, bei der Organisationskultur mit Blick auf die spezifischen kulturellen Phänomene der jeweiligen Organisation und ihrer Mitglieder.

Kulturelemente Als Kulturelemente werden alle Bestandteile einer Kultur bezeichnet. Abhängig vom jeweiligen theoretischen Ansatz gehören dazu Grundannahmen, Werte, Weltbilder, Normen und andere Orientierungsmuster, Artefakte, Symbole, Helden sowie kulturelle Praktiken.

Kulturelle Konfigurationen Kulturelle Konfigurationen sind spezifische Kulturmuster, die sich aus der unterschiedlichen Ausprägung der verschiedenen Kulturdimensionen und ihrer Kombinationen ergeben.

Kulturelle Praktiken Kulturelle Praktiken sind Handlungsmuster, in denen sich die geteilten Grundannahmen, Werte und Normen manifestieren. Sie zeigen sich insbesondere in der Art und Weise des Umgangs mit Werten, Normen und Artefakten und liefern vor allem Informationen über den Ist-Stand bzw. die über die gegenwärtige Wahrnehmung der jeweiligen Kultur.

Kulturelle Werte Kulturelle Werte spiegeln allgemeine Annahmen und Präferenzen zur gewünschten Entwicklung des Zusammenlebens zwischen Menschen einer Kultur wider. Sie bestimmen welche Umstände als erstrebenswert gelten und in welcher Weise Gegenstände, Si-

Glossar

tuationen und bestimmte Verhaltensweisen zu bewerten sind.

Kulturell geprägte implizite Führungstheorien Als kulturell geprägte implizite Führungstheorien werden kollektive Führungserwartungen oder Alltagstheorien über Führung bezeichnet, die in einer jeweiligen Kultur als typisch gelten können. Sie entscheiden in hohem Maße über die Akzeptanz und Wirksamkeit von Führungspersonen und Führungsverhalten.

Kulturmodelle Kulturmodelle sind theoretische-konzeptionelle Modelle zur Anordnung der Kulturelemente und ihrer Beziehungen. Bekannte Modelle sind das Zwiebelmodell, das Eisbergmodell sowie weitere Schichten-, Ebenen- oder Kreismodelle.

Kulturschock Ein Kulturschock beschreibt einen emotionalen Zustand eines Menschen, der durch alle negativ empfundenen psychischen Phänomene ausgelöst wird, die sich bei der plötzlichen Konfrontation mit einer fremden Kultur beziehungsweise beim Übertritt in eine andere Kultur einstellen können.

Kulturstandards Kulturstandards sind über Sozialisationsprozesse erworbene charakteristische Verhaltensmuster, die von der Mehrheit der Mitglieder einer Kultur geteilt und über Generationen hinweg weitergegeben werden. Sie sind typisch für eine Nation, Gesellschaft, Organisation oder Gruppe von Menschen.

Marktsegmentierung Die Marktsegmentierung beschreibt die Aufteilung des heterogenen Gesamtmarktes in möglichst homogene Teilmärkte sowie deren Analyse und dient dem Marketingmanagement zur Reduzierung der Komplexität und Fokussierung bestimmter Interessengruppen.

Nationalkultur Der Begriff Nationalkultur bezeichnet die spezifischen Ausprägungen und Einflussfaktoren des Kulturphänomens auf der Ebene eines Landes, d. h. die durch das Aufwachsen in einem bestimmten Land erworbene Kultur. Wichtige charakteristische Einflussfaktoren sind dabei u. a. die in der jeweiligen Nationalstaat dominierende Landessprache, das nationale Bildungssystem, die landesspezifischen Massenmedien, Märkte und Produkte.

Nationale Geschäftssysteme Nationale Geschäftssysteme sind nationalspezifische oder regionsspezifische Muster von wirtschaftsrelevanten Institutionen oder entsprechenden gesellschaftlichen Teilsystemen, die sich insbesondere auf die unterschiedliche Natur der Unternehmen, die Spezifik der Marktorganisation sowie Unterschiede in der Arbeitskoordination und den Kontrollsystemen von und in Wirtschaftsorganisationen beziehen.

Normen Normen bezeichnen von Menschen geschaffene Bewertungsmuster, die sich von kulturellen Werten ableiten. Sie erklären Handlungsentscheidungen von Mitgliedern einer National- bzw. Gesellschaftskultur, Organisationskultur oder Gruppenkultur, da Normen verhaltensorientierte Regeln darstellen, die bei der Unterscheidung zwischen sozial akzeptiertem, erstrebenswertem und sozial nicht akzeptiertem und zu vermeidendem Verhalten in Interaktionssituationen genutzt werden.

Organisationskultur Der Begriff der Organisationskultur beschreibt kulturelle Phänomene auf der Ebene von Organisationen. Er umfasst vor allem die in einer Organisation vorhandenen und idealtypisch geteilten Grundannahmen, Werte und Normen sowie kulturelle Artefakte, Praktiken und Symbole, die sich im Verlauf der Geschichte der Organisation aus der Akkumulation von kollektiven Erfahrungen ergeben haben.

Polyzentrismus Polyzentrismus beschreibt eine offene Einstellung gegenüber anderen

Kulturen, Ansichten und Lebensweisen. Polyzentrismus bildet den Gegensatz zur Einstellung des Ethnozentrismus, da fremdartige Denk- und Verhaltensweisen akzeptiert und geschätzt sowie kulturspezifische Wertungen relativiert werden.

Subkultur Subkulturen sind spezifische Teilkulturen von relevanten sozialen Untergruppen in einer bestimmten Kultur, z. B. regionale Kulturen im Rahmen einer Gesellschaftskultur oder Abteilungskulturen im Rahmen einer Organisationskultur. Sie zeichnen sich durch eine gewisse Eigenständigkeit aus, d. h. spezifische, von der Oberkultur abweichende oder diese modifizierende Grundannahmen, Werte, Normen, Artefakte oder Symbole.

Symbole Symbole stellen den Zusammenhang zwischen Objekten und Verhaltensweisen sowie den ihnen in einer jeweiligen Kultur zugewiesenen Bedeutungen dar. Sie vermitteln somit zwischen den Grundannahmen, Werten, Normen und den Artefakten einer Kultur.

Literatur

Verwendete Literatur

Almond, P., & Ferner, A. (2006). *American multinationals in Europe: Managing employment relations across borders.* Oxford/New York: Oxford University Press.

Alt, R., & Lang, R. (2004). Anforderungen an Führungskompetenzen von Managern im Transformationsprozess ausgewählter MOEL. In H. Zschiedrich, W. Schmeisser, & T. R. Hummel (Hrsg.), *Internationales Management in den Märkten Mittel- und Osteuropas* (S. 111–132). München/Mering: Hampp.

An, D., & Kim, S. (2007). Relating Hofstede's masculinity dimension to gender role portrayals in advertising. *International Marketing Review, 24*(2), 181–207.

Ang-Stein, C. (2015). *Interkulturelles Training. Systematisierung, Analyse und Konzeption einer Weiterbildung.* Wiesbaden: Springer VS.

Barmeyer, C. I., & Davoine, E. (2006). Interkulturelle Zusammenarbeit und Führung in internationalen Teams: Das Beispiel Deutschland – Frankreich. *Zeitschrift Führung + Organisation (zfo), 75*(1), 35–39.

Bass, B. M. (1985). *Leadership and performance beyond expectations.* New York/London: Free Press.

Beck, U. (1998). *Was ist Globalisierung?* 4. Auflage. Frankfurt am Main: Suhrkamp.

Beelmann, A., & Jonas, K. J. (2009). *Diskriminierung und Toleranz. Psychologische Grundlagen und Anwendungsperspektiven.* Wiesbaden: VS Verlag.

Bertallo, A., Hettlage, R., & Perez, M. (2004). *Verwirrende Realitäten: Interkulturelle Kompetenz mit Criticial Incidents trainieren.* Zürich: Verlag Pestalozzianium an der Pädagogischen Hochschule.

Bluhm, K. (2007). *Experimentierfeld Osteuropa? Deutsche Unternehmen in Polen und der Tschechischen Republik.* Wiesbaden: Springer Gabler.

Blumenkrantz, Z., & Ari, B B. (2010). Beware at Customs: Gov't has banned iPad imports. http://www.haaretz.com/print-edition/business/beware-at-customs-gov-t-has-banned-ipad-imports-1.284227. Zugegriffen: 8. Juni 2015

Brodbeck, F. C., et al. (2000). Cultural variations of leadership prototypes across 22 European countries. *Journal of Occupational and Organizational Psychology, 73*(1), 1–29.

Brodbeck, F. C., & Frese. M. (2007). Societal culture and leadership in Germany. In J. S. Chhokar, F. C. Brodbeck, & R. J. House (Hrsg.), *Culture and leadership across the world: The GLOBE book of in-depth studies of 25 societies* (S. 147–214). Mahwah, NJ: Lawrence Erlbaum Associates.

Brodbeck, F. C., Frese, M., & Javidan, M. (2002). Leadership Made in Germany: Low on compassion, high on performance. *Academy of Management Executive, 16*(1), 16–29.

Chen, C. C., Xiao-Ping, C., & Meindl, J. F. (1998). How can cooperation be fostered? The cultural effects of individualism-collectivism. *Academy of Management Review, 23*(2), 285–304.

Chhokar, J. S., Brodbeck, F. C., & House, R. J. (Hrsg.). (2007). *Culture and leadership across the world: The GLOBE book of in-depth studies of 25 societies.* Mahwah, NJ: Lawrence Erlbaum Associates.

Cranet (2011). CRANET Survey on Comparative Human Resource Management, International Executive Report. http://www.ef.uns.ac.rs/cranet/download/cranet_report_2012_280212.pdf. Zugegriffen: 23. Juli 2015

Czaban, L., Hocevar, M., Jaklic, M. R., & Whitley, R. (2003). Path dependence and contractual relations in emergent capitalism: Contrasting state socialist legacies and inter-firm cooperation in Hungary and Slovenia. *Organization Studies, 24*(1), 7–28.

DGFP Deutsche Gesellschaft für Personalführung e. V. (2011). DGFP Langzeitstudie Professionelles Personalmanagement: Ergebnisse der pix-Befragung 2010. *PraxisPapier 3/2011*.

DGFP (2012). Von entweder-oder zu sowohl-als-auch – Interview mit Rajan R. Malaviya. http://www.dgfp.de/aktuelles/dgfp-news/von-entweder-oder-zu-sowohl-als-auch-interview-mit-rajan-r-malaviya-3721. Zugegriffen: 26. Juli 2015

Dickson, M. W., Castaño, N., Magomaeva, A., & Den Hartog, D. N. (2012). Conceptualizing leadership across cultures. *Journal of World Business, 47*(4), 483–492.

DiMaggio, P. J., & Powell, W. W. (1983). The iron cage revisited: Institutional isomorphism and collective rationality in organizational fields. *American Sociological Review, 48*, 147–160.

Dorfman, P., Javidan, M., Hanges, P., Dastmalchian, A., & House, R. (2012). GLOBE: A twenty year journey into the intriguing world of culture and leadership. *Journal of World Business, 47*(4), 504–518.

Dowling, P. J., Welch, D. E., & Schuler, R. S. (2008). *International Human Resource Management. Managing people in a multinational context*. Cincinnati: South Western Educ Pub.

Emrich, C. (2011). *Interkulturelles Management. Erfolgsfaktoren im globalen Business*. Stuttgart: Kohlhammer.

Emrich, C. (2014). *Interkulturelles Marketing-Management. Erfolgsstrategien-Konzepte-Analysen*. Wiesbaden: Springer Gabler.

Engelen, A., & Tholen, E. (2014). *Interkulturelles Management*. Stuttgart: Schäffer Poeschel.

Ferner, A., & Varul, M. Z. (1999). *The German way: German multinational and human resource management*. London: Anglo-German Foundation for the Study of Industrial Society.

Fowler, S. M., & Blohm, J. M. (2004). An analysis of methods for intercultural training. In D. Landis, J. M. Bennett, & M. J. Bennett (Hrsg.), *Handbook of Intercultural Training*. Thousand Oaks: Sage.

Gelbrich, K., & Müller, S. (2004). *Interkulturelles Marketing*. München: Franz Vahlen.

Goethe-Institut (o.J.). Die Deutschen und … . http://www.goethe.de/ins/gb/lp/prj/ mtg/typ/deindex.htm. Zugegriffen: 27. Juli 2015.

Götze, K. H. (1995). *Französische Affären: Ansichten von Frankreich*. Frankfurt a.M.: Fischer Verlag.

Gudykunst, W., Guzley, R., & Hammer, M. (1996). Designing Intercultural. In D. Landis, & R. S. Bhagat (Hrsg.), *Handbook of Intercultural Training* (S. 61–80). London, New Dehli: Thousand Oaks.

Haire, M., Ghiselli, E., & Porter, L. (1966). *Managerial thinking: An international study*. New York: Wiley.

Hall, P. A., & Soskice, D. (2001). *Varieties of Capitalism: The Institutional Foundations of Comparative Advantage*. Oxford/New York: Oxford University Press.

Haller, P. M., & Nägele, U. (2013). *Praxishandbuch Interkulturelles Management*. Wiesbaden: Springer Gabler.

Herbrand, F. (2002). *Fit für fremde Kulturen: Interkulturelles Training für Führungskräfte*. Bern: Haupt.

Hofstede, G. (1980, 2001). *Culture's Consequences – International Differences in Work Related Values*. Newbury Park, Thousand Oaks u. a.: Sage Publications.

Hofstede, G. (1991). *Cultures and Organizations: Software of the Mind*. London: McGraw-Hill.

Hofstede, G. (1993). *Interkulturelle Zusammenarbeit. Kulturen-Organisationen-Management*. Wiesbaden: Gabler.

Hofstede, G. (2011). Dimensionalizing Cultures: The Hofstede Model in Context. *Online Readings in Psychology and Culture, 2*(1), 1–26.

Literatur

Hofstede, G., & Bond, M. H. (1988). The Confucius connection: From cultural roots to economic growth. *Organizational Dynamics, 16*, 4–21.

Hofstede, G., & Hofstede, G.-J. (2009). *Lokales Denken, globales Handeln: Interkulturelle Zusammenarbeit und globales Management*. München: Beck/DTV.

Hofstede, G., & Hofstede, G.-J. (2011). *Lokales Denken, globales Handeln: Interkulturelle Zusammenarbeit und globales Management*. München: Beck/DTV.

Hofstede, G., Hofstede, G. J., & Minkov, M. (2010). *Cultures and Organizations. Software of the mind. Intercultural Cooperation and its importance for survival*. New York: McGraw Hill.

House, R. J. (1977). A 1976 theory of charismatic leadership. In J. G. Hunt, & L. L. Larson (Hrsg.), *Leadership: The Cutting Edge* (S. 189–207). Carbondale: Southern Illinois University Press.

House, R. J., Hanges, P. J., Javidan, M., Dorfman, P. W., & Gupta, V. (Hrsg.). (2004). *Culture, leadership, and organizations: The GLOBE study of 62 cultures*. Thousand Oaks: Sage.

House, R. J., Dorfman, P. W., Javidan, M., Hanges, P. J., & Luque de Sully, M. F. (2014). *Strategic leadership across cultures: The GLOBE study of CEO leadership behavior and effectiveness in 24 countries*. Thousand Oaks: Sage.

Isaacson, W. (2011). *Steve Jobs. Die autorisierte Biografie des Apple-Gründers*. New York: Simon & Schuster.

Javidan, M., Dorfman, P. W., De Luque, M. S., & House, R. J. (2006). In the eye of the beholder: Cross cultural lessons in leadership from project GLOBE. *The Academy of Management Perspectives, 20*(1), 67–90.

Kabst, R., Wehner, M. C., Meifert, M., & Kötter, P. M. (2009). Personalmanagement im internationalen Vergleich: The Cranfield Project on International Strategic Human Resource Management. Justus-Liebig-Universität Göttingen. www.acht-etappen.com/stuff/Cranet_Ergebnisbericht_2009.pdf. Zugegriffen: 6. Jan. 2016

Kluckhohn, F. R., & Strodtbeck, F. L. (1961). *Variations in value orientations*. Evanston: Row, Peterson.

Kostova, T., Marano, V., & Tallmann, S. (2016). Headquarters-subsidiary relationships in MNCs: Fifty years of evolving research. *Journal of World Business, 51*, 176–184.

Krack, R. (2009). *Kulturschock Thailand*. Bielefeld: Reise Know-How Verlag Peter Rump.

Krewer, B. (2003). Kulturstandards als Mittel der Fremd- und Selbstreflexion in interkulturellen Begegnungen. In A. Thomas (Hrsg.), *Psychologie interkulturellen Handelns* (S. 147–164). Göttingen: Hogrefe.

Kühlmann, T. M. (2008). *Mitarbeiterführung in internationalen Unternehmen*. Stuttgart: Kohlhammer.

Kühnel, P. (2014). Kulturstandards – woher sie kommen und wie sie wirken. *Interculture journal, 13*(22), 57–78.

Kumar, B. N. (1998). Konzeptioneller Rahmen des internationalen Personalmanagements. In B. N. Kumar, & D. Wagner (Hrsg.), *Handbuch des internationalen Personalmanagements* (S. 1–14). München: Beck.

Lane, H. W., Maznevski, M., Mendenhall, M. E., & McNett, J. (2004). *The Blackwell Handbook of Global Management: A Guide to Managing Complexity*. Oxford: Wiley.

Lang, R. (2014). Implizite Führungstheorien: Führung im Auge des Betrachters. In R. Lang, & I. Rybnikova (Hrsg.), *Aktuelle Führungstheorien und Führungskonzepte* (S. 57–88). Wiesbaden: Springer Gabler.

Lang, R., & Rybnikova, . (2010). Global leadership made in Germany? Anforderungen an Führung im Kontext zunehmender Globalisierung. In D. Wagner, & S. Herlt (Hrsg.), *Perspektiven des Personalmanagement 2015* (S. 87–117). Wiesbaden: Springer Gabler.

Lang, R., & Steger, T. (2002). The odyssey of management knowledge to transforming societies: A critical review of a theoretical alternative. *Human Resource Development International*, *5*(3), 279–294.

Lang, R., & Wald, P. (2012). The convergence and divergence of HRM across nations: Cultural and institutional influences. In G. M. Benscoter, & W. Rothwell (Hrsg.), *The Encyclopedia of Human Resource Management* (Bd. 3, S. 252–263). San Francisco: Pfeiffer.

Laurent, A. (1978). Managerial Subordinacy: A Neglected Aspect of Organizational Hierarchies. *Academy of Management Review*, (3), 220–230.

Laurent, A. (1983). *A cultural view of organizational change*. United Kingdom: Palgrave Macmillan.

Lüsebrink, H.-J. (2007). Mediatisierte interkulturelle Kommunikation – Problemfelder, Fallbeispiele, Herausforderungen. In A. Moosmüller (Hrsg.), *Interkulturelle Kommunikation. Konturen einer wissenschaftlichen Disziplin* (S. 119–137). Münster: Waxmann.

Macharzina, K., & Wolf, J. (1998). Die internationalen Personalfunktionen und ihre globale Koordination. In B. N. Kumar, & D. Wagner (Hrsg.), *Handbuch des internationalen Personalmanagements* (S. 49–83). München: Beck.

Macharzina, K., & Wolf, J. (2012). *Unternehmensführung. Das internationale Managementwissen. Konzepte-Methoden-Praxis* (S. 1004). Wiesbaden: Springer Gabler.

Maletzky, M. (2015). Hofstede (1980): Cultures Consequences. In: Kühl, S. (Hrsg.), *Schlüsselwerke der Organisationsforschung*(S. 347–351). Wiesbaden: Springer VS.

Mendenhall, M. E., Osland, J. S., Bird, A., Oddou, G. R., Mazenevski, M. L., Stevens, M. J., & Stahl, G. K. (2013). *Global Leadership: Research, Practice, Development*. New York, London: Routledge.

Mennicken, C. (2000). *Interkulturelles Marketing, Wirkungszusammenhänge zwischen Kultur, Konsumverhalten und Marketing*. Wiesbaden: Springer Fachmedien.

Meyer, J. W., & Rowan, B. (1977). Institutionalized Organizations: Formal structure as a myth and ceremony. *American Journal of Sociology*, *83*(2), 340–363.

Minkov, M., & Hofstede, G. (2011). The evolution of Hofstede's doctrine. *Cross Cultural Management*, *18*(1), 10–20.

Müller, S., & Kornmeier, M. (1996). *Grenzen der Standardisierung im internationalen Marketing*. Jahrbuch der Absatz- und Verbrauchsforschung, Bd. 42, S. 18). GfK.

Nieschlag, R., Dichtl, E., & Hörschgen, H. (2002). *Marketing*. Berlin: Duncker und Humblot.

Nikolay, J. (2012). *Sex sells? Männliche nackte Reize in der Werbung*. Hamburg: Diplomica Verlag.

Oliver, C. (1991). Strategic responses to institutional processes. *Academy of Management Review*, *16*, 145–179.

Osland, J. S., Taylor, S., & Mendenhall, M. (2009). Global Leadership: Progress and Challenges. In R. Baghat, & R. Steers (Hrsg.), *Handbook of Culture, Organization and Work* (S. 245–271). Cambridge: Cambridge University Press.

Pedersen, P. O., & McCormick, D. (1999). African business systems in a globalising world. *The Journal of Modern African Studies*, *37*(1), 109–135.

Petzold, I., Ringel, N., & Thomas, A. (2013). *Beruflich in Japan. Trainingsprogramm für Manager, Fach- und Führungskräfte*. Göttingen: Vandenhoeck&Ruprecht.

Rapp, T. (2005). Interkulturelles Management: Zwischen Anpassung an fremde Kulturen und Standardisierung. In H. Künzel (Hrsg.), *Handbuch Kundenzufriedenheit. Strategie und Umsetzung in der Praxis* (S. 115–127). Berlin, Heidelberg: Springer.

Redding, G., & Witt, M. A. (2007). *The future of Chinese capitalism: Choices and chances*. Oxford/New York: Oxford University Press.

Reisch, B. (1991). Kulturstandards lernen und vermitteln. In A. Thomas (Hrsg.), *Hrsg.), Kulturstandards in der internationalen Be-*

Literatur

gegnung (S. 71–101). Saarbrücken: Breitenbach.

Rothlauf, J. (2012). *Interkulturelles Management*. München: Oldenbourg Wissenschaftsverlag.

Schmid, S., & Kotulla, T. (2011). Internationale Standardisierung und Differenzierung des Marketings. Ergebnisse einer metaanalytischen Untersuchung. In A. Mann, R. Hünerberg, S. Müller, & A. Töpfer (Hrsg.), *Herausforderungen der internationalen marktorientierten Unternehmensführung* (S. 151–176). Wiesbaden: Gabler Verlag.

Scholz, C. (2014). *Personalmanagement. Informationsorientierte und verhaltenstheoretische Grundlagen*. München: Vahlen.

Schroll-Machl, S. (2007). *Die Deutschen – Wir Deutsche. Fremdwahrnehmung und Selbstsicht im Berufsleben*. Göttingen: Vandenhoeck&Ruprecht.

Scott, W. R. (1995). *Institutions and Organizations. Ideas, Interests and Identities*. New York: Sage Publications.

Shaw, J. B. (1990). A cognitive categorization model for the study of intercultural management. *Academy of Management Review*, 15(4), 626–645.

Spiegel Online (2006). Zwiebelfisch: Siezt du noch, oder duzt du schon?. http://www.spiegel.de/kultur/zwiebelfisch/zwiebelfisch-siezt-du-noch-oder-duzt-du-schon-a-455733.html. Zugegriffen: 25. Juli 2015

Soares, A. M., Farhangmehr, M., & Shcham, A. (2007). Hofstede's dimensions of culture in international marketing studies. *Journal of Business Research*, 60(3), 277–284.

Steers, R. M., Sanchez-Runde, C., & Nardon, L. (2010, 2012). *Management Across Cultures*. Cambridge u. a.: Cambridge University Press.

Steers, R. M., Sanchez-Runde, C., & Nardon, L. (2012). Leadership in a global context: New directions in research and theory development. *Journal of World Business*, 47(4), 479–482.

Steger, T., Lang, R., & Gröger, F. (2011). Expatriates and their role in the process of institutionalization of HRM practices in Russian subsidiaries of German MNCs. *Baltic Journal of Management*, 6(1), 7–24.

Stellamanns, S. (2007). *Evaluation interkultureller Trainings. Analysen und Lösungsstrategien in Theorie und Praxis* (S. 22). Saarbrücken: VDM Verlag.

Süddeutsche Zeitung (2009). Touristen über Deutschland. Das ist typisch deutsch!. http://www.sueddeutsche.de/reise/touristen-ueber-deutschland-das-ist-typisch-deutsch-1.138558. Zugegriffen: 27. Juli 2015

Süddeutsche Zeitung (2010). Duzen oder Siezen? Die verduzte Gesellschaft. http://www.sueddeutsche.de/leben/duzen-oder-siezen-die-verduzte-gesellschaft-1.881689. Zugegriffen: 27. Juli 2015

Szabo, E., Reber, G., Weibler, J., Brodbeck, F. C., & Wunderer, R. (2001). Values and behavior orientation in leadership studies: Reflections based on findings in three German-speaking countries. *Leadership Quarterly*, 12(2), 219–244.

Teßmer, L. (2009). Karaoke im Kollegenkreis. Süddeutsche Zeitung. http://www.sueddeutsche.de/karriere/interkulturelle-trainings-karaoke-im-kollegenkreis-1.470248. Zugegriffen: 30. Juni 2013

Thomas, A. (1999). Kultur als Orientierungssystem und Kulturstandards als Bauteile. *IMIS-Beiträge*, (10), 91–130.

Thomas, A. (2011). *Interkulturelle Handlungskompetenz. Versiert, angemessen und erfolgreich im internationalen Geschäft*. Wiesbaden: Gabler Verlag.

Thomas, A., & Schroll-Machl, S. (2005). Auslandsentsendungen: Expatriates und ihre Familien. In A. Thomas et al. (Hrsg.), *Grundlagen und Praxisfelder Handbuch Interkulturelle Kommunikation und Kooperation*, (Bd. 1, S. 390–412). Göttingen: Vandenhoeck & Ruprecht.

Thomas, A., Kinast, E.-U., & Schroll-Machl, S. (Hrsg.). (2003a). *Grundlagen und Praxisfelder*. Handbuch Interkulturelle Kommunikation und Kooperation, Bd. 1. Göttingen: Vandenhoeck&Ruprecht.

Thomas, A., Kammhuber, S., & Schroll-Machl, S. (Hrsg.). (2003b). *Länder, Kulturen und interkulturelle Berufstätigkeit*. Handbuch Interkulturelle Kommunikation und Kooperation, Bd. 2. Göttingen: Vandenhoeck&Ruprecht.

Trompenaars, F. (1994). *Riding the waves of culture*. New York: McGraw-Hill.

Tung, R. L. (2016). New perspectives on human resource management in a global context. *Journal of World Business, 51*, 142–152.

Usunier, J., & Lee, J. A. (2005). *Marketing across cultures*. Harlow: Prentice Hall.

Wächter, H. (2008). Global Players: Personalpolitik amerikanischer Multis zwischen Machtausübung und institutionellem Zwang. In A. Maurer, & U. Schimank (Hrsg.), *Die Gesellschaft der Unternehmen – Die Unternehmen der Gesellschaft: Gesellschaftstheoretische Zugänge zum Wirtschaftsgeschehen* (S. 301–311). Wiesbaden: VS Verlag für Sozialwissenschaften.

Wagner, D. (1998). Internationales Arbeitsumfeld. In B. N. Kumar, & D. Wagner (Hrsg.), *Handbuch des internationalen Personalmanagements* (S. 15–48). München: Beck.

Whitley, R. (Hrsg.). (1992). *European business systems: Firms and markets in their national contexts*. London/Newbury Park: Sage.

Whitley, R. (1999). *Divergent capitalisms: The social structuring and change of business systems*. Oxford/New York: Oxford University Press.

Whitley, R., & Czaban, L. (1998a). Institutional transformation and enterprise change in an emergent capitalist economy: The case of Hungary. *Organization Studies, 19*(2), 259–280.

Whitley, R., & Czaban, L. (1998b). Ownership, control and authority in emergent capitalism: changing supervisory relations in Hungarian industry. *International Journal of Human Resource Management, 9*(1), 99–115.

Wilkens, U., Lang, R., & Winkler, I. (2003). Institutionensoziologische Ansätze. In E. Weik, & R. Lang (Hrsg.), *Moderne Organisationstheorien 2*. Wiesbaden: Gabler.

Witt, M. A., & Redding, G. (2013). Asian business systems: Institutional comparison, clusters and implications for varieties of capitalism and business systems theory. *Socio-Economic Review, 11*(2), 265–300.

Wursten, H., & Fadrhonc, T. (2012). *International marketing and culture*. itim International.

Yau, O. H. M. (1988). Chinese cultural values: their dimensions and marketing implications. *European Journal of Marketing, 22*(5), 44–57.

Yoosefi, T., & Thomas, A. (2003). *Beruflich in Russland. Trainingsprogramm für Manager, Fach- und Führungskräfte*. Göttingen: Vandenhoeck&Ruprecht.

MIX
Papier aus verantwortungsvollen Quellen
Paper from responsible sources
FSC® C105338

If you have any concerns about our products,
you can contact us on
ProductSafety@springernature.com

In case Publisher is established outside the EU,
the EU authorized representative is:
**Springer Nature Customer Service Center GmbH
Europaplatz 3, 69115 Heidelberg, Germany**

Printed by Libri Plureos GmbH
in Hamburg, Germany